基于BIM的Revit
建筑与结构设计案例教程

主编　卫涛　阳桥　柳志龙

参编　杜维月　魏彬彬　徐梦瑶　李科瑶　曹忠敏

机械工业出版社
China Machine Press

图书在版编目（CIP）数据

基于BIM的Revit建筑与结构设计案例教程/卫涛，阳桥，柳志龙主编. —北京：机械工业出版社，2017.7（2019.7重印）

ISBN 978-7-111-57644-0

Ⅰ.基… Ⅱ.①卫… ②阳… ③柳… Ⅲ.①建筑设计－计算机辅助设计－应用软件－案例－教材 ②建筑结构－计算机辅助设计－应用软件－案例－教材 Ⅳ.①TU201.4 ②TU311.41

中国版本图书馆CIP数据核字（2017）第189219号

　　本书以一栋已经完工并交付使用的二层公共卫生间为例，介绍了Revit软件的使用，以及基于BIM的建筑设计和结构设计的相关知识及全过程。此实例虽小，但以小衬大，常用的建筑和结构构件都会介绍到。本书内容通俗易懂，深入浅出，完全按照专业设计、工程算量和建筑施工的高要求来介绍操作的整个过程，可以帮助读者深刻地理解和巩固所学习的知识，从而更好地进行绘图操作。另外，卫老师为本书专门录制了近20小时的高品质教学视频，以帮助读者更加高效地学习。

　　本书共分为11章，涵盖了地面、外墙、内墙、花池、楼面、楼梯、坡道、栏杆、雨蓬、卫生间设备、无障碍设施、门窗、檐口、屋顶和幕墙等建筑专业的相关知识，以及垫层、杯口式基础、基础梁、框架柱、框架梁、楼板和房顶等结构专业的相关知识。全书完全按照房屋建筑设计的全过程，以及建筑与结构两大专业之间相互协调的方法来介绍建模、绘图、出图的全流程。书中着重介绍了"族"的建立、插入、修改和统计的过程，以及族与各种类型的建筑和结构构件之间的对应关系。最后一章讲解了使用共享参数的方法和用明细表生成柱表与基础表的方法，以及用标记与标注的方式完善结构施工图中基础、梁、板、柱等构件尺寸与名称的注释。附录中还给出了Revit常用快捷键的用法，以及本书案例的建筑图纸和结构图纸。

　　本书内容详实，结构严谨，实例丰富，讲解细腻，特别适合建筑设计和结构设计的相关工作人员、大中专院校及培训班使用，也可供房地产开发、建筑施工、工程造价和建筑表现等相关从业人员使用。

基于 BIM 的 Revit 建筑与结构设计案例教程

出版发行：机械工业出版社（北京市西城区百万庄大街22号　邮政编码：100037）

责任编辑：欧振旭　李华君　　　　　　　　　责任校对：姚志娟

印　　刷：中国电影出版社印刷厂　　　　　　版　　次：2019年7月第1版第3次印刷

开　　本：185mm×260mm　1/16　　　　　　印　　张：24.75

书　　号：ISBN 978-7-111-57644-0　　　　　　定　　价：79.00元

凡购本书，如有缺页、倒页、脱页，由本社发行部调换

客服热线：（010）88379426　88361066　　　　投稿热线：（010）88379604

购书热线：（010）68326294　　　　　　　　　读者信箱：hzit@hzbook.com

前言

建筑业作为国民经济的支柱产业之一，其转型升级的任务十分艰巨。BIM（Building Information Modeling，建筑信息化模型）作为行业可持续发展的重要技术手段，将对整个建筑行业带来前所未有的改变。2016 年 8 月，住房与城乡建设部印发《2016—2020 年建筑业信息化发展纲要》，其中近 30 次提及 BIM，明确了 BIM 技术在推动建筑产业信息化发展、转型升级的核心地位，要求在 2020 年年底，建筑设计甲级资质单位以及特级、一级房屋建筑工程施工企业必须掌握并实现 BIM 技术。

BIM 技术的应用是工程建设领域的一次技术革命，将为建筑设计、建筑施工、工程预算与物业管理的建筑全过程生命周期带来巨大的变革和能力提升。近年来，BIM 技术的快速发展与应用在中国建筑业已经超出众人的预料。各省市已经相继出台相关政策，助推 BIM 技术在建筑企业中更加广泛地应用，为促进建筑企业的技术进步，改变传统的生产方式，提升企业的总体发展发挥积极作用。

根据《中国建筑施工行业信息化发展报告（2017）》显示，43.2%的企业在已开工项目中使用 BIM 技术，41.3%的企业将 BIM 应用在专项方案模拟中，36.1%的企业将 BIM 应用在投标方案模拟中，基于 BIM 的工程量计算应用为 29%，基于 BIM 的碰撞检查应用为 25.7%。通过该报告调研的数据可以发现，BIM 在我国建筑企业的建筑设计、施工模拟、工程量计算、专业协调和进度控制等方面得到了广泛应用。

2002 年，工程软件巨头美国欧特克公司（Autodesk）收购了一款三维可视化软件——Revit。为了与 Graphisoft 公司的 ArchiCAD 及 Bentley 公司的 MicroStation 竞争，Autodesk 公司于 2003 年为 Revit 推出了 BIM 理念，从而奠定了其在三维可视化建筑软件中的地位。从 Revit 2013 开始，该软件将 Architecture（建筑）、Structure（结构）和 MEP（设备）合三为一，全部集成在一个软件之中。从 Revit 2015 开始，该软件不再支持 32 位的 Windows 平台，只能运行在稳定性更高的 64 位 Windows 操作系统上。本书采用最新的 Revit 2017 作为讲解软件，以基于 BIM 的方式方法，详细地介绍了如何进行建筑与结构两个专业的设计。笔者期待读者朋友们通过学习本书内容，熟练掌握 Revit 软件，为处于转型期的中国建筑业贡献自己的力量。

目前，从 BIM 的应用实践来看，单纯的 BIM 应用越来越少，更多的是将 BIM 技术与通用信息化技术、管理系统等其他专业技术集成应用融合，以发挥更大的价值。BIM 技术的推广应用是智能化建造的基础，让我们百尺竿头，更进一步，不懈上攀，努力登顶建筑智能化的光辉高峰。

本书特色

- 作者专门录制了近 20 小时高品质同步教学视频，以帮助读者理解并提高学习效率。
- 以一栋已经完工并交付使用的二层公共卫生间为案例介绍了 Revit 软件的使用，以及基于 BIM 的建筑设计和结构设计的相关知识及全过程。
- 全面介绍了在用 Revit 进行设计时多个专业之间的分工协作，以便于让读者了解设计院的工作模式，提高设计效率。
- 贯穿了以"族"为核心的制图理念，介绍建筑和结构两大专业常见族的建立、编辑和插入，以及使用族后如何统计工程量等内容。
- 不仅介绍了设计方法，还着重讲解了实际操作中经常会遇到的问题，并分析了出现问题的原因，给出了解决问题的方案。
- 书中的操作按照设计院的制图要求尽量采用快捷键，既准确又快速。本书的附录也给出了 Revit 中常见快捷键的操作方式。
- 提供了专门的技术支持 QQ 群 48469816 和 157244643，读者在阅读本书过程中有任何疑问，都可以通过 QQ 群获得帮助。

本书内容介绍

第 1 章绘图准备，介绍了制作标高族，将项目中的建筑专业标高与结构专业标高两大标高系统放到一个项目文件中，以方便随时调用，快速生成轴网并调整轴网系统。

第 2 章一层墙体的建筑设计，介绍了一层的 200 厚外墙，分别设定两种材质（单面与双面）；一层的 100 厚内墙的设定与绘制，而且说明了花池也是使用"墙"工具完成的。

第 3 章门、窗族，介绍了建筑专业中重点内容——门、窗在 Revit 中自建族的制作方法，有普通门、门联窗、子母门、普通窗、高窗、洞口和玻璃幕墙等类型。

第 4 章一、二层主体的建筑设计，介绍了二层墙体的设定与绘制，并将前面制作好的门窗族插入，还介绍了一层地面、二层楼面的制作方法。

第 5 章屋顶的建筑设计，介绍了使用叠层墙绘制女儿墙及女儿墙压顶的方法，排水使用内天沟加上平屋顶的排水方案。

第 6 章楼梯与坡道的建筑设计，介绍了多层建筑楼梯的制作方法，还介绍了无障碍坡道的绘制与栏杆的调整。

第 7 章卫浴族，介绍了卫生间隔断的构件，如支撑、板杆连接、合页、门栓和隔断等，以及 3 种类型的无障碍抓杆。

第 8 章注释族，介绍了基于 BIM 的建筑施工图中，尺寸标注和符号标注等二维族的制作方法。

第 9 章基础部分的结构设计，介绍了在正负零之下的结构构件，如杯口式独立基础和基础梁等绘制方法。

第 10 章主体部分的结构设计，介绍了正负零之上的结构构件，如框架柱、梁、板的绘制方法。

第 11 章生成结构施工图，介绍了使用标记与标注两种方法注释结构施工图中的基础、梁、板、柱的过程，以及使用共享参数后用明细表生成"柱表"和"基础表"的一般流程。

附录 A 介绍了 Revit 常用快捷键的用法。

附录 B 提供了本书案例的建筑设计图纸，共 15 张。

附录 C 提供了本书案例的结构设计图纸，共 6 张。

本书配套资源及获取方式

为了方便读者高效学习，本书特意提供以下配套学习资源：

- 20 小时高品质同步教学视频；
- 本书教学课件（教学 PPT）；
- 本书案例的图纸文件；
- 本书案例的 Revit 项目文件和族文件；
- 建筑与结构专业的 SketchUp 模型（方便读者以三维角度来了解此栋建筑）。

以上配套资源需要读者自行下载。请读者登录机械工业出版社华章公司的网站 www.hzbook.com，然后搜索到本书页面，按照页面上的说明进行下载。

本书读者对象

- 从事建筑设计的人员；
- 从事结构设计的人员；
- 从事给排水、暖通、电气设计的人员；
- 从事 BIM 装修设计的人员；
- Revit 二次开发人员；
- 建筑学、土木工程、工程管理、工程造价和城乡规划等相关专业的大中专院校学生；
- 房地产开发人员；
- 建筑施工人员；
- 工程造价从业人员；
- 建筑表现从业人员；
- 建筑软件、三维软件爱好者；
- 需要一本 Revit 案头必备查询手册的人员。

本书作者

本书由卫涛、阳桥和柳志龙主编，其他参加编写的人员还有杜维月、魏彬彬、徐梦瑶、李科瑶、曹忠敏、钱秀、曹浩、黄殷婷、陈星任、赵国彬、陈鑫、李文霞、何爽爽、余烨、刘毅、苏锦、黄雪雯、李青、朱昕羽、殷书婷、许婧钰、李黎明、王惠敏、董鸣、杜承原、谢金凤、朱洁瑜、尹羽琦、张文文、詹雯珊、周峰、范奎奎、刘宽、李志勇、曾凡盛、李瑞程、毛志颖、李清清、夏培、刘帆、汪曙光和姚驰。

　　本书的编写承蒙武汉华夏理工学院领导的支持与关怀，在此深表谢意！也要感谢学院的各位同事在编写此书时付出的辛勤劳动！还要感谢出版社的编辑在本书的策划、编写与统稿中所给予的帮助！

　　虽然我们对书中所述内容都尽量核实，并多次进行了文字校对，但因时间所限，书中可能还存在疏漏和不足之处，恳请读者批评指正。我们的电子邮箱为 hzbook2017@163.com。

卫涛

于武汉光谷

目 录

第 1 章　绘图准备

Autodesk Revit 中许多默认的设置都不符合中国的制图规范，需要自己定义。本章主要介绍标高与轴网的绘制，虽然软件自带标高与轴网的族，这些族看似与我国制图规范一致，但一些细节还是有偏差，需要重定义。

本章中涉及的标高是制图中垂直方向的标高，是整栋建筑的标高系统。完成这个标高系统后，建筑专业、结构专业就有了自己的楼层平面视图，也就是说楼层平面视图是严格对应标高系统的，二者相关联。更改标高系统，楼层平面视图会随之变换；更改楼层平面视图，标高也会随之变换。

1.1　垂直标高

在 Revit 绘图中，一般都是先创建标高再绘制轴网。这样可以保证后画的轴网系统正确地出现在每一个标高（建筑和结构两个专业）视图中。在 Revit 中，标高标头上的数字是以"米"为单位，其余位置都是以"毫米"为单位，在绘制中要注意，避免出现单位上的错误。

在房屋建筑的标高系统中，建筑标高肯定是高于结构标高。在住宅设计中，建筑标高比结构标高高 30～50mm，而在公共建筑的设计中，建筑标高比结构标高高 100mm 左右，本例中的高差是 50～100mm。

1.1.1　垂直标高族的设计

本节建族的方法是打开一个现有的标高族，对其进行修改，然后另存为族文件，得到自己需要的族，具体操作如下。

（1）打开标高族。选择"应用程序"|"打开"命令，依次打开"注释"|"符号"|"建筑"文件夹，选择"标高标头_上.rfa"的族文件，如图 1.1 所示。

（2）调整标签。选择屏幕操作区标高标头中的"名称"文字，在属性对话框中单击"编辑"按钮，如图 1.2 所示。在弹出的"编辑标签"对话框中，在前缀中输入"建筑:"，在后缀中输入 F，单击"确定"按钮，如图 1.3 所示。修改成功后，结果如图 1.4 所示。

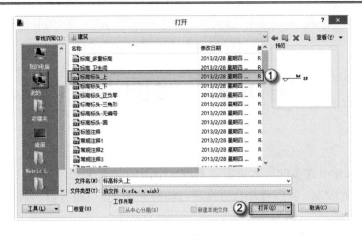

图 1.1　打开标高族

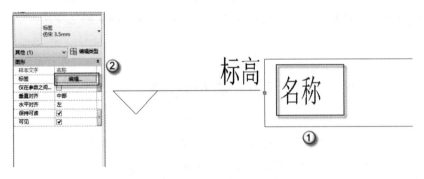

图 1.2　调整标签

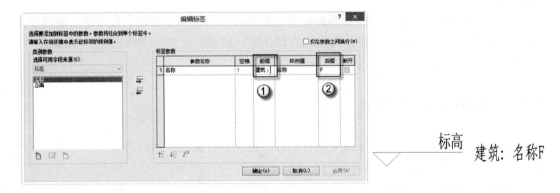

图 1.3　编辑标签　　　　　　　　　　　　　　　　图 1.4　标高标头完成

（3）另存为建筑标高族。选择"应用程序"|"另存为"|"族"命令，在弹出的"另存为"对话框中，将文件名中的"标高标头"rfa 族文件改为"建筑标高标头"rfa 族文件，之后单击"保存"按钮，如图 1.5 所示。

图 1.5　建筑标高

（4）建立结构标高族。选择"应用程序"|"打开"命令，依次打开"注释"|"符号"|"建筑"文件夹，选择"标高标头_下"rfa 族文件，如图 1.6 所示。

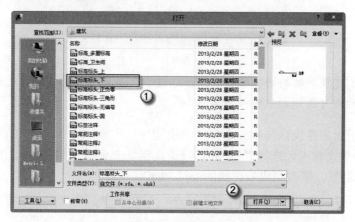

图 1.6　打开标高族

（5）调整结构标高标签。单击文字"名称"，单击"属性"对话框中的"编辑"按钮，然后在弹出的"编辑标签"对话框中，在前缀中输入"结构："，在后缀中输入"层"，单击"确定"按钮，如图 1.7 所示。此时可以观察到，屏幕操作区的标高标头的文字变为"结构：名称层"，如图 1.8 所示。

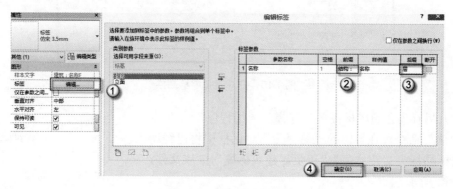

图 1.7　更改为结构标高

（6）另存为结构标高。选择"应用程序"|"另存为"|"族"命令，在弹出的"另存为"对话框中，将已经调整好的标高标头文件另存为"结构标高标头"rfa 族文件，如图 1.9 所示。

图 1.8　结构标高

图 1.9　另存为"结构标高标头"rfa 族文件

注意：建好了建筑和结构的标高标头族，以便于标高系统标高格式的统一。用户只须修改名称即可得到相应的标高名称。

（7）建立正负零建筑标高族。选择"应用程序"|"打开"命令，依次打开"注释"|"符号"|"建筑"文件夹，选择"标高标头_正负零"rfa 族文件，如图 1.10 所示。然后同第（2）步编辑标签。修改完成后，如图 1.11 所示。

图 1.10　打开正负零标高族

（8）另存为正负零标高族。选择"应用程序"|"另存为"|"族"命令，在弹出的"另存为"对话框中将已经调整好的标高标头文件另存为"正负零建筑标高"rfa 族文件，如图 1.12 所示。

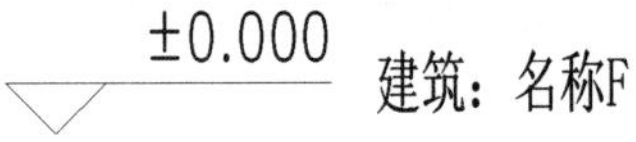

± 0.000　建筑：名称F

图 1.11　正负零族完成

图 1.12 另存为正负零建筑标高族

1.1.2 建筑标高

在没有地下室的情况下,建筑专业的标高是从正负零开始,以层高为间距,向上逐层生成。具体操作如下。

(1)删除多余标高。选择"项目浏览器"中的"立面(建筑立面)"|"东"选项,将出现系统自带的一些标高,选择除"±0.000 标高 1"和"4.000 标高 2"以外的所有标高,然后按 Delete 键将其删除(忽略视图删除的警告),如图 1.13 所示。标高删除后,与楼层平面视图相对应的名称也自动删除,如图 1.14 所示。

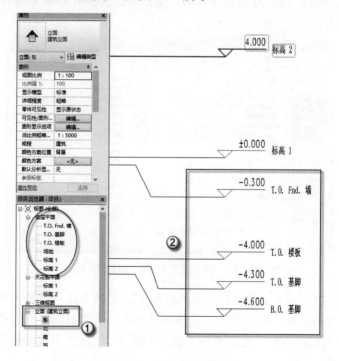

图 1.13 删除多余标高

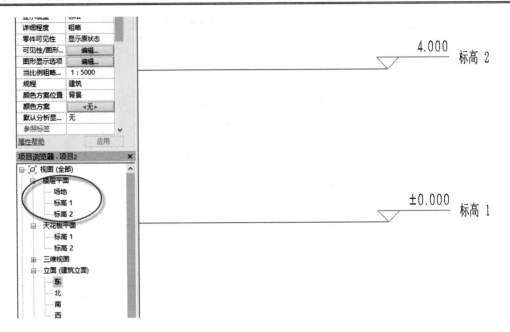

图 1.14　删除多余标高后

注意：对标高系统进行操作，由于软件的关联性，"项目浏览器"中的楼层平面视图也会相应变化，两者一一对应。

（2）选择"插入"|"载入族"命令，在弹出的"载入族"对话框中，选择"注释"|"符号"|"建筑"命令，选择前面制作好的"正负零建筑标高"rfa 族文件，单击"打开"按钮，如图 1.15 所示。

图 1.15　载入"正负零建筑标高"族

（3）更改标高类型。单击标高标头中"标高 1"，然后单击"编辑类型"按钮，在弹出的"类型属性"对话框中，将"颜色"选择为"红色"，"线型图案"选择为"划线"，"符号"改为"正负零建筑标高"，最后单击"确定"按钮，完成"正负零建筑标高"族的类型编辑，如图 1.16 所示。

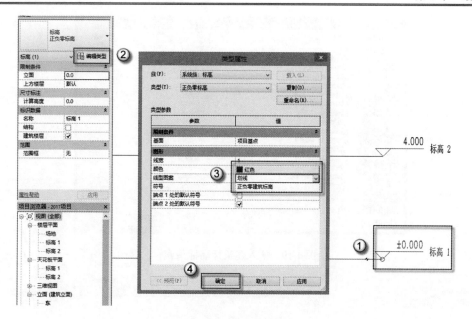

图 1.16　更改标高类型

（4）更改标高名称。双击标高标头中"建筑：标高 1F"，在编辑窗口中输入"1"，如图 1.17 所示。输入完成后，结果如图 1.18 所示。

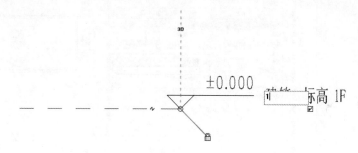

图 1.17　修改标高名称 1

图 1.18　修改标高名称 2

（5）插入建筑标高标头族。选择"插入"|"载入族"命令，在弹出的"载入族"对话框中，选择"注释"|"符号"|"建筑"命令，选择前面制作好的"建筑标高标头"rfa 族文件，单击"打开"按钮，如图 1.19 所示。

（6）更改标高类型。单击标高标头中"标高 1"，然后单击"编辑类型"按钮，在弹出的"类型属性"对话框中，将"颜色"选择为"红色"，"线型图案"选择为"划线"，"符号"改为"建筑标高标头"，最后单击"确定"按钮，完成"建筑标高标头"的类型编辑，如图 1.20 所示。

图 1.19　插入建筑标高标头族

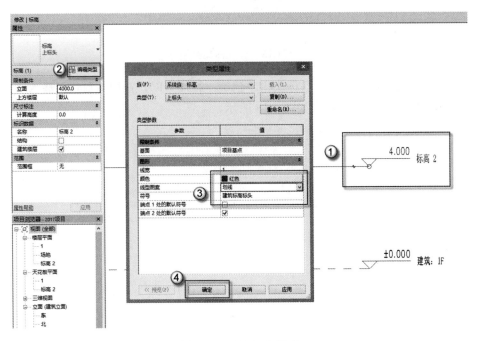

图 1.20　更改标高类型

（7）修改建筑 2 楼标高。同第（4）步骤，更改标高名称。双击标高标头中"标高 2"，在编辑窗口中输入"2"，输入完成后，结果如图 1.21 所示。双击标高"4.000"，在编辑窗口中输入"3.6"个单位，如图 1.22 所示。

图 1.21　修改标高名称

（8）绘制三层标高。使用快捷键 LL，和"3.600 建筑:2F"标高相对齐，从左往右绘制一个任意高度的标高，如图 1.23 所示。双击当前层标高"7.700"（该标高为绘制的任意标高），将其改为标高"6.9"，双击当前层"建筑：3F"，将其改为"屋顶"，修改完成后如图 1.24 所示。

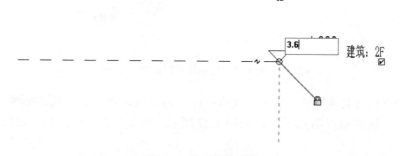

图 1.22　修改标高名称

图 1.23　修改标高高度

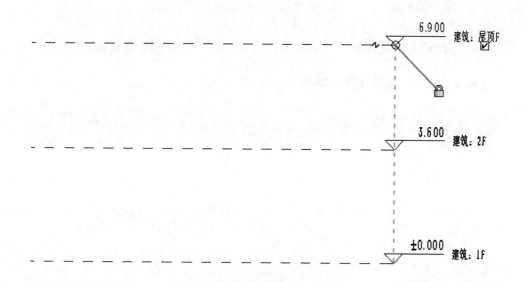

图 1.24　修改标高名称

（9）绘制地坪层高度。使用快捷键 LL，和"建筑：1F"标高相对齐从左向右绘制一个任意高度的标高，然后双击当前层标高将其改为标高"-0.15"，双击当前层名称，将其改为"地坪"，修改完成后如图 1.25 所示。

图 1.25　绘制地坪层高度

（10）调整标高名称位置。单击"建筑：1F"标高线，再单击出现的折断符号 N，如图 1.26 所示。拖住原点图标不动，如图 1.27 所示，向上垂直方向拖动，如图 1.28 所示。

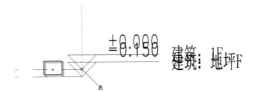

图 1.26　单击折断符号 N

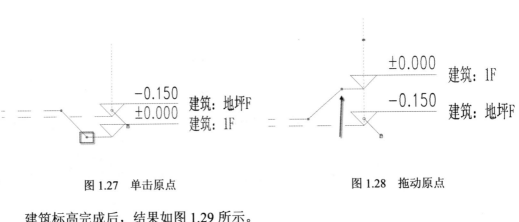

图 1.27　单击原点　　　　　　　　　　图 1.28　拖动原点

建筑标高完成后，结果如图 1.29 所示。

图 1.29　完成建筑标高

1.1.3　结构标高

在这个案例中，结构是没有一层平面图的，因为一层未采用现浇钢筋混凝土楼板，只是素土夯实加细石混凝土。具体操作如下。

（1）选择"插入"|"载入族"命令，在弹出的"载入族"对话框中，选择"注释"|"符号"|"建筑"命令，选择前面制作好的"结构标高标头"rfa族文件，单击"打开"按钮，如图1.30所示。

图 1.30　载入"结构标高标头"族

（2）绘制结构标高。单击标高族类型，选择"标高下标头"，然后与建筑标高线对齐从左向右绘制一条结构标高，如图1.31所示。

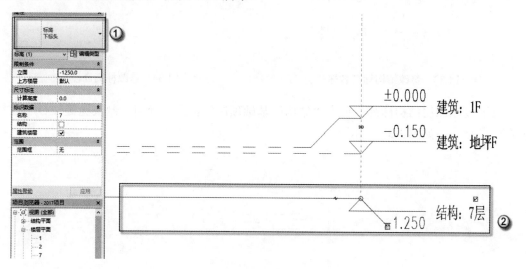

图 1.31　绘制结构标高

（3）更改标高类型。单击标高标头中"结构：7层"，然后单击"编辑类型"按钮，在弹出的"类型属性"对话框中，将"颜色"选择为"红色"，"线型图案"选择为"划线"，"符号"改为"结构标高标头"，最后单击"确定"按钮，完成"下标头"的类型编辑，如

图 1.32 所示。

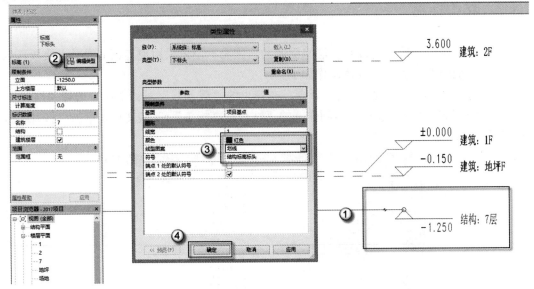

图 1.32　修改结构标高类型

（4）更改标高名称。双击标高标头中"结构 7 层"，在编辑窗口中输入"基础顶"，输入完成后如图 1.33 所示。双击标高"-1.250"，在编辑窗口中输入"-0.500"个单位，如图 1.34 所示。

图 1.33　修改结构标高名称　　　　　　　图 1.34　修改标高高度

（5）复制二层结构标高。单击"结构：基础顶层"标高，使用复制快捷键 CO，向上复制一条标高，如图 1.35 所示。

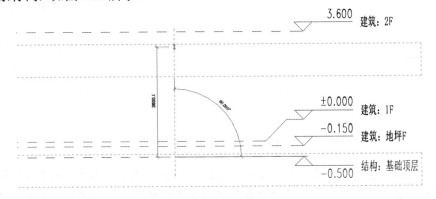

图 1.35　复制二层标高

（6）更改标高名称。双击当前层标高，将其改为标高"3.5500"个单位，如图1.36所示。双击当前层"结构：8层"，将其改为"二"，如图1.37所示。

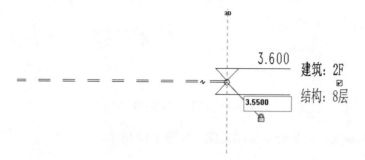

图 1.36　修改标高高度

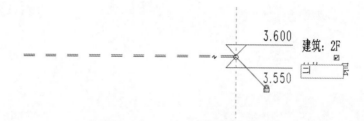

图 1.37　修改标高名称

注意：修改结构标高名称时，不能输入阿拉伯数字"2"（因为会与建筑标高名称重复），只能输入汉字"二"。其他层结构标高同理。

（7）绘制三层结构标高。选择"结构：二层"标高，使用复制快捷键CO，和"建筑：屋顶F"标高相对齐从左向右绘制一个任意高度的标高，如图1.38所示。双击当前层名称，将其改为"屋面层"，将标高改为6.800个单位，修改完成后如图1.39所示。

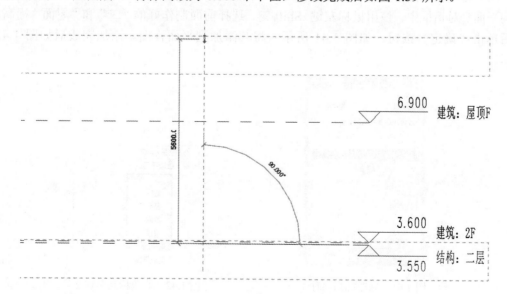

图 1.38　绘制任意高度标高

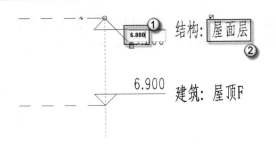

图 1.39　绘制三层结构标高

至此，结构标高、建筑标高绘制完成，如图 1.40 所示。

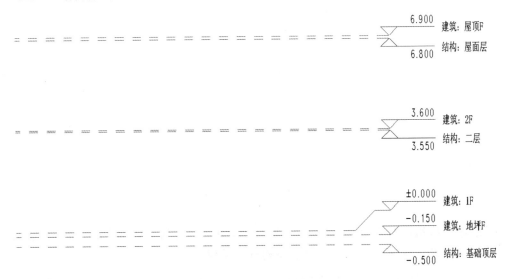

图 1.40　所有标高绘制完成

（8）将结构标高添加到平面视图。选择"视图"|"平面视图"命令，在弹出的"新建结构平面"对话框中，使用鼠标左键+Shift 键，选择前面制作好的"二"和"屋面"标高，然后单击"确定"按钮，如图 1.41 所示，将其添加到平面视图。添加完成后如图 1.42 所示。

图 1.41　修改标高名称 1

图 1.42　修改标高名称 2

（9）删除楼层平面多余的标高视图。选择"项目浏览器"中的"视图"|"楼层平面"选项，使用鼠标左键+Shift 键，选择前面制作好的"场地"和"基础"标高，右击，在弹出的快捷键菜单中选择"删除"命令，如图 1.43 所示。

（10）删除楼层平面多余的标高视图。选择"项目浏览器"中的"视图"|"天花板平面"选项，鼠标左键+Shift 键，选择"天花板平面"下的所有标高视图，右击，在弹出的快捷键菜单中选择"删除"命令，如图 1.44 所示。

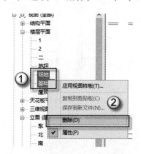

图 1.43　删除多余的标高视图

图 1.44　删除天花板平面下多余标高视图

1.2　轴网的设计——生成定位轴网

建筑平面定位轴线是确定房屋主要结构构件位置和标志尺寸的基准线，是施工放线和安装设备的依据。确定建筑平面轴线的原则是：在满足建筑使用功能要求的前提下，统一与简化结构、构件的尺寸和节点构造，减少构件类型的规格，扩大预制构件的通用与互换性，提高施工装配化程度。

定位轴网的具体位置因房屋结构体系的不同而有差别，定位轴线之间的距离即标志尺寸应符合模数制的要求。在模数化空间网格中，确定主要结构位置的定位线为定位轴线，其他网格线为定位线，用于确定模数化构件的尺寸。

（1）进入 1F 楼层平面视图。在"项目浏览器"中，单击"楼层平面"栏中的 1F 视图，进入 1F 楼层平面视图，如图 1.45 所示。

📖注意：一般情况下，轴网在平面视图中绘制，这是制图工作者的绘图习惯。在平面图中绘制的轴网，可以自动在立面图中生成。当然在立面图中也可以绘制轴网，其同样可以在平面图中生成。

（2）绘制垂直向轴线。使用快捷键 GR，在屏幕操作区从上向下绘制一条垂直向轴线，如图 1.46 所示。

（3）更改轴线类型。单击轴线，然后单击"编辑类型"按钮，在弹出的"类型属性"对话框中，将轴线颜色选择为"红色"，勾选"平面视图轴号端点 1（默认）"选项。最后单击"确定"按钮，完成"轴线"的类型编辑，如图 1.47 所示。

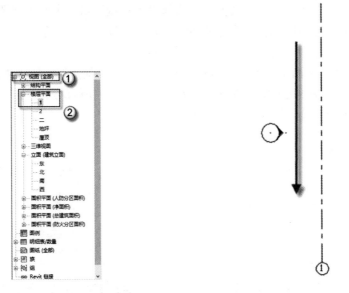

图 1.45　进入 1F 楼层平面视图　　　　图 1.46　绘制一条垂直轴线

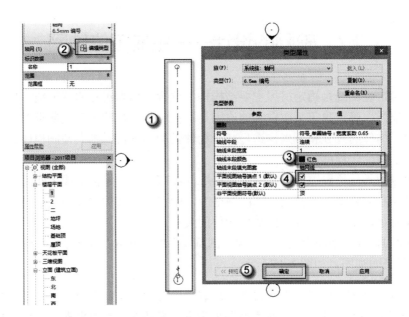

图 1.47　轴线的类型编辑

（4）调整阵列参数。单击轴线 1，使用阵列快捷键 AR，不勾选"成组并关联"复选框，"项目数"设为 4 个单位，"移动到"选择"第二个"选项，勾选"约束"选项，如图 1.48 所示。

（5）阵列竖直方向轴线 1。选择轴线 1，将光标向左移动，输入数值"3300"，如图 1.49 所示。按 Enter 键，完成对轴线的阵列，系统会以 3300mm 为间距，再生成 3 个轴线，轴线完成后如图 1.50 所示。

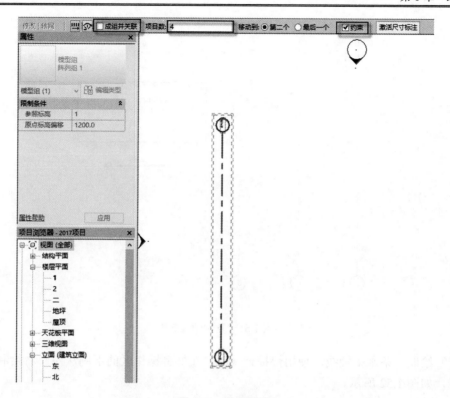

图 1.48　阵列轴线

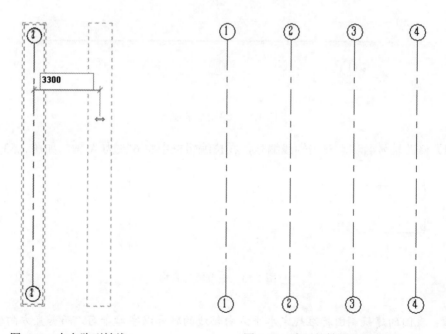

图 1.49　向左阵列轴线　　　　　图 1.50　阵列的轴线绘制完成

（6）复制轴线 5。选择第（5）步已经绘制完成的轴线 4，使用复制快捷键 CO，向右复制，输入数值"2700"，如图 1.51 所示。按 Enter 键，完成对轴线的复制。

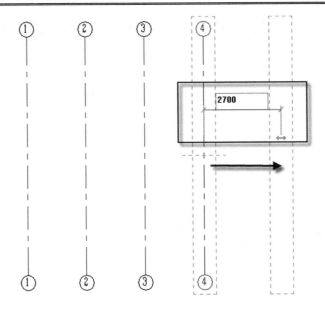

图 1.51　复制轴线 5

（7）绘制一条水平轴线。使用快捷键 GR，在屏幕操作区的下侧从左向右绘制一条水平轴线，如图 1.52 所示。

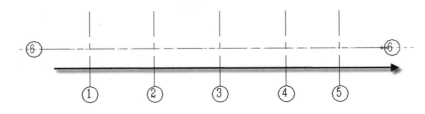

图 1.52　绘制水平轴线

（8）修改轴号名称。双击轴线编号，在位编辑框中将 6 改为 A 轴，如图 1.53 所示。

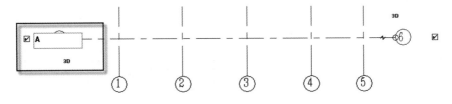

图 1.53　更改轴号名称

注意：我国的建筑制图标准规定水平方向轴线的轴号以字母命名，而垂直方向轴线的轴号以数字命名。

（9）复制水平轴线。单击轴线 A，使用复制快捷键 CO，勾选"约束"和"多个"选项。向上复制轴线，输入"2700"，完成轴线 B 的复制，如图 1.54 所示。光标向上移动，继续向上复制轴线，输入"3300"，完成轴线 C 的复制，如图 1.55 所示。继续向上复制轴线，输入

"3600"，完成轴线 D 的复制，如图 1.56 所示。水平轴线复制完成后，如图 1.57 所示。

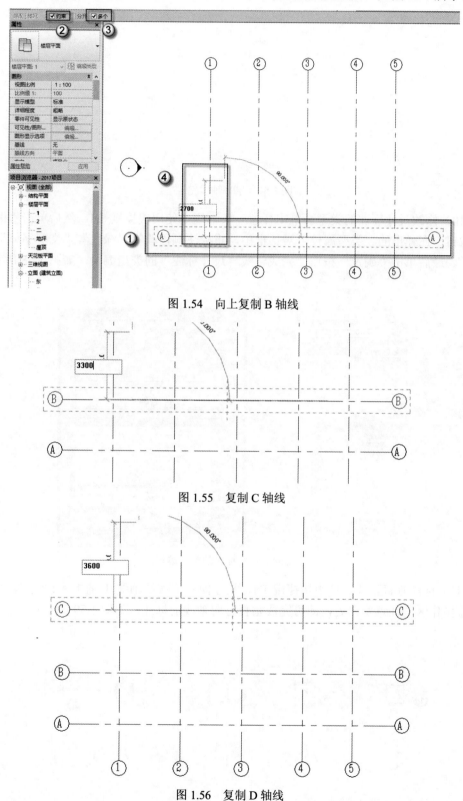

图 1.54 向上复制 B 轴线

图 1.55 复制 C 轴线

图 1.56 复制 D 轴线

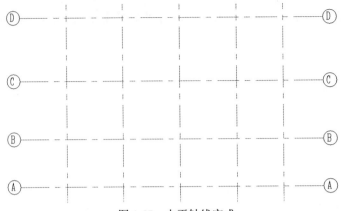

图 1.57 水平轴线完成

（10）修改尺寸标注的类型。单击任意一条轴线，使用快捷键 DI，然后单击"编辑类型"按钮，在弹出的"类型属性"对话框中，将标注颜色改为"绿色"，"文字字体"改为"仿宋"。最后单击"确定"按钮，完成轴线"尺寸标注"的类型编辑，如图 1.58 所示。

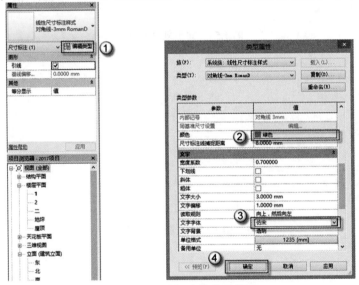

图 1.58 尺寸标注的类型编辑

（11）标注垂直轴线。使用快捷键 DI，从左向右依次从轴线 1 捕捉到轴线 5，然后单击屏幕操作区的任意空白处，即可完成垂直方向轴线的标注，如图 1.59 所示。

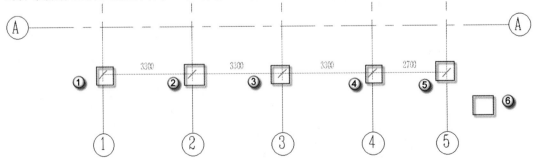

图 1.59 垂直轴线细部尺寸标注

（12）标注垂直轴线总尺寸。使用快捷键 DI，从左向右从轴线 1 捕捉到轴线 5，然后单击屏幕操作区的任意空白处，即可完成垂直方向轴线的总尺寸标注，如图 1.60 所示。

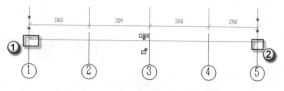

图 1.60　垂直轴线总尺寸标注

（13）标注水平轴线尺寸。使用快捷键 DI，从下向上依次从轴线 A 捕捉到轴线 D，然后单击屏幕操作区的任意空白处，即可完成水平方向轴线的细部尺寸标注，如图 1.61 所示。

（14）标注水平轴线总尺寸。使用快捷键 DI，从左向右从轴线 A 捕捉到轴线 D，然后单击屏幕操作区的任意空白处，即可完成水平方向轴线的总尺寸标注，如图 1.62 所示。

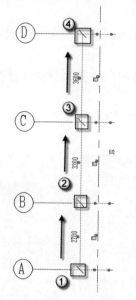

图 1.61　水平轴线细部尺寸标注

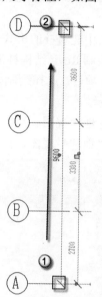

图 1.62　水平轴线总尺寸标注

至此，完成尺寸标注，如图 1.63 所示。

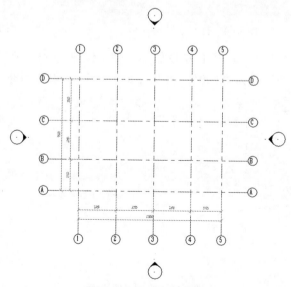

图 1.63　尺寸标注完成

1.3 建　筑　柱

建筑柱与结构柱相比，首先在命名上就不一样。建筑柱是按照柱横截面的尺寸来命名的，而结构柱是以施工要求命名的。读者不要小看命名，在 BIM 技术下，对建筑构件的命名很有学问，尤其在设计完成后的预算、施工、运维等方面，有严格的名称对应要求。

1.3.1　400*400 单层柱

在 Revit 中建筑柱的形式比较单一，一般与其截面形式和尺寸紧密相关，柱的截面尺寸设置将是绘制 Revit 结构柱的重中之重。

（1）打开项目。选择绘制好的"二层公共卫生间轴网"rfa 族文件，选择"打开"命令，如图 1.64 所示。

（2）进入地坪视图。在"项目浏览器"中，选择"视图"|"楼层平面"，双击"地坪"命令，进入"地坪"视图，如图 1.65 所示。

图 1.64　打开项目　　　　　　　　　　　　　　图 1.65　进入地坪视图

（3）绘制一条参照平面。选择上方 D 轴线，使用快捷键 RP，在弹出的属性栏中，将"偏移量"栏中的"0.0"改为"100"，再从左向右绘制一条参照平面，如图 1.66 所示。

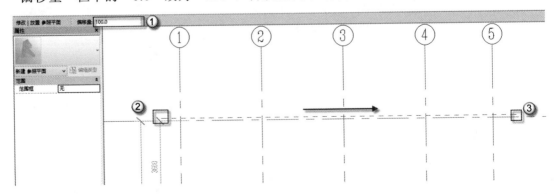

图 1.66　绘制参照平面

（4）绘制其他参照平面。同第（2）步，选择上方轴线 5，使用快捷键 RP，再从上向下绘制一条参照平面，选择下方的 A 轴线，再从左向右绘制一条参照平面，选择上方的轴线 1，再从下向上绘制一条参照平面，继续选择右方的轴线 4，再从右向左绘制一条参照平面，如图 1.67 所示。

注意：绘制参照平面时，偏移量为正，沿着参照对象顺时针绘制，参照平面会在参照对象的外面；而逆时针绘制时，则参照平面在参照对象的里面，如图 1.68 所示。偏移量为负的情况则刚好相反。

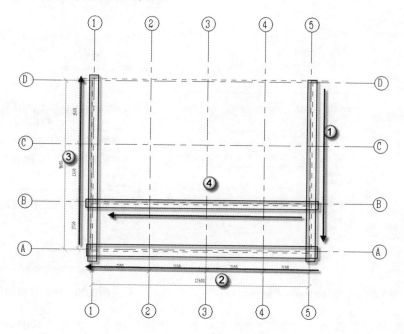

图 1.67　绘制柱的其他参照线

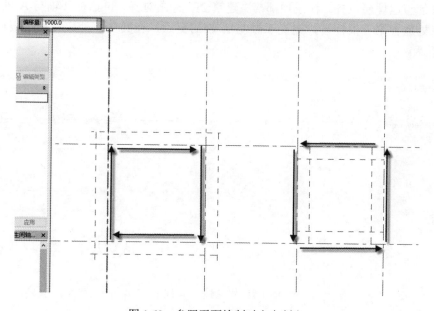

图 1.68　参照平面绘制时方向判定

（5）复制 400*400 单层柱类型。选择"建筑"|"柱"|"柱：建筑"命令，然后单击"编辑类型"按钮，在弹出的"类型属性"对话框中，单击"复制"按钮，在弹出的对话框中输入"400*400mm 单层 KJL"，单击"确定"按钮，如图 1.69 所示。

（6）修改 400*400 单层框架柱尺寸。在"类型属性"对话框中，单击"深度"栏，将 475 改为 400，单击"宽度"栏，将 610 改为 400，单击"确定"按钮完成操作，如图 1.70 所示。

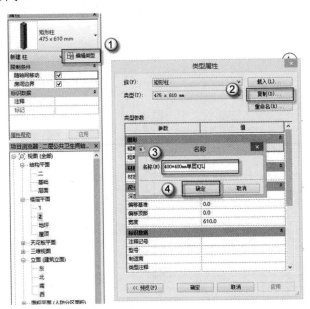
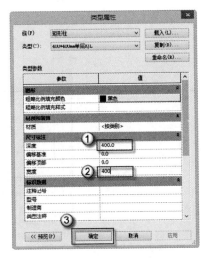

图 1.69　复制 400*400 贯通框架柱　　　　　　　图 1.70　输入柱截面尺寸

（7）绘制柱子。选择"建筑"|"柱"|"柱：建筑"命令，选择"400*400mm 单层 KJL"，在上方的下拉列表框中选择"高度"选项，在其后的选项中，选择"2"选项，即柱子的底部与地坪层对齐，柱子顶部与"建筑:2f"标高对齐，再捕捉 2 轴与 A 轴的交点，在其交点处放置第一根柱子，捕捉 3 轴与 A 轴的交点，在其交点处放置第二根柱子，如图 1.71 所示。

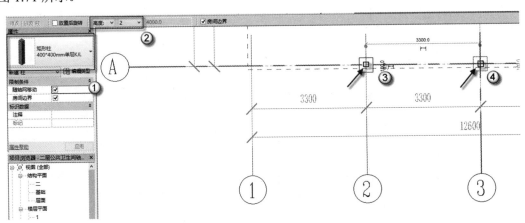

图 1.71　绘制第一根柱子

（8）检验柱子高度约束。在"项目浏览器"中，选择"视图"|"立面"，双击"东"命令，进入东立面视图中，在其中检验绘制的柱子底部是否为"建筑：地坪 F"，绘制的柱子顶部是否为"建筑：2F"，如图 1.72 所示。

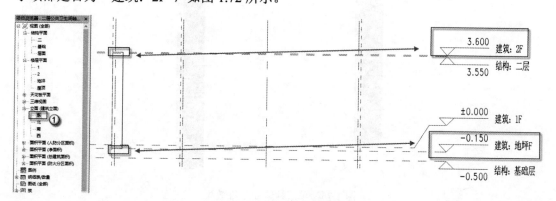

图 1.72　检验柱子高度约束

（9）对齐柱子。选择 2 轴上的柱子，使用移动快捷键 MV，捕捉柱子底部与 2 轴的交点，向上移动到与参照线对齐的点，如图 1.73 所示。再选择 3 轴上的柱子，使用移动快捷键 MV，捕捉柱子底部与 3 轴的交点，向上移动到与参照线对齐的点，如图 1.74 所示。

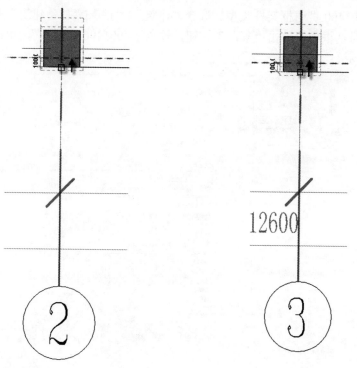

图 1.73　对齐 2 轴柱子　　　　　　　图 1.74　对齐 3 轴柱子

（10）检查柱绘制完成三维效果。选择"视图"|"三维视图"|"默认三维视图"命令，进入如图 1.75 所示的三维视图界面，在其中检查并确认信息。

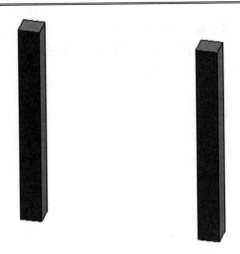

图 1.75　单层柱绘制三维效果

1.3.2　400*400 贯通柱

本节中的 400*400 贯通柱，是从建筑底部一直绘制到屋面，贯通建筑主体的主要承压构件。具体操作如下。

（1）复制 400*400 贯通框架柱类型。选择"建筑" | "柱" | "柱：建筑"命令，在弹出的"类型属性"对话框中，单击"复制"按钮，输入"400*400 贯通柱"，单击"确定"按钮，如图 1.76 所示。

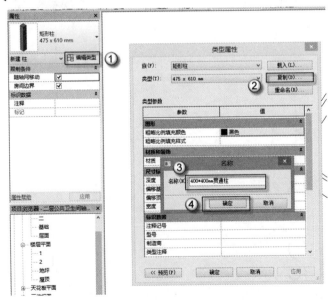

图 1.76　复制 400*400 贯通框架柱

（2）修改 400*400 贯通框架柱尺寸。在"类型属性"对话框中，单击"深度"栏，将 475 改为 400，单击"宽度"栏，将 610 改为 400，单击"确定"按钮完成操作，如图 1.77 所示。

（3）绘制第一根柱子。选择"建筑"|"柱"|"柱：建筑"命令，选择"400*400mm 贯通柱"，在上方的下拉列表框中选择"高度"选项，在其后的选项中，选择"屋顶"选项，即柱子顶部为"建筑:屋顶 f"，捕捉 2 轴与 D 轴的交点，在其交点处放置第一根柱子，如图 1.78 所示。

（4）检验柱子高度约束。在"项目浏览器"中，选择"视图"|"立面"选项，双击"东"命令，进入东立面视图中，检验绘制的柱子底部是否为"建筑：地坪 F"，绘制的柱子顶部是否为"建筑：屋顶 F"，如图 1.79 所示。

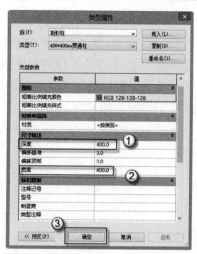

图 1.77　修改柱尺寸

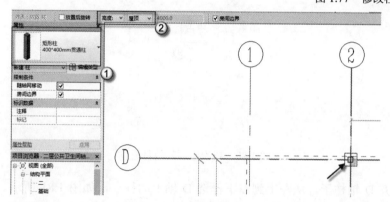

图 1.78　绘制第一根柱子

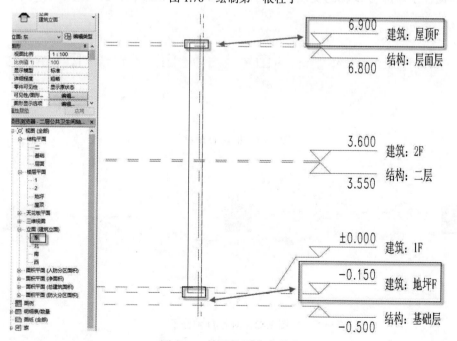

图 1.79　检验柱子高度约束

（5）绘制其他贯通柱子。在"项目浏览器"中，选择"视图"|"楼层平面"命令，双击"地坪"命令，进入"地坪"视图中，选择"建筑"|"柱"|"柱：建筑"命令，选择"400*400mm贯通柱"，在上方的下拉列表框中选择"高度"选项，在其后的选项中，选择"屋顶"选项，然后依次捕捉轴线与轴线之间的交点，并在交点处分别放置其对应的其他贯通柱。绘制完成后，如图 1.80 所示。

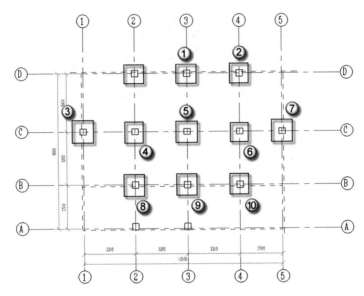

图 1.80　依次绘制其他贯通柱

（6）对齐 D 轴柱子。从左上到右下框选 D 轴上的柱子，如图 1.81 所示。使用快捷键MV，捕捉柱子顶部与 D 轴的交点，并向下移动到与参照线对齐处，如图 1.82 所示。

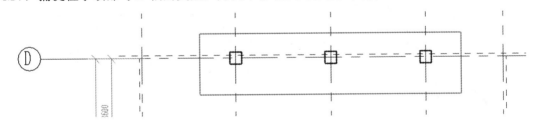

图 1.81　框选 D 轴柱子

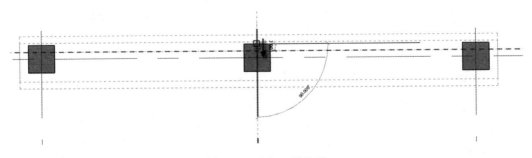

图 1.82　对齐 D 轴柱子

（7）对齐 B 轴柱子。框选 B 轴上的柱子，使用移动快捷键 MV，捕捉柱子底部与 B 轴的交点，并向上移动到与参照线对齐处，如图 1.83 所示。

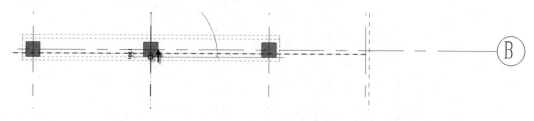

图 1.83 对齐 B 轴柱子

（8）对齐 C 轴柱子。单击 C 轴上最左侧的柱子，使用快捷键 MV，捕捉柱子左侧与 C 轴的交点，并向右移动到与参照线对齐处，如图 1.84 所示。继续选择 C 轴上最右侧的柱子，使用快捷键 MV，捕捉柱子右侧与 C 轴的交点，向左移动到与参照线对齐处，如图 1.85 所示。

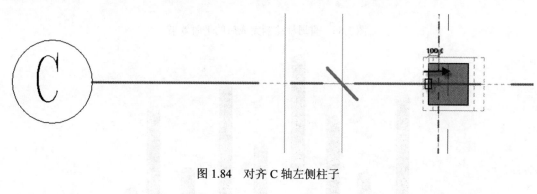

图 1.84 对齐 C 轴左侧柱子

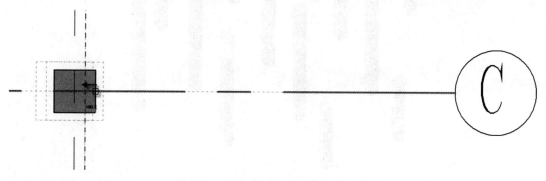

图 1.85 对齐 C 右侧轴柱子

（9）贯通柱绘制完成效果。在"项目浏览器"中打开"视图"|"楼层平面"文件夹，双击"地坪"文件，进入"地坪"视图中，贯通柱平面视图如图 1.86 所示。选择"视图"|"三维视图"|"默认三维视图"命令，进入如图 1.87 所示的三维界面，在其中检查并确认信息。

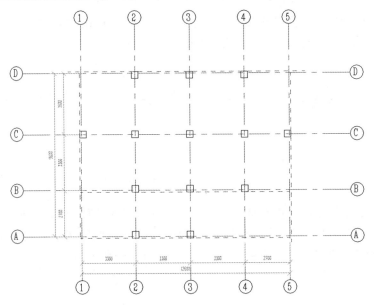

图 1.86 贯通柱绘制完成后的平面效果

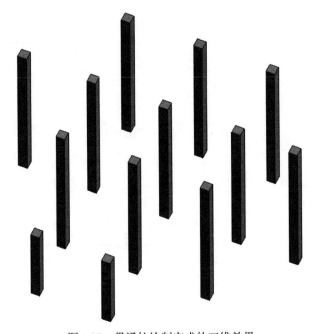

图 1.87 贯通柱绘制完成的三维效果

1.3.3 400*600 柱

本节中的 400*600 建筑柱，位于建筑的四个角，由于抗震的要求，柱截面的宽度大于深度，是建筑主体的主要承压构件。具体操作如下。

（1）复制 400*600 框架柱类型。选择"建筑" | "柱" | "柱：建筑"命令，在弹出的"类型属性"对话框中，单击"复制"按钮，在"名称"文本框中输入"400*600 柱"，单击"确定"按钮，如图 1.88 所示。

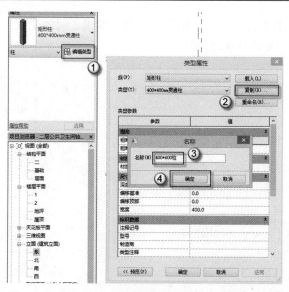

图 1.88　复制 400*600 贯通框架柱

（2）修改 400*600 贯通框架柱尺寸。在"类型属性"对话框中，单击"深度"栏，输入"400"，单击"宽度"栏，将"610"改为"600"，单击"确定"按钮完成操作，如图 1.89 所示。

（3）绘制第一根柱子。选择"建筑"|"柱"|"柱：建筑"命令，选择"400*600 柱"，在上方的下拉列表框中选择"放置后旋转"选项，在其后的下拉列表框中分别选择"高度"和"屋顶"选项，捕捉 1 轴与 D 轴的交点，在其交点处放置第一根柱子，然后光标顺时针旋转 90°，与 1 轴对齐，如图 1.90 所示。

🔲注意：当绘制不等边柱时，绘制时需要勾选"放置　　　图 1.89　修改 400*600 贯通框架柱尺寸
　　　　后旋转"选项，然后再旋转构件，使用快捷键命令 MV 移动即可。这种方法是柱绘制中非常好用的一种方法，此方法对有转角的柱，需移动的柱的情况都能很好解决。

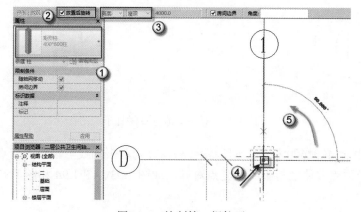

图 1.90　绘制第一根柱子

（4）绘制其他贯通柱子。依次捕捉其他轴线与轴线之间的交点，并分别在交点处放置其对应的其他贯通柱，如图 1.91 所示。

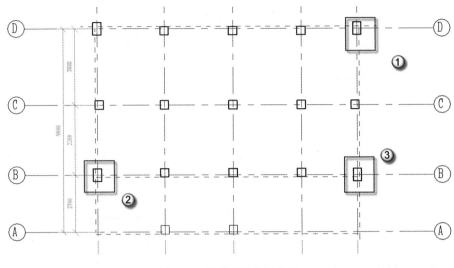

图 1.91　绘制其他贯通柱子

（5）对齐第一根 400*600 柱子。单击选择 1 轴与 D 轴上最左侧的柱子，使用快捷键 MV，捕捉柱子左上顶点，向右下方向移动到与参照线的交线对齐处，如图 1.92 所示。

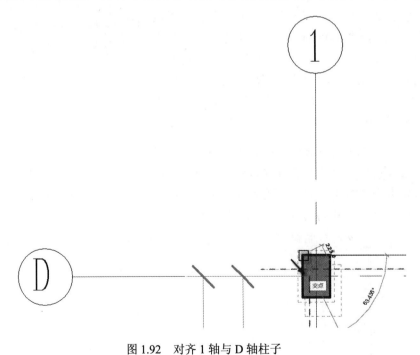

图 1.92　对齐 1 轴与 D 轴柱子

（6）对齐其他 400*600 柱子。同步骤（5），分别单击轴线与轴线的交点，使用快捷键 MV，捕捉柱子顶点并使之与参照线交点对齐，如图 1.93、图 1.94 和图 1.95 所示。

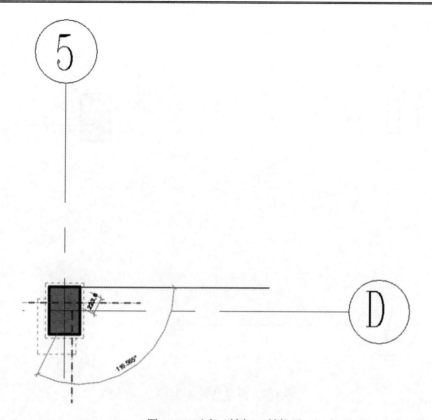

图 1.93　对齐 1 轴与 D 轴柱子

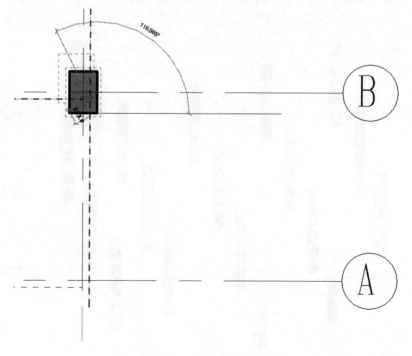

图 1.94　对齐 B 轴右侧柱子

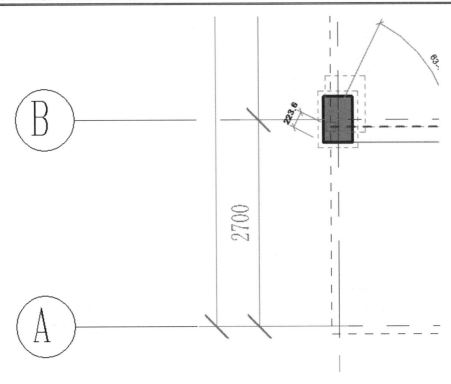

图 1.95　对齐 B 轴左侧柱子

（7）贯通柱绘制完成效果。选择"视图"|"三维视图"|"默认三维视图"命令，进入如图 1.96 所示的三维界面，在其中检查并确认信息。

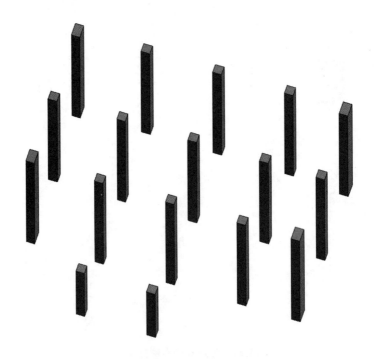

图 1.96　建筑柱三维效果

第2章 一层墙体的建筑设计

本例二层楼的公共卫生间采用的是全框架结构，由梁、板、柱承重。而墙体只是围合构件，不承重，此处采用的是加气混凝土的填充叠砌墙，轻质、保温、节能，广泛应用于我国的中南部地区。叠砌墙是指由各种砌块按照一定规律叠放，使用各种胶凝材料粘接砌筑而成的墙体。

2.1 一层外墙

一层的所有外墙均采用200厚加气混凝土砌块，但是有单面材质与双面材质的区别。这里的单面、双面的"面"指的是外墙的饰面材质，此处选用的是"陶瓷瓷砖"。有一部分外墙，在平面图中是伸出建筑物，不参与围合与保温，其双面都有这种材质，因此称为双面材质。

2.1.1 200厚单面材质外墙

200厚单面材质外墙要注意墙体类型命名、墙体面层、墙体材质顺序、材质的厚度这几个问题。具体操作如下。

（1）发出新建墙体命令。选择"建筑"|"墙"|"墙：建筑"命令，也可以直接使用WA快捷键。

（2）复制创建200厚单面材质外墙族类型。在"属性"面板中选择"基本墙：常规-200mm"墙族，再单击"编辑类型"按钮。在弹出的"类型属性"对话框中单击"复制"按钮，在弹出的"名称"对话框中输入新类型名称，如图2.1和图2.2所示。

图2.1 确定墙体类型图

🔔注意：在编写新类型名称的时候，可以在文本框中照"项目名称-楼层-内（外）墙-厚度"的格式输入，如"卫生间-1层-单面外墙-200mm"。这样可以将同一类型的构件放置在"属性"面板中，方便在调用时快速查找。

（3）编辑墙体结构。在"类型属性"对话框中，先确定"构造"栏下的"功能"选项是否符合所构造的墙体的功能要求，一般选择"内部"与"外部"两项，再单击"编辑"按钮，如图2.3所示，会弹出"编辑部件"对话框，然后进行墙体结构与材质的编辑。

（4）添加"面层1 [4]"功能。打开"编辑部件"对话框，在其中依次单击"插入"和

"向上"按钮,在"功能"参数下将"结构[1]"改为"面层 1 [4]"功能,如图 2.4 所示。

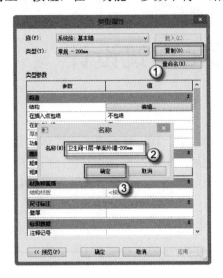
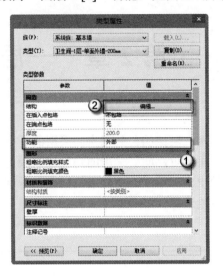

图 2.2　命名墙体　　　　　　　　　　　图 2.3　编辑墙体结构

(5)编辑"面层 1 [4]"材质。在"编辑部件"对话框中单击"面层 1 [4]"对应的"材质"面板下的"浏览"按钮,在"材质浏览器"下,选择"AEC 材质"中的"瓷砖"|"陶瓷瓷砖"选项,将其填充图案改为"上对角线-1.5mm",单击"应用"按钮,再单击"确定"按钮返回"编辑部件"对话框,如图 2.5 所示。然后在其中将其对应的厚度改为 10mm,如图 2.6 所示。

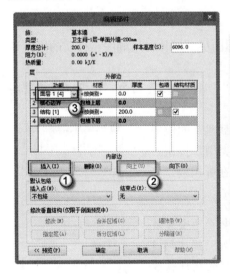

图 2.4　添加"面层 1 [4]"功能　　　　　图 2.5　编辑"面层 1 [4]"材质

(6)添加"保温层/空气层"功能。打开"编辑部件"对话框,在其中分别单击"插入"和"向上"按钮,在"功能"参数下将"结构[1]"改为"保温层/空气层",如图 2.7 所示。

图 2.6　编辑 "面层 1 [4]" 厚度

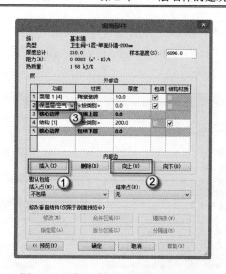

图 2.7　添加 "保温层/空气层" 功能

（7）编辑 "保温层/空气层" 材质。在 "编辑部件" 对话框中单击 "保温层/空气层" 对应的 "材质" 面板下的 "浏览" 按钮，在 "材质浏览器" 中，选择 "AEC 材质" 中的 "隔热层" | "珍珠岩" 选项，将 "填充图案" 改为 "三角形"，单击 "应用" 按钮，再单击 "确定" 按钮返回 "编辑部件" 对话框。然后在该对话框中将其对应的厚度改为 30mm，如图 2.8 和图 2.9 所示。

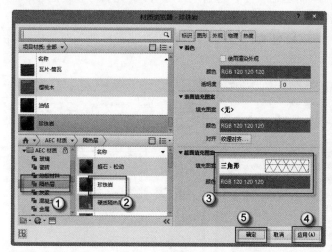

图 2.8　编辑 "保温层/空气层" 功能

图 2.9　编辑 "保温层/空气层" 厚度

（8）编辑 "结构[1]" 材质。在 "编辑部件" 对话框中单击 "结构[1]" 对应的 "材质" 面板下的 "浏览" 按钮，在 "材质浏览器" 中，选择 "AEC 材质" 中的 "砖石" | "混凝土砌块" 选项，将其填充图案改为 "砌体-加气砼"，如图 2.10 所示。单击 "应用" 按钮，再单击 "确定" 按钮返回 "编辑部件" 对话框。然后在该对话框中将其对应的厚度改为 200mm。

（9）添加"面层 2 [5]"功能。在"编辑部件"对话框中选择"结构[1]"，然后分别单击"插入"和"向下"按钮，在"功能"参数下将"结构[1]"改为"面层 2 [5] "，如图 2.11 所示。

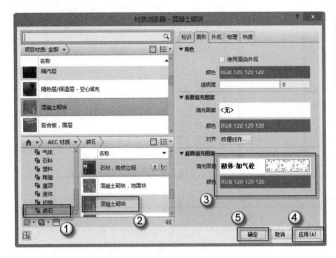

图 2.10　编辑"结构[1]"材质

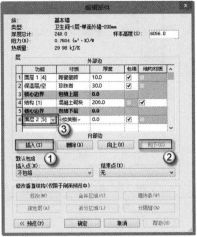

图 2.11　添加"面层 2 [5]"功能

（10）编辑"面层 2 [5]"材质。在"编辑部件"对话框中单击"面层 2 [5]"对应的"材质"面板下的"浏览"按钮，在"材质浏览器"下，选择"AEC 材质"中的"其他" | "粉刷，米色，平滑"选项，将其填充图案改为"交叉线 3mm"，单击"应用"按钮，再单击"确定"按钮返回"编辑部件"对话框，如图 2.12 所示。然后在"编辑部件"对话框中将其对应的厚度改为 10mm，如图 2.13 所示。

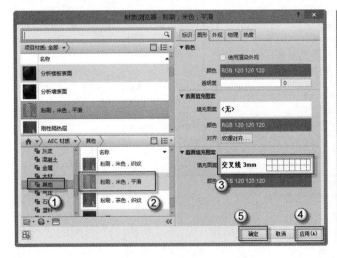

图 2.12　编辑"面层 2 [5]"材质

图 2.13　编辑"面层 2 [5]"厚度

（11）完成 200 厚单面材质外墙族类型定义。在"编辑部件"对话框中单击"确定"按钮返回"类型属性"对话框，如图 2.14 所示。在该对话框中再单击"确定"按钮，这样就完成了 200 厚单面材质外墙族类型定义，如图 2.15 所示。

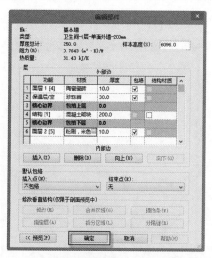

图 2.14　单击"确定"按钮退出"编辑部件"对话框

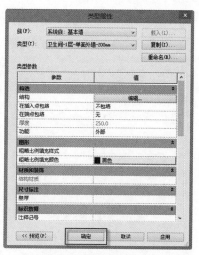

图 2.15　单击"确定"按钮完成类型定义

2.1.2　200 厚双面材质外墙

200 厚双面材质外墙要注意墙体类型命名、墙体面层、墙体材质顺序、材质的厚度这几个问题。具体操作如下。

（1）新建墙体。选择"建筑"｜"墙"｜"墙：建筑"命令，也可以直接使用快捷键命令 WA。

（2）复制创建 200 厚单面材质外墙族类型。在"属性"面板下选择"基本墙：常规-200mm"墙族，再单击"编辑类型"按钮。在弹出的"类型属性"对话框中单击"复制"按钮，在弹出的"名称"对话框中输入新类型名称，单击"确定"按钮，如图 2.16 和图 2.17 所示。

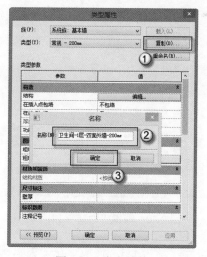

图 2.16　确定墙体类型图　　　　　　　　　图 2.17　命名墙体

（3）编辑墙体结构。在"类型属性"对话框中，先确定"构造"栏下的"功能"选项是否符合"外部"功能要求，再单击"编辑"按钮，弹出"编辑部件"对话框，如图 2.18 所示。然后在该对话框中进行墙体结构与材质的编辑。

（4）添加"面层 1 [4]"功能。打开"编辑部件"对话框，在其中分别单击"插入"和"向上"按钮,在"功能"参数下将"结构[1]"改为"面层 1 [4]"功能,如图 2.19 所示。

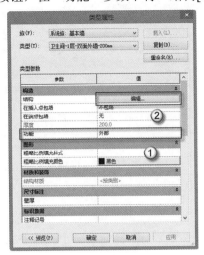

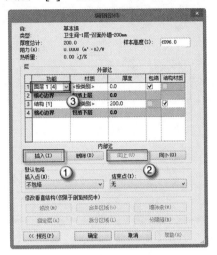

图 2.18　编辑墙体结构　　　　　　　图 2.19　添加"面层 1 [4]"功能

(5)编辑"面层 1 [4]"材质。在"编辑部件"对话框中单击"面层 1 [4]"对应的"材质"面板下的"浏览"按钮,在"材质浏览器"下,选择"AEC 材质"中的"瓷砖"|"陶瓷瓷砖"选项,将其填充图案改为"上对角线-1.5mm",单击"应用"按钮,再单击"确定"按钮返回"编辑部件"对话框,如图 2.20 所示。然后在"编辑部件"对话框中将其对应的厚度改为 10mm,如图 2.21 所示。

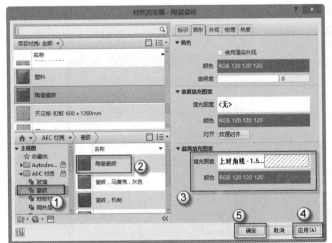

图 2.20　编辑"面层 1 [4]"材质　　　图 2.21　修改"面层 1[4]"厚度

(6)编辑"结构[1]"材质。在"编辑部件"对话框中单击"结构[1]"对应的"材质"面板下的"浏览"按钮,在"材质浏览器"中,选择"AEC 材质"中的"砖石"|"混凝土砌块"选项,将其填充图案改为"砌体-加气砼",单击"应用"按钮,再单击"确定"按钮返回"编辑部件"对话框,如图 2.22 所示。然后在"编辑部件"对话框中将其对应的厚度改为 200,如图 2.23 所示。

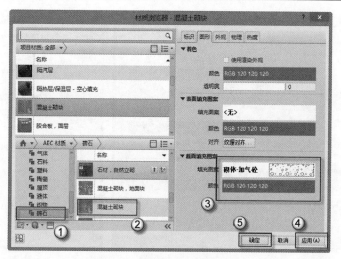

图 2.22　编辑"结构[1]"材质

（7）添加"面层 2 [5]"功能。在"编辑部件"对话框中选择"结构[1]"，然后分别单击"插入"和"向下"按钮，在"功能"参数下将"结构[1] "改为"面层 2 [5] "，如图 2.24所示。

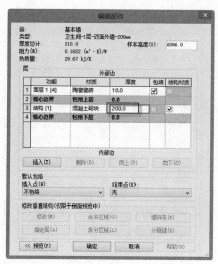

图 2.23　修改"结构[1]"厚度

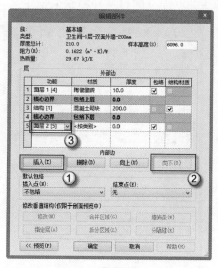

图 2.24　添加"面层 2 [5]"功能

（8）编辑"面层 2 [5]"材质。在"编辑部件"对话框中单击"面层 2 [5]"对应的"材质"面板下的 "浏览"按钮，在"材质浏览器"中，选择"AEC 材质"中的"瓷砖"|"陶瓷瓷砖"选项，将其填充图案改为"上对角线-1.5mm"，单击"应用"按钮，再单击"确定"按钮返回"编辑部件"对话框，如图 2.25 所示。然后在"编辑部件"对话框中将其对应的厚度改为 10mm，如图 2.26 所示。

注意：在编辑面层材质的时候，单击相对应的材质后，若出现"外观名称重复"对话框，则单击"保留两个"按钮，即可赋予两个不同的面层相同的材质。

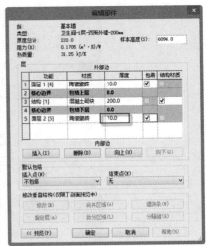

图 2.25　编辑"面层 2 [5]"材质　　　　图 2.26　修改"面层 2 [5]"厚度

（9）完成 200 厚双面材质外墙族类型定义。在"编辑部件"对话框中单击"确定"按钮返回"类型属性"对话框，如图 2.27 所示，再单击该对话框中的"确定"按钮，这样就完成了 200 厚双面材质外墙族类型定义，如图 2.28 所示。

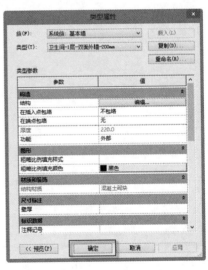

图 2.27　单击"确定"按钮退出"编辑部件"对话框　　图 2.28　单击"确定"按钮完成类型定义

注：单面材质外墙与双面材质外墙最明显的区别在于，单面材质外墙需要添加保温层，而双面材质外墙不需要。

2.2　一层内墙

由于本例的二层公共卫生间采用的是外墙外保温措施，所以内墙不需要设置保温。此处的内墙只是起空间分隔与隔音的功能，材质上主要是结构核心层加上粉刷层。

2.2.1　100 厚内墙

100 厚单面材质内墙要注意墙体类型命名、墙体面层、墙体材质顺序、材质的厚度这几个问题。具体操作如下。

（1）发出新建墙体命令。选择"建筑"|"墙"|"墙：建筑"命令，也可以直接使用快捷键 WA。

（2）复制创建 100 厚内墙族类型。在"属性"面板下选择"基本墙：常规-200mm"墙族，再选择"编辑类型"命令。在弹出的"类型属性"对话框中单击"复制"按钮，在弹出的"名称"对话框中输入"项目名称-楼层-内（外）墙-厚度"作为新类型名称，如图 2.29 所示。

（3）添加"面层 1 [4]"功能。打开"编辑部件"对话框，在其中分别单击"插入"和"向上"按钮，在"功能"参数下将"结构[1]"改为"面层 1 [4]"，如图 2.30 所示。

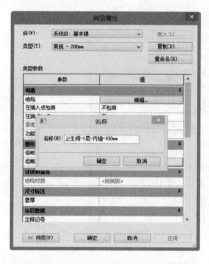

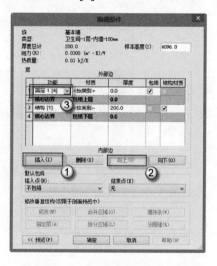

图 2.29　复制创建 100 厚内墙族类型　　　　图 2.30　添加"面层 1 [4]"功能

（4）编辑"面层 1 [4]"材质。在"编辑部件"对话框中单击"面层 1 [4]"对应的"材质"面板下的"浏览"按钮，在"材质浏览器"下，选择"AEC 材质"中的"瓷砖"|"陶瓷瓷砖"选项，将其填充图案改为"上对角线-1.5mm"，单击"应用"按钮，再单击"确定"按钮返回"编辑部件"对话框，如图 2.31 所示。然后在"编辑部件"对话框中将其对应的厚度改为 10.0，如图 2.32 所示。

（5）编辑"结构[1]"材质。在"编辑部件"对话框中单击"结构[1]"对应的"材质"面板下的"浏览"按钮，在弹出的"材质浏览器"对话框中，选择"AEC 材质"中的"砖石"|"混凝土砌块"选项，将其填充图案改为"砌体-加气砼"，单击"应用"按钮，再单击"确定"按钮返回"编辑部件"对话框，如图 2.33 所示。然后在"编辑部件"对话框中将其对应的厚度改为 100mm，如图 2.34 所示。

（6）添加"面层 2 [5]"功能。在"编辑部件"对话框中选择"结构[1]"，然后分别单击"插入"和"向下"按钮，在"功能"参数下将"结构[1]"改为"面层 2 [5]"，如图 2.35 所示。

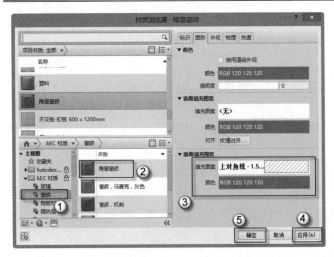

图 2.31　编辑"面层 1 [4]"材质　　　　　图 2.32　编辑"面层 1 [4]"厚度

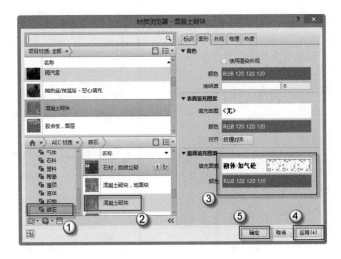

图 2.33　编辑"结构[1]"材质

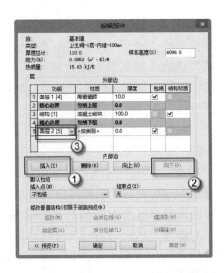

图 2.34　编辑"结构[1]"厚度　　　　　图 2.35　添加"面层 2 [5]"功能

（7）编辑"面层 2 [5]"材质。在"编辑部件"对话框中单击"面层 2 [5]"对应的"材质"面板下的"浏览"按钮，在弹出的"材质浏览器"中，选择"AEC 材质"中的"瓷砖"|"陶瓷瓷砖"选项（当出现"外观名称重复"对话框时，单击"保留两个"按钮），将其填充图案改为"上对角线-1.5mm"，单击"应用"和"确定"按钮返回"编辑部件"对话框。然后在"编辑部件"对话框中将其对应的厚度改为 10mm，如图 2.36 和图 2.37所示。

图 2.36　编辑"面层 2 [5]"材质　　　　　图 2.37　编辑"面层 2 [5]"厚度

（8）完成 100 厚内墙族类型定义。在"编辑部件"对话框中单击"确定"按钮返回"类型属性"对话框，再单击该对话框中的"确定"按钮，即完成了 100 厚内墙族类型定义，如图 2.38 和图 2.39 所示。

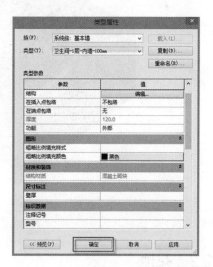

图 2.38　单击"确定"按钮退出"编辑部件"对话框　　图 2.39　单击"确定"按钮完成类型定义

一层的内外墙体完成之后，如图 2.40 所示。然后按 F4 键，切换到三维视图中，在其中检查模型的细节，如图 2.41 所示。

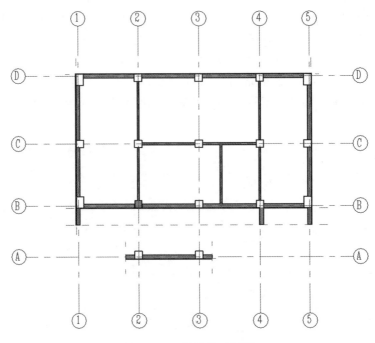

图 2.40　一层墙体平面图

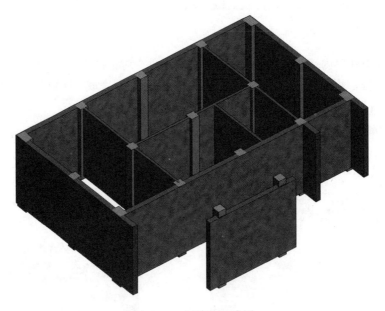

图 2.41　一层墙体三维图

2.2.2　花池

根据地面以下部分的组成成分和结构的不同，花池可分为两种：一种由基础、加气砼砌块组成；另一种由基土夯实、基础垫层、加气砼砌块基础、加气砼砌块组成。这里研究的是墙体建筑部分，所以本节只研究花池位于地面以上的部分。

（1）发出新建墙体命令。选择"建筑"|"墙"|"墙：建筑"命令，也可以直接使用快捷键 WA。

（2）复制创建 100 厚花池族类型。在"属性"面板中选择"基本墙：常规-200mm"墙族，再单击"编辑类型"按钮。在弹出的"类型属性"对话框中单击"复制"按钮，在弹出的"名称"对话框中输入新类型名称，如图 2.42 和图 2.43 所示。

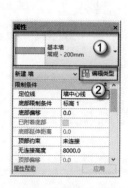

图 2.42　确定墙体类型

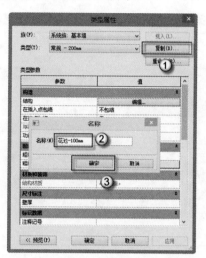

图 2.43　命名墙体

（3）添加"面层 1 [4]"功能。打开"编辑部件"对话框，分别单击"插入"和"向上"按钮，在"功能"参数下将"结构[1]"改为"面层 1 [4]"，在"厚度"参数下将数值改为 10mm，如图 2.44 所示。

（4）编辑"面层 1 [4]"材质。在"编辑部件"对话框中单击"面层 1 [4]"对应的"材质"面板下的"浏览"按钮，在"材质浏览器"中，选择"AEC 材质"中的"瓷砖"|"陶瓷瓷砖"选项，将其填充图案改为"上对角线-1.5mm"，单击"应用"和"确定"按钮返回"编辑部件"对话框，如图 2.45 所示。

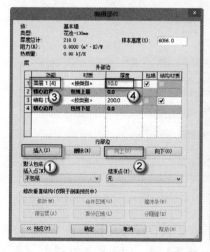

图 2.44　添加"面层 1 [4]"功能

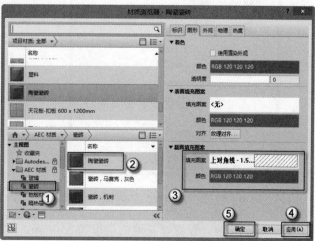

图 2.45　编辑"面层 1 [4]"材质

（5）编辑"结构[1]"材质。在"编辑部件"对话框中单击"结构[1]"对应的"材质"面板下的"浏览"按钮，在"材质浏览器"下，选择"AEC 材质"中的"砖石"|"混凝土砌块"选项，将其填充图案改为"砌体-加气砼"。单击"应用"和"确定"按钮返回"编辑部件"对话框。然后在"编辑部件"对话框中将其对应的厚度改为 100mm，如图 2.46 和图 2.47 所示。

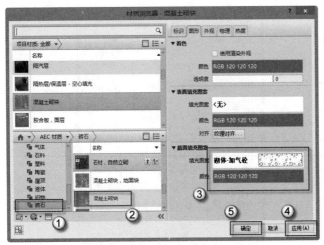

图 2.46　编辑"结构[1]"材质

图 2.47　编辑"结构[1]"厚度

（6）完成 200 厚花池族类型定义。在"编辑部件"对话框中单击"确定"按钮返回"类型属性"对话框，再单击该对话框中的"确定"按钮，即完成了 200 厚花池族类型定义，如图 2.48 和图 2.49 所示。

图 2.48　单击"确定"按钮退出"编辑部件"对话框

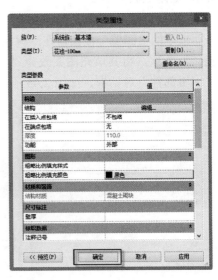

图 2.49　单击"确定"按钮完成类型定义

（7）绘制花池。设置好花池的高度为 350mm，然后在平面图中使用快捷键 WA，按照如图 2.50 所示的捕捉点与方向绘制花池。绘制完成后，按 F4 键，切换到三维视图，在其中检查花池的三维模型，如图 2.51 所示。

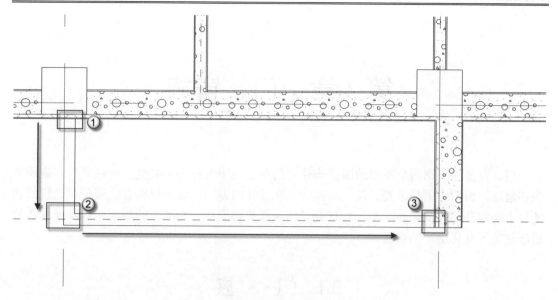

图 2.50　绘制花池

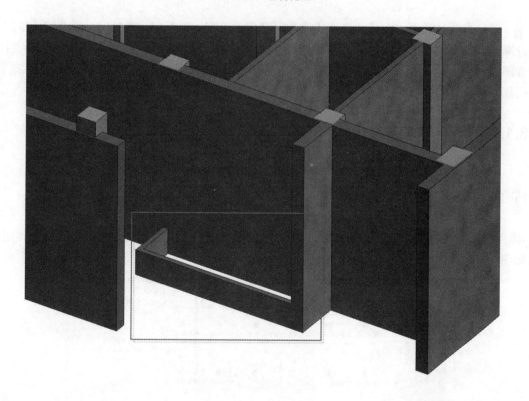

图 2.51　检查三维模型

第 3 章　门、窗族

门、窗是建筑物两个重要的围护构件。门在建筑中的作用主要是交通联系，并兼顾采光和通风。窗的作用是采光、通风和眺望。在设计门窗时，必须根据有关规范和建筑的功能要求决定其形式及尺寸大小，并符合《建筑模数协调统一标准》的要求，以降低成本和适应建筑工业化生产的需要。

3.1　门　　族

门分为多种类型，按其开启方式通常可分为平开门、弹簧门、推拉门、折叠门、转门、升降门、卷帘门、上翻门等类型。这些类型的构件，在 Revit 中提供了一些族，可供设计者随时调用。但是此类自带的门族，缺乏及时的更新，因此在实例操作中还需要自定义门族。

3.1.1　普通门 M1224

普通门 M1224 由两扇相同的门板组成，本节设计的 M1224 门，就是设置在大门口，门的开启方向向外，具体操作如下。

（1）选择"公制门"族样板。选择"程序"｜"新建"｜"族"命令，在弹出的"新族-选择样板文件"对话框中选择"公制门"文件，单击"打开"按钮，进入门族的设计界面，如图 3.1 所示。

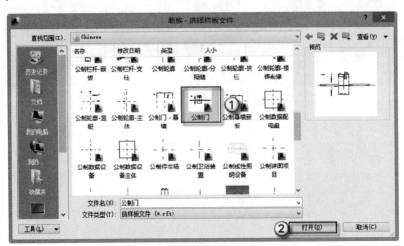

图 3.1　"新族-选择样板文件"对话框

（2）删除公制门框架。配合 **Ctrl** 键，依次选择"框架/竖挺：拉伸"，如图 3.2 所示，然后按 **Delete** 键将其删除。删除后，如图 3.3 所示。

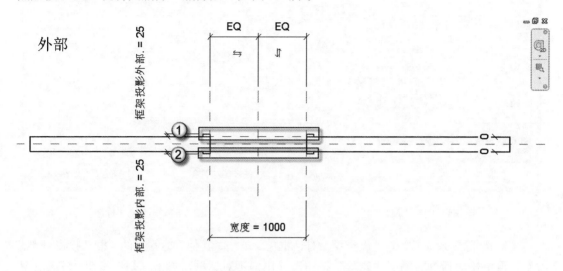

图 3.2　选定"框架/竖挺：拉伸"

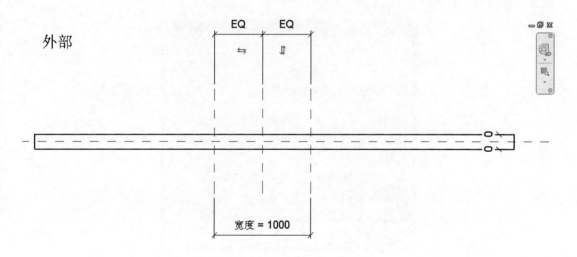

图 3.3　删除"框架/竖挺：拉伸"

（3）新建族类型。选择菜单"族类型"命令，在弹出的"族类型"对话框中单击"新建"按钮，弹出"名称"对话框，在"名称"文本框中输入"M1224"，单击"确定"按钮，如图 3.4 所示。

🔔**注意**：M1224 的命令中，M 代表普通门，12 代表门宽为 1200mm，24 代表门高为 2400mm。

（4）修改门的尺寸标注。在"族类型"对话框中，在屏幕操作区"尺寸标注"标签下的"高度"栏中输入"2400"，在"宽度"栏中输入"1200"，单击"确定"按钮，如图 3.5 所示。

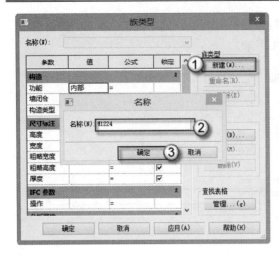
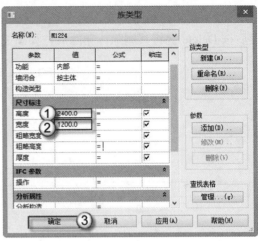

图 3.4　创建 "M1224"　　　　　　　　图 3.5　修改尺寸标注

（5）删除多余参数。在"族类型"对话框中，单击"其他"标签下的"框架投影外部."
参数，再单击对话框右侧的"删除"按钮，弹出提示对话框，单击"是"按钮。重复上述
步骤，将"框架投影内部"和"框架宽度"两个无效参数删除。最后单击"确定"按钮，
结束"族类型"编辑，如图 3.6 所示。

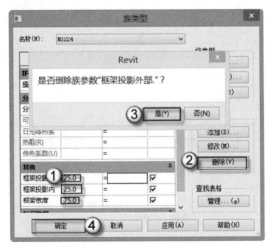

图 3.6　删除多余参数

（6）选择"项目浏览器"中的"立面（立面 1）"｜"外部"选项，可以进入 M1224
的外部立面视图，如图 3.7 所示。

（7）绘制辅助线。使用快捷键 RP，在"偏移量"栏中输入"300"，绘制一条辅助线，
如图 3.8 所示。

（8）绘制门框。选择菜单"创建"｜"拉伸"命令，进入"修改｜编辑拉伸"界面，
用菜单中的绘制工具将门框绘制完成，如图 3.9 所示。绘制完成后，单击"√"按钮，完
成绘制。

⚠注意：此处应熟练掌握偏移量的运用，从左向右绘制时，偏移对象在上方；而从右向左
　　　　绘制时，偏移对象在下方。所绘制的门框间距均为"40"个单位。

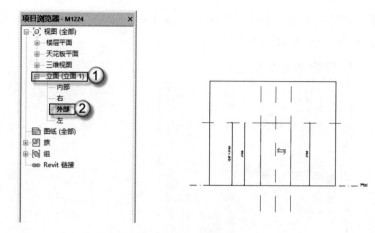

图 3.7 M1224 的外部立面视图

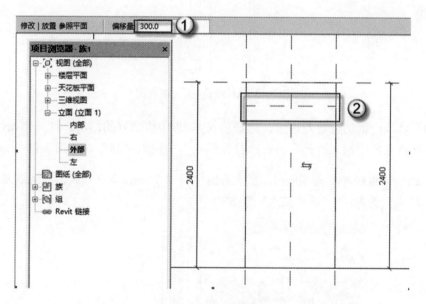

图 3.8 绘制辅助线

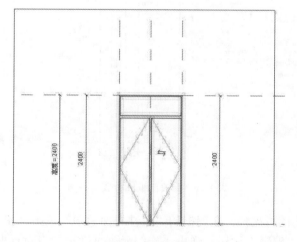

图 3.9 绘制门框

（9）选择"项目浏览器"中的"立面（立面 1）"|"左"，可以进入普通门 M1224 的左立面视图，如图 3.10 所示。

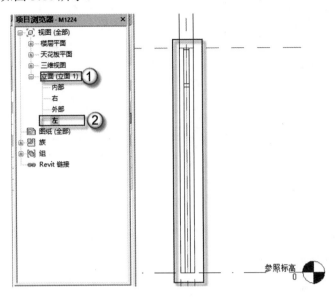

图 3.10　M1224 的左立面视图

（10）修改门框的位置及厚度。选择第（9）步中绘制好的门框，打开"属性"面板，在"拉伸终点"栏中输入"95"，在"拉伸起点"中输入"55"，如图 3.11 所示。

注意：此处门框的厚度为 40mm，左立面图中门以 75mm 为中心线，因此这里的"拉伸终点"为 95，"拉伸起点"为 55。

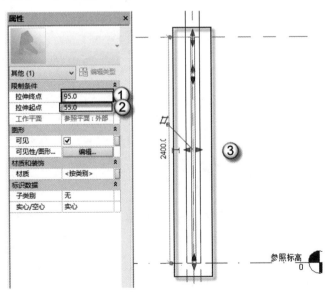

图 3.11　修改门框的位置与厚度

（11）修改门框的可见性。在门框的"属性"面板中，单击"图形"标签下的"可见性/图形替换"后的"编辑"按钮，弹出"族图元可见性设置"对话框，取消"平面/天花板平面视图"和"当在平面/天花板平面视图中被剖切时（如果类别允许）"复选框的勾选，单击"确定"按钮，如图 3.12 所示。

注意：在建筑施工图的楼层平面图中，根据相应的规范要求，是不允许出现门框的。而 Revit 的门族在默认情况下，平面图是有门框的，因此略作调整。

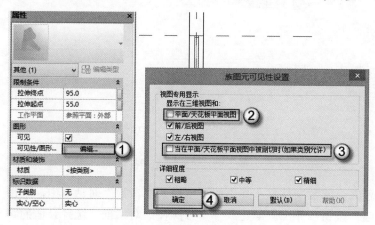

图 3.12　修改门的可见性

（12）添加材质参数。在门框的"属性"面板中，单击"材质和装饰"标签下的"材质"右侧的空白按钮（即"关联族参数"按钮），弹出"关联族参数"对话框，单击"添加参数（D）…"按钮，如图 3.13 所示，弹出"参数属性"对话框。在其中选择"共享参数"单选按钮，单击"选择"按钮，弹出"未指定共享参数文件"对话框，单击"是"按钮，弹出"编辑共享参数"对话框，如图 3.14 所示。

注意："关联族参数"按钮族参数不能出现在明细表或标注中，而共享参数可以。所以为了能保证 Revit 做完的工程可以直接导入其他算量软件中，应尽量选择使用共享参数。

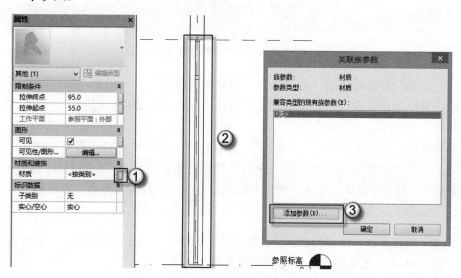

图 3.13　添加材质参数

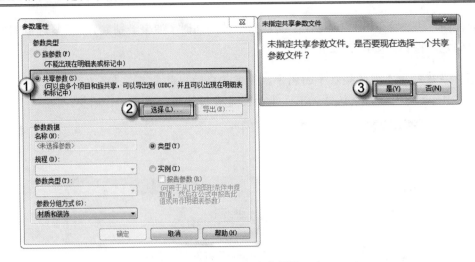

图 3.14　设置参数属性

（13）创建共享参数文件。在弹出的"编辑共享参数"对话框中，单击"共享参数文件"下的"创建"按钮，弹出"创建共享参数文件"对话框，选择合适的路径，在"文件名"文本框中输入"门窗材质"，单击"保存"按钮，如图 3.15 所示。

图 3.15　创建共享参数文件

（14）新建门窗框材质组。在"编辑共享参数"对话框中，单击"组"标签下的"新建"按钮，弹出"新参数组"对话框，在"名称"文本框中输入"门窗"，单击"确定"按钮，如图 3.16 所示。

（15）新建门窗材质参数。在"编辑共享参数"对话框中，单击"参数"标签下的"新建"按钮，弹出"参数属性"对话框，在"名称"文本框中输入"门框材质"，在"参数类型"中选择"材质"选项，单击"确定"按钮，返回"编辑共享参数"对话框，单击"确定"按钮，如图 3.17 所示。

💬注意：在"参数属性"对话框中，"参数类型"不可以选"长度"选项，一定要选为"材质"选项，此处极容易出错，请读者引起重视。

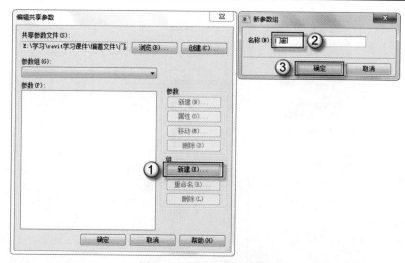

图 3.16 添加门窗材质组

（16）添加门框材质。在门框的"属性"面板中，单击"材质和装饰"下 "材质"右侧的空白按钮（即"关联族参数"按钮），单击"添加参数（D）…"按钮，弹出"参数属性"对话框，选择"共享参数"单选按钮，单击"确定"按钮，弹出"共享参数"对话框。在"参数组（G）"栏中选择"门窗"选项，在"参数（P）"栏中选择"门框材质"选项，单击"确定"按钮，如图 3.18 所示。

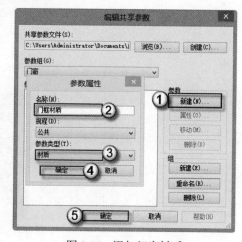

图 3.17 添加门窗材质

（17）绘制门板。选择"项目浏览器"中的"立面（立面 1）"|"外部"选项，可以进入 M1224 的外部立面视图。选择菜单"创建"|"拉伸"命令，进入"修改 | 编辑拉伸"界面，用菜单中的绘制工具将门板绘制完成，如图 3.19 所示。绘制完成后，单击"√"按钮。然后重复选择菜单"创建"|"拉伸"命令，将右边门板绘制出来，单击"√"按钮，完成绘制如图 3.20 所示。

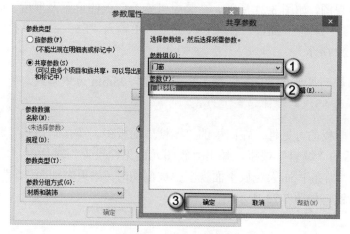

图 3.18 添加门框材质

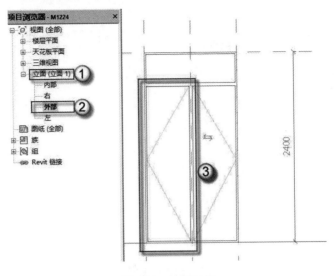

图 3.19　绘制门板

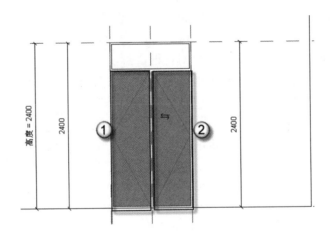

图 3.20　门板绘制完成

（18）选择"项目浏览器"中的"立面（立面 1）"|"左"选项，可以进入普通门 M1224 的左立面视图，如图 3.21 所示，在其中可修改门板的位置及厚度。单击选择前面绘制好的门板，打开"属性"面板，在"拉伸终点"中输入"85"，在"拉伸起点"中输入"65"，如图 3.22 所示。

🔔注意：此处门板的厚度为 20mm，左立面图中门以 75mm 为中心线，所以此处的"拉伸终点"为 85，"拉伸起点"为 65。

（19）修改门板的可见性。在门板的"属性"面板中，单击"图形"标签下的"可见性/图形替换"后的"编辑"按钮，弹出"族图元可见性设置"对话框，取消"平面/天花板平面视图"和"当在平面/天花板平面视图中被剖切时（如果类别允许）"复选框的勾选，单击"确定"按钮，如图 3.23 所示。

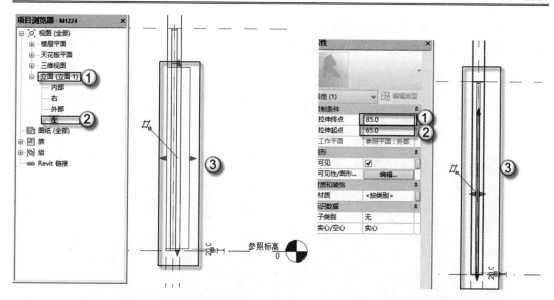

图 3.21　普通门 M1224 的左立面图　　　　图 3.22　修改门板的位置和厚度

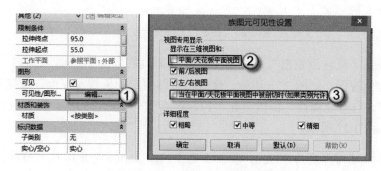

图 3.23　修改门板的可见性

（20）添加门板材质。选择"项目浏览器"中的"视图"|"三维视图"选项，可以进入普通门 M1224 的三维视图，选择门板，在门板的"属性"面板中，单击"材质和装饰"标签下的"材质"右侧的空白按钮，弹出"关联族参数"对话框。单击"添加参数（D）…"按钮，弹出"参数属性"对话框，选择"共享参数"单选按钮，单击"确定"按钮，弹出"编辑共享参数"对话框，在"参数组（G）"栏中选择"门窗"选项，在"参数（P）"中选择"门板材质"选项，单击"确定"按钮，如图 3.24 所示。重复上述第（18）和（19）步操作，对另一块门板进行"拉伸起终点"和"材质编辑"的调整。

图 3.24　添加门板材质

（21）绘制普通门上部窗户玻璃。选择"项目浏览器"中的"立面（立面 1）"|"外部"选项，可以进入普通门 M1224 的外部立面视图。选择菜单"创建"|"拉伸"命令，

进入"修改 | 编辑拉伸"界面，用菜单中的绘制工具将普通门上部窗户玻璃绘制完成，如图 3.25 所示。绘制完成后，单击"√"按钮，完成绘制。

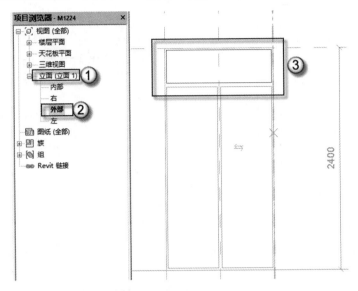

图 3.25　普通门上部窗户绘制

（22）选择"项目浏览器"中的"立面（立面 1）"|"左"选项，可以进入普通门 M1224 的左立面视图，如图 3.26 所示。修改门上部窗户的位置及厚度。选择第（21）步中绘制好的窗户，打开"属性"面板，在"拉伸终点"中输入"85"，在"拉伸起点"中输入"65"，如图 3.27 所示。

🔔注意：此处玻璃的厚度为 20mm，左立面图中门以 75mm 为中心线，所以在此处的"拉伸终点"为 85，"拉伸起点"为 65。

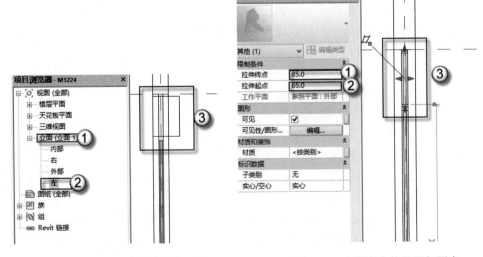

图 3.26　普通门上部窗户的左立面图　　　　图 3.27　上部窗户的位置与厚度

（23）修改普通门上部窗户玻璃的可见性。绘制完成后，单击"√"按钮，完成绘制。在玻璃的"属性"面板中，单击"图形"标签下的"可见性/图形替换"后的"编辑"按钮，弹出"族图元可见性设置"对话框，取消"平面/天花板平面视图"和"当在平面/天花板平面视图中被剖切时（如果类别允许）"复选框的勾选，单击"确定"按钮，如图 3.28 所示。

（24）添加普通门上部窗户材质。选择双开门上部窗户，在双开门上部窗户的"属性"面板中，单击"材质和装饰"标签下 "材质"右侧的空白按钮，弹出"关联族参数"对话框，单击"添加参数（D）…"按钮，弹出"参数属性"对话框。在其中选择"共享参数"单选按钮，单击"选择"按钮，弹出"共享参数"对话框，在"参数组（G）"下选择"门窗"选项，在"参数（P）"下选择"门窗玻璃材质"选项，单击"确定"按钮，如图 3.29 所示。

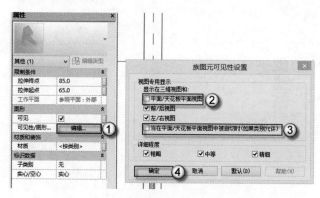

图 3.28　修改普通门上部窗户的可见性

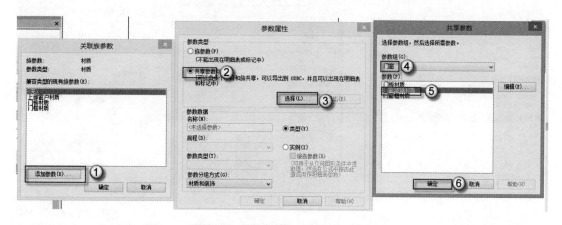

图 3.29　编辑普通门上部窗户材质

（25）添加"断桥铝"材质。选择菜单"族类型"命令，弹出"族类型"对话框，单击"材质和装饰"下"门窗框材质"后的"<按类别>"按钮，弹出"材质浏览器"对话框。选择"主视图"|"收藏夹"|"断桥铝"选项，双击"断桥铝"材质，然后单击"确定"按钮，如图 3.30 所示。

（26）编辑普通门门框材质。选择菜单"族类型"命令，弹出"族类型"对话框，单击"材质和装饰"标签下"门框材质"后的"<按类别>"按钮，弹出"材质浏览器"对话框。选择"主视图"|"收藏夹"|"断桥铝"选项，双击"断桥铝"材质将其添加到"文档材质"中。选择"文档材质"中的"断桥铝"材质，单击"确定"按钮，如图 3.31 所示。

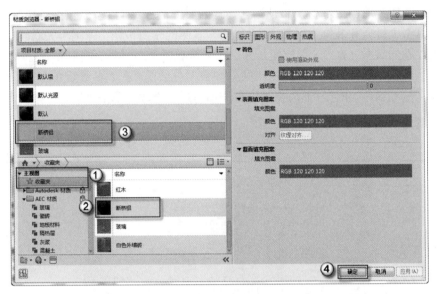

图 3.30　添加"断桥铝"材质

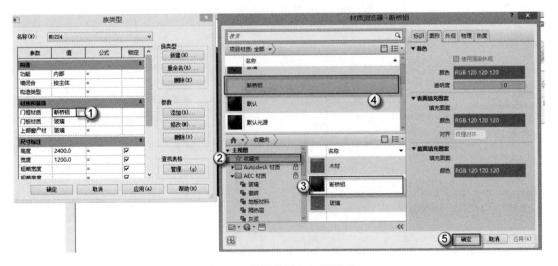

图 3.31　编辑普通门门框材质

（27）编辑普通门门板材质。选择菜单"族类型"命令，弹出"族类型"对话框，单击"材质和装饰"标签下"门板材质"后的"<按类别>"按钮，弹出"材质浏览器"对话框。选择"主视图"|"Autodesk 材质"|"玻璃"|"玻璃"选项，双击"玻璃"材质将其添加到"文档材质"中。选择"文档材质"中的"玻璃"材质，单击"确定"按钮，如图 3.32 所示。

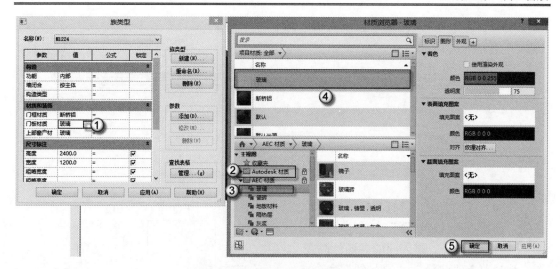

图 3.32　编辑普通门门板材质

（28）编辑普通门上部窗户材质。选择菜单"族类型"命令，弹出"族类型"对话框，单击"材质和装饰"下"上部窗户材质"后的"<按类别>"按钮，弹出"材质浏览器"对话框。选择"主视图"|"Autodesk 材质"|"玻璃"|"玻璃"选项，双击"玻璃"材质将其添加到"文档材质"中。选择"文档材质"中的"玻璃"材质，单击"确定"按钮，如图 3.33 所示。

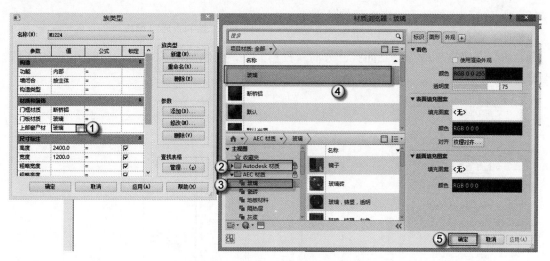

图 3.33　编辑普通门上部窗户材质

（29）对墙宽进行三等分。使用快捷键 RP，在墙中任意位置绘制两根参照平面。使用快捷键 DI，依次对墙外侧边界线、两根刚绘制的参照平面、墙内侧的边界线进行标注，并单击 EQ 按钮，直到标注变为 EQ 字样，如图 3.34 所示，这样就完成了对墙宽方向的三等分，后面绘制的门板线就在墙中间了。

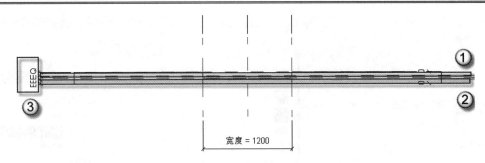

图 3.34　对墙宽进行三等分

（30）绘制普通门 M1224 的平面轮廓线。选择"项目浏览器"中的"楼层平面"|"参照标高"，进入门的参照标高视图。选择菜单"注释"|"符号线"命令，绘制长 600、宽 40 的"门板轮廓线"，以及半径为 600 的"门开启方向轮廓线"，如图 3.35 所示。使用快捷键 DI，分别为矩形"门板轮廓线"长边进行标注。

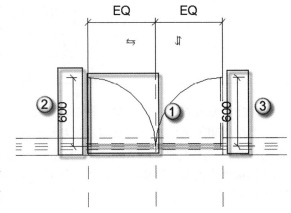

（31）绘制普通门 M1224 的立面打开方向。选择"项目浏览器"中的"立面（立面 1）"|"外部"，进入门的外部立面视图。选择菜单"注释"|"符号线"命令，将"子类型"改为"立面打开方向（投影）"，绘制如图 3.36 所示门的"打开方向"符号线。

图 3.35　绘制普通门 M1224 的平面轮廓线

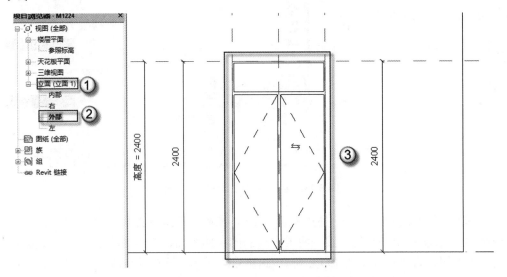

图 3.36　绘制普通门 M1224 的立面打开方向

（32）保存族"普通门 M1224"。选择菜单"保存"命令，将文件保存到指定位置，方便以后使用。按 F4 键，查看建好的门族及相应的参数，如图 3.37 所示。

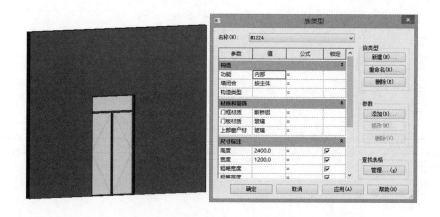

图 3.37　族 "M1224" 最终效果图及其属性

3.1.2　门联窗 MLC1524

门联窗是门和窗连在一起的一个整体，一般，窗的距地高度加上窗户的高度等于门的高度，也就是门和窗顶在同一个高度，而且是连在一起的门窗，俗称门耳窗。具体制作门联窗 MLC1524 步骤如下。

（1）选择 "公制门" rft 族样板。选择 "程序" | "新建" | "族" 命令，在弹出的 "新族 - 选择样板文件" 对话框中选择 "公制门" rft 文件，单击 "打开" 按钮，进入门族的设计界面，如图 3.38 所示。

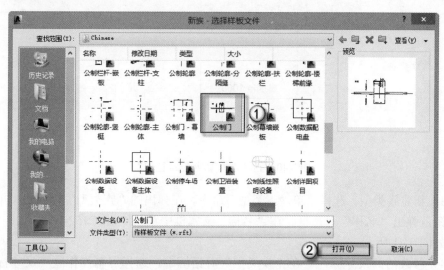

图 3.38　"新族-选择样板文件" 对话框

（2）删除公制门框架。配合 Ctrl 键，依次选上 "框架/竖梃：拉伸"，如图 3.39 所示，然后按 Delete 键，将其删除。删除后，如图 3.40 所示。

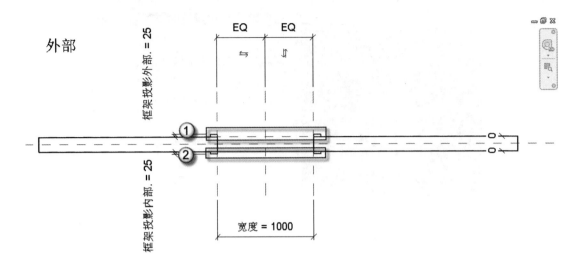

图 3.39 选定"框架/竖挺：拉伸"

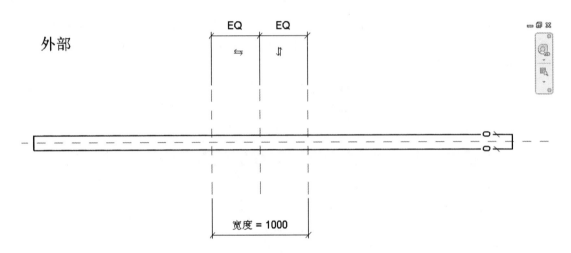

图 3.40 删除"框架/竖挺：拉伸"

（3）新建族类型。选择菜单"族类型"命令，在弹出的"族类型"对话框中单击"新建"按钮，弹出"名称"对话框。在"名称"文本框中输入"MLC1524"，单击"确定"按钮，如图 3.41 所示。

（4）修改门的尺寸标注。在"族类型"对话框中，选择屏幕操作区"尺寸标注"标签，在"高度"栏中输入"2400"，在"宽度"栏中输入"1500"，单击"确定"按钮，如图 3.42 所示。

（5）删除多余参数。继续在"族类型"对话框中操作，单击"其他"标签下的"框架投影外部"参数，然后单击对话框右侧"参数"下的"删除"按钮，弹出提示对话框，单击"是"按钮。重复上述步骤，将"框架投影内部"和"框架宽度"两个无效参数删除。最后单击"确定"按钮，结束"族类型"编辑，如图 3.43 所示。

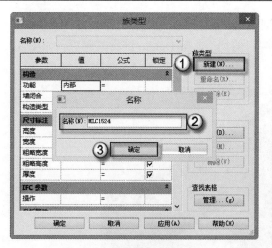

图 3.41 创建"MLC1524"

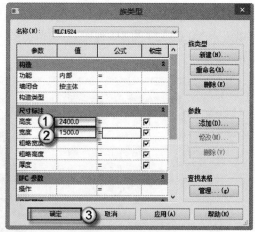

图 3.42 修改尺寸标注

图 3.43 删除多余参数

（6）选择"项目浏览器"中的"立面（立面 1）"|"外部"，可以进入 MLC1524 的外部立面视图，如图 3.44 所示，删除"门的开启方向"符号线。

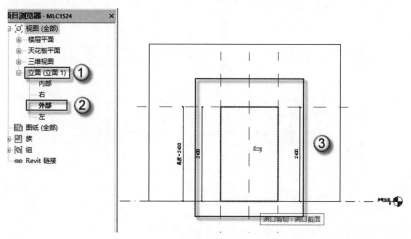

图 3.44 删除"门的开启方向"符号线

（7）删除已有的洞口剪切。选择"项目浏览器"中的"视图"|"三维视图"|"{3D}"，可以进入 MLC1524 的 3D 视图。选择图形"洞口剪切"，按 Delete 键将其删除，如图 3.45 所示。

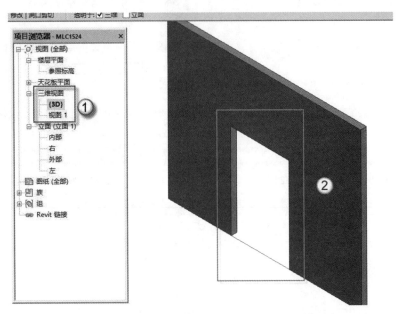

图 3.45　删除图形"洞口剪切"

（8）绘制洞口辅助线。使用快捷键 RP，在上方标签"偏移量"中输入"50"，绘制一条距离竖向中心线 50 的一条参照平面辅助线。再次使用快捷键 RP，在上方标签"偏移量"中输入"900"，绘制一条距离横向中心线 900 个单位的一条参照平面辅助线，如图 3.46 所示。

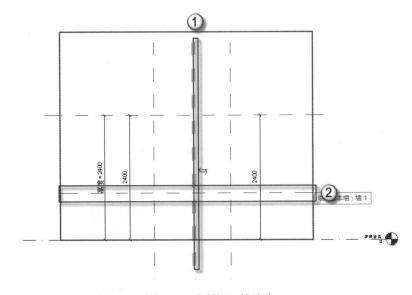

图 3.46　绘制洞口辅助线

（9）创建新的洞口剪切的空心模型。选择"项目浏览器"中的"立面（立面 1）"|
"外部"，然后选择菜单"创建"|"空心形状"|"空心拉伸"命令，进入"修改丨编辑拉
伸"界面，用菜单中的绘制工具，将新的洞口剪切绘制完成，如图 3.47 所示。绘制完成后，
单击"√"按钮，完成绘制。

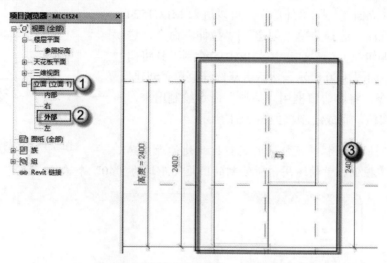

图 3.47　创建新的洞口剪切的空心模型

（10）挖去新的空心模型创建新的洞口剪切。选择"项目浏览器"中的"视图"|"三
维视图"|"{3D}"，可以进入 MLC1524 的 3D 视图，选择菜单"修改"|"剪切"|"剪切
几何图形"命令，先选择基本墙，再选择第（9）步创建的空心拉伸，得到新的洞口剪切，
如图 3.48 所示。

注意：使用剪切几何图形命令时，要先选择需要剪切的图元（如基本墙），再选择建好
　　　的空心图形（如空心拉伸）。

图 3.48　创建新的洞口剪切

（11）绘制辅助线，使用快捷键 RP，在上方"偏移量"中输入"300"，绘制一条辅助线，再绘制一条"偏移量"为"350"个单位的辅助线，如图 3.49 所示。

（12）绘制 MLC1524 门窗框。选择"项目浏览器"中的"立面（立面 1）"|"外部"，可以进入 MLC1524 的外部立面视图，选择菜单"创建"|"拉伸"命令，进入"修改 | 编辑拉伸"界面，用菜单中的绘制工具将门框绘制完成，如图 3.50 所示。然后重复选择菜单"创建"|"拉伸"命令，将右边窗框用"拉伸"命令绘制出来，单击"√"按钮，完成绘制，如图 3.51 所示。

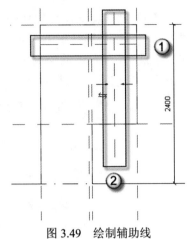

图 3.49　绘制辅助线

注意：绘制门窗框拉伸不能同时进行！此处读者应熟练掌握偏移量的运用，所绘制的门框间距均为"40"个单位。

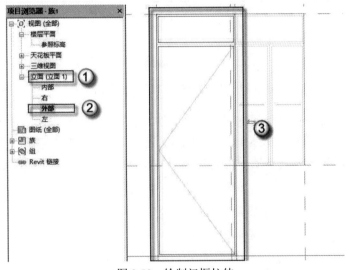

图 3.50　绘制门框拉伸

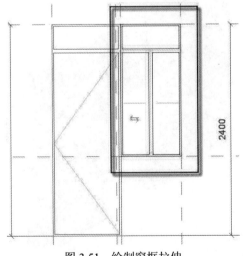

图 3.51　绘制窗框拉伸

（13）修改 MLC1524 门窗框的位置及厚度。选择"项目浏览器"中的"立面（立面1）"|"左"选项，可以进入 MLC1524 的左立面视图，如图 3.52 所示。选择第（12）步中绘制好的门板，打开"属性"面板，在"拉伸终点"中输入"95"，在"拉伸起点"中输入"55"，如图 3.53 所示。

注意： 此处门框的厚度为 40mm，左立面图中门以 75mm 为中心线，所以此处的"拉伸终点"为 95，"拉伸起点"为 55。

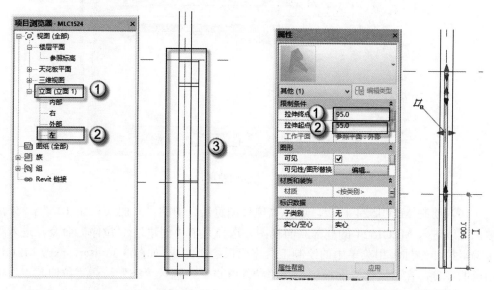

图 3.52　MLC1524 门框左立面图　　　　图 3.53　修改门窗框厚度

（14）修改 MLC1524 门窗框的可见性。依次在门窗框的"属性"面板中，单击"图形"标签下的"可见性/图形替换"的"编辑"按钮，弹出"族图元可见性设置"对话框，取消"平面/天花板平面视图"和"当在平面/天花板平面视图中被剖切时（如果类别允许）"复选框的勾选，单击"确定"按钮，如图 3.54 所示。

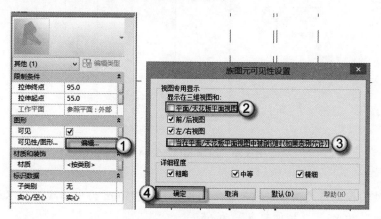

图 3.54　修改门框的可见性

（15）添加 MLC1524 门窗框材质。依次在门窗框的"属性"面板中，单击"材质和装饰"下的"材质"右侧的空白按钮，弹出"关联族参数"对话框，单击"添加参数（D）…"

按钮，弹出"参数属性"对话框，选择"共享参数"单选按钮，单击"确定"按钮，弹出"共享参数"对话框。在该对话框的"参数组（G）"中选择"门窗"选项，在"参数（P）"中选择"门窗框材质"选项，单击"确定"按钮，如图 3.55 所示。

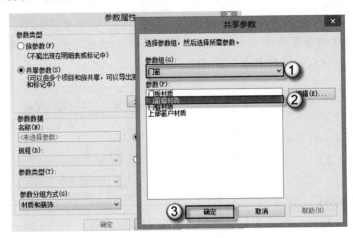

图 3.55　添加门窗框材质

（16）绘制 MLC1524 门板。选择"项目浏览器"中的"立面（立面 1）"|"外部"选项，可以进入 MLC1524 的外部立面视图。选择菜单"创建"|"拉伸"命令，进入"修改|编辑拉伸"界面，用菜单中的绘制工具将门板绘制完成，如图 3.56 所示。修改 MLC1524 的门板的厚度，在"属性"面板中，在"拉伸终点"中输入"85"，在"拉伸起点"中输入"65"，绘制完成后，单击"√"按钮，如图 3.57 所示。

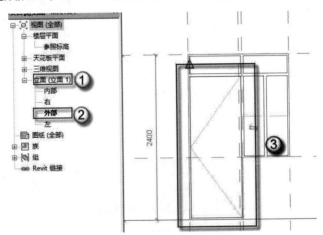

图 3.56　绘制 MLC15244 门板

🔊注意：此处门板的厚度为 20mm，左立面图中门以 75mm 为中心线，所以此处的"拉伸终点"为 85，"拉伸起点"为 65。

（17）修改 MLC1524 的门板的可见性。在门板的"属性"面板中，单击"图形"标签下的"可见性/图形替换"的"编辑"按钮，弹出"族图元可见性设置"对话框，取消"平面/天花板平面视图"和"当在平面/天花板平面视图中被剖切时（如果类别允许）"复选框的勾选，单击"确定"按钮，如图 3.58 所示。

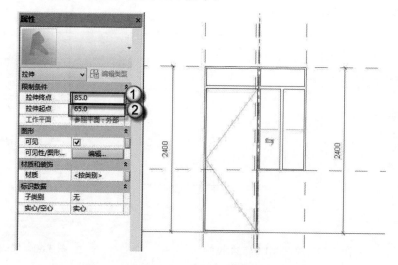

图 3.57　修改门板厚度

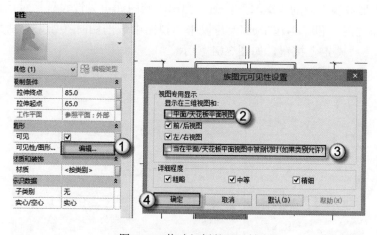

图 3.58　修改门板的可见性

（18）添加门板材质。在门板的"属性"面板中，单击"材质和装饰"标签下的"材质"右侧的空白按钮，弹出"关联族参数"对话框。单击"添加参数（D）…"按钮，弹出"参数属性"对话框，选择"共享参数"单选按钮，单击"确定"按钮，弹出"共享参数"对话框。在"参数组（G）"栏中选择"门窗"选项，在"参数（P）"中选择"门板材质"选项，单击"确定"按钮。

（19）绘制 MLC1524 窗户玻璃。选择"项目浏览器"中的"立面（立面 1）"|"外部"选项，可以进入 MLC1524 的外部立面视图，选择菜单"创建"|"拉伸"命令，进入"修改|编辑拉伸"界面，用菜单中的绘制工具将 MLC1524 窗户玻璃绘制完成，如图 3.59 所示。在"属性"面板中，在"拉伸终点"中输入"85"，在"拉伸起点"中输入"65"。绘制完成后，单击"√"按钮，完成绘制，如图 3.60 所示。

🔔注意：此处门板的厚度为 20mm，左立面图中门以 75mm 为中心线，所以此处的"拉伸终点"为 85，"拉伸起点"为 65。

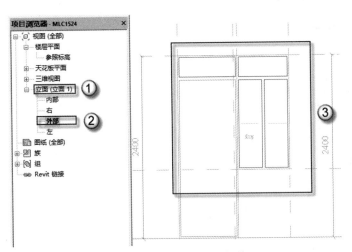

图 3.59　绘制 MLC1524 拉伸　　　　　　　图 3.60　修改玻璃厚度

（20）修改 MLC1524 窗户玻璃的可见性。在"属性"面板中，单击"图形"标签下的"可见性/图形替换"后的"编辑"按钮，弹出"族图元可见性设置"对话框，取消"平面/天花板平面视图"和"当在平面/天花板平面视图中被剖切时（如果类别允许）"复选框的勾选，单击"确定"按钮，如图 3.61 所示。

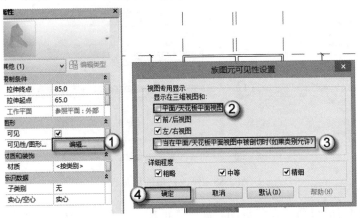

图 3.61　修改窗户玻璃可见性

（21）添加 MLC1524 窗户玻璃材质。选择 MLC1524 窗户玻璃，在 MLC1524 窗户玻璃的"属性"面板中，单击"材质和装饰"标签下的"材质"右侧的空白按钮，弹出"关联族参数"对话框。在其中单击"添加参数（D）…"按钮，弹出"参数属性"对话框，选择"共享参数"单选按钮，单击"确定"按钮，弹出"共享参数"对话框。在该对话框的"参数组（G）"中选择"门窗"选项，在"参数（P）"中选择"门窗玻璃材质"选项，单击"确定"按钮，如图 3.62 所示。

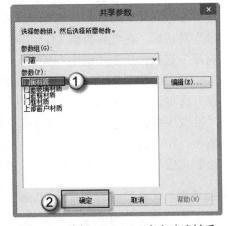

图 3.62　编辑 MLC1524 窗户玻璃材质

（22）编辑材质。选择菜单"族类型"命令，弹出"族类型"对话框，单击"材质和装饰"下"门窗玻璃材质"右侧的"<按类别>"按钮，弹出"材质浏览器"对话框，选择"主视图"|"AEC 材质"|"玻璃"|"玻璃，透明玻璃"选项，双击"玻璃，透明玻璃"材质将其添加到"文档材质"中。选择"文档材质"中的"玻璃"材质，然后单击"材质浏览器"对话框中的"确定"按钮，如图 3.63 所示。然后重复以上步骤，给门板以及门窗框编辑材质。

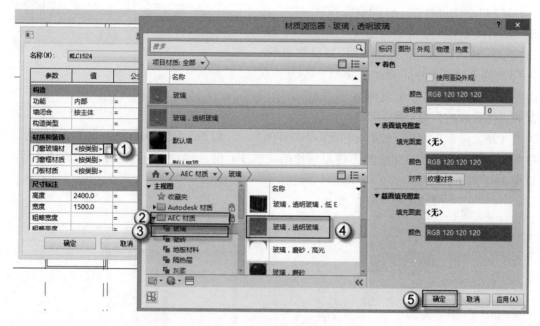

图 3.63　编辑门窗玻璃材质

（23）对墙宽进行三等分。使用快捷键 RP，在墙中任意位置处绘制两根参照平面。使用快捷键 DI，依次对墙外侧边界线、两根刚绘制的参照平面、墙内侧的边界线进行标注，并单击 EQ 按钮，直到标注变为 EQ 字样，如图 3.64 所示，这样就完成了对墙宽方向的三等分，后面绘制的门板线就在墙中间了。

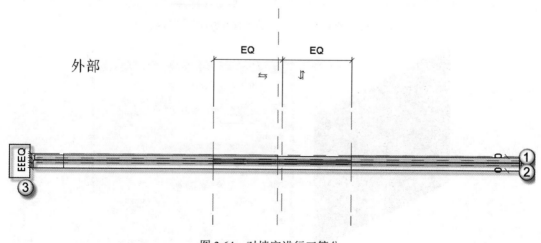

图 3.64　对墙宽进行三等分

（24）绘制 MLC1524 的平面轮廓线。选择"项目浏览器"中的"楼层平面"|"参照标高"选项，进入门的参照标高视图。选择菜单"注释"|"符号线"命令，绘制如图 3.65 所示的"门（投影）"，使用快捷键 DI，为"门板轮廓线"长边进行标注，并将此标注锁定。

（25）绘制 MLC1524 的立面打开方向。选择"项目浏览器"中的"立面（立面 1）"|"外部"选项，进入门的外部立面视图。选择菜单"注释"|"符号线"命令，将"子类型"改为"立面打开方向（投影）"，绘制如图 3.66 所示门窗的"打开方向"符号线。

（26）保存族 MLC1524。选择菜单"保存"

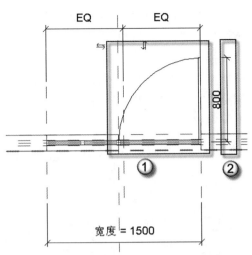

图 3.65　绘制 MLC1524 的平面轮廓线

命令，将文件保存到指定位置方便以后使用。按 F4 键，查看创建好的族及相应的参数，如图 3.67 所示。

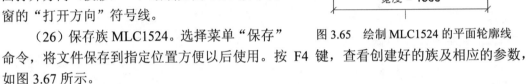

图 3.66　绘制 MLC1524 的"打开方向"符号线

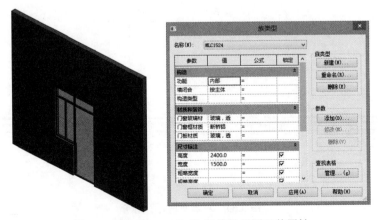

图 3.67　族"MLC1524"最终效果图及其属性

3.1.3 子母门 ZM1121

子母门由两扇不同的门板组成，主要的作用是为了在一般情况下作为单开门使用，人流量大时可以增加开门面积。这里设计的 ZM1121 门，就是设置在房间门口，是《中南地区建筑标准设计建筑图集》中比较常用的一种子母门类型，门的开启方向向外，具体操作如下。

（1）选择"公制门.rft"族样板。选择"程序"|"新建"|"族"命令，在弹出的"新族 - 选择样板文件"对话框中选择"公制门"rft 文件，单击"打开"按钮，进入门族的设计界面，如图 3.68 所示。

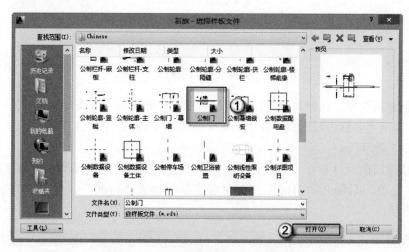

图 3.68 "新族-选择样板文件"对话框

（2）删除公制门框架。配合 Ctrl 键，多选上"框架/竖挺：拉伸"，如图 3.69 所示，按 Delete 键将其删除。删除后的效果，如图 3.70 所示。

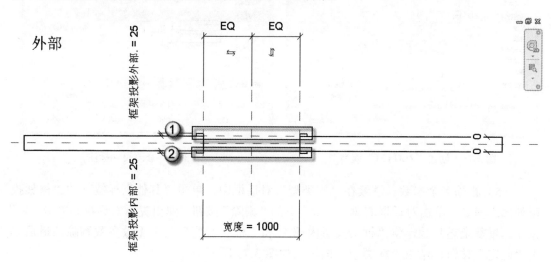

图 3.69 选定"框架/竖挺：拉伸"

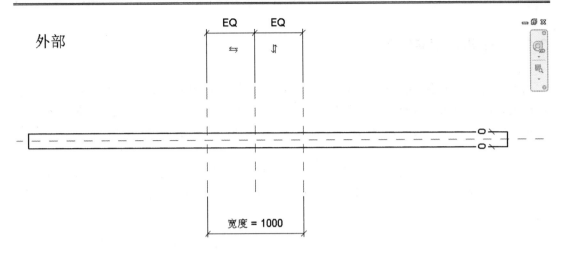

图 3.70　删除"框架/竖挺：拉伸"

（3）新建族类型。选择菜单"族类型"命令，在弹出的"族类型"对话框中单击"新建"按钮，弹出"名称"对话框，在"名称"文本框中输入"ZM1121"，单击"确定"按钮，如图 3.71 所示。

（4）修改门的尺寸标注。继续在"族类型"对话框中，选择屏幕操作区"尺寸标注"标签，在"高度"后输入"2100"，在"宽度"中输入"1100"，单击"确定"按钮，如图 3.72 所示。

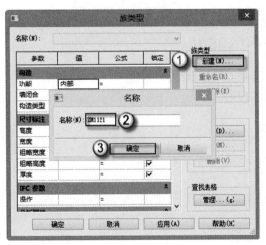

图 3.71　创建"ZM1121"族类型

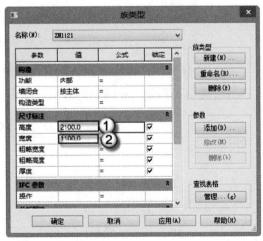

图 3.72　修改尺寸标注

（5）删除多余参数。继续在"族类型"对话框中，单击"其他"标签下的"框架投影外部."参数，单击对话框右侧"参数"下的"删除"按钮，弹出提示对话框，单击"是"按钮。重复上述步骤，将"框架投影内部."和"框架宽度"两个无效参数删除。最后单击"确定"按钮，结束"族类型"编辑，如图 3.73 所示。

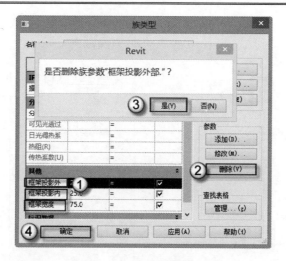

图 3.73　删除多余参数

（6）选择"项目浏览器"中的"立面（立面 1）"|"外部"选项，可以进入子母门 M1221 的外部立面视图，如图 3.74 所示。

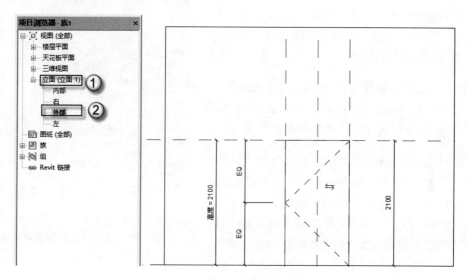

图 3.74　ZM1121 的外部立面图

（7）绘制门框。选择菜单"创建"|"拉伸"命令，进入"修改|编辑拉伸"界面，用菜单中的绘制工具将门框绘制完成，如图 3.75 所示。绘制完成后，单击"√"按钮，完成绘制。

注意：此处读者应熟练掌握偏移量的运用，所绘制的封闭矩形间距均为 60 个单位，就是指门框的厚度是 60mm。

（8）选择"项目浏览器"中的"立面（立面 1）"|"左"选项，可以进入 ZM1121 的左立面视图，如图 3.76 所示。

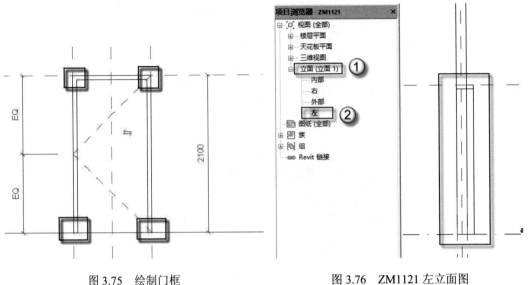

图 3.75　绘制门框　　　　　　　　　图 3.76　ZM1121 左立面图

（9）修改门框的位置及厚度。单击选择第（7）步中绘制好的门框，打开"属性"面板，在"拉伸终点"中输入"105"，在"拉伸起点"中输入"45"，如图 3.77 所示。

🔔注意：此处门框的厚度为 60mm，左立面图中门以 75mm 为中心线，所以此处的"拉伸终点"为 105，"拉伸起点"为 45。

（10）修改门框的可见性。在门框的"属性"面板中，单击"图形"标签下的"可见性/图形替换"后的"编辑"按钮，弹出"族图元可见性设置"对话框，取消"平面/天花板平面视图"和"当在平面/天花板平面视图中被剖切时（如果类别允许）"复选框的勾选，单击"确定"按钮，如图 3.78 所示。

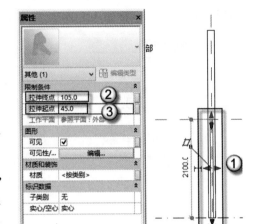

图 3.77　修改门框的位置及厚度

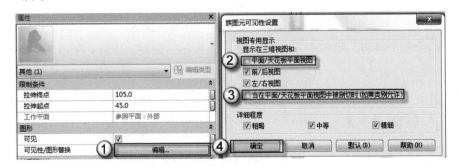

图 3.78　修改门的可见性

（11）添加门框材质。在门框的"属性"面板中，单击"材质和装饰"标签下的"材质"右侧的空白按钮，弹出"关联族参数"对话框，单击"添加参数（D）···"按钮，弹出"参数属性"对话框。在其中选择"共享参数"单选按钮，单击"确定"按钮，弹出"共享参数"对话框，在"参数组（G）"栏中选择"门窗"选项，在"参数（P）"中选择"门窗框材质"选项，单击"确定"按钮，如图 3.79 所示。

（12）绘制辅助线。通过使用快捷键 RP，绘制如图 3.80 所示辅助线。注意在绘制时，保持相互为直角的关系。

图 3.79　添加门窗框材质

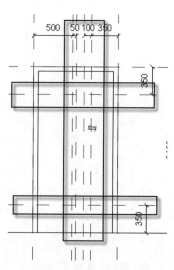

图 3.80　绘制辅助线

（13）绘制门板。选择"项目浏览器"中的"立面（立面 1）"|"外部"选项，可以进入 ZM1121 的外部立面视图。选择菜单"创建"|"拉伸"命令，进入"修改 | 编辑拉伸"界面，用菜单中的绘制工具将门板绘制完成，如图 3.81 所示。绘制完成后，单击"√"按钮。然后重复选择菜单"创建"|"拉伸"命令，将右边门板绘制出来，单击"√"按钮，完成绘制。完成图如图 3.82 所示。

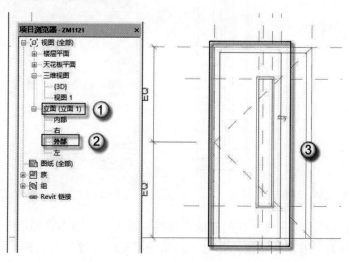

图 3.81　绘制门板

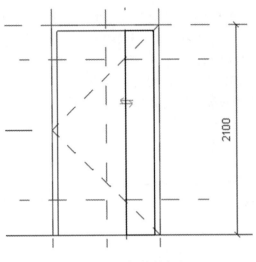

图 3.82　门板绘制完成

（14）选择"项目浏览器"中的"立面（立面 1）"|"左"，可以进入 ZM1121 的左立面视图，如图 3.83 所示。修改门板的位置及厚度，选择第（13）步中绘制好的门板，打开"属性"面板，在"拉伸终点"中输入"95"，在"拉伸起点"中输入"55"，如图 3.84所示。

🔔**注意**：*此处门板的厚度为 40mm，左立面图中门以 75mm 为中心线，所以此处的"拉伸终点"为 95，"拉伸起点"为 55。*

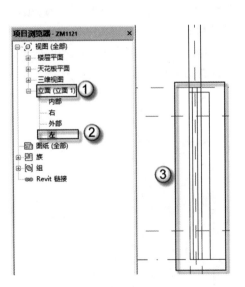

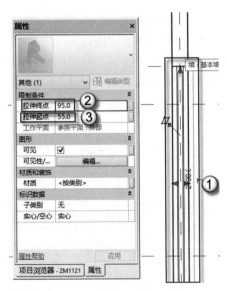

图 3.83　ZM1121 的左立面图 　　　　　　图 3.84　修改门板的位置及厚度

（15）修改门板的可见性。在门板的"属性"面板中，单击"图形"标签下的"可见性/图形替换"后的"编辑"按钮，弹出"族图元可见性设置"对话框，取消"平面/天花板平面视图"和"当在平面/天花板平面视图中被剖切时（如果类别允许）"复选框的勾选，单击"确定"按钮，如图 3.85 所示。

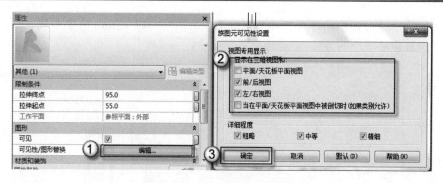

图 3.85　修改门板的可见性

　　（16）添加门板材质。选择"项目浏览器"中的"视图"|"三维视图"|"{3D}"选项，可以进入 ZM1121 的 3D 视图，选择门板，在门板的"属性"面板中，单击"材质和装饰"标签下的"材质"右侧的空白按钮，弹出"关联族参数"对话框。单击"添加参数（D）…"按钮，弹出"参数属性"对话框，选择"共享参数"单选按钮，单击"确定"按钮，弹出"共享参数"对话框，在"参数组（G）"中选择"门窗"选项，在"参数（P）"中选择"门板材质"选项，单击"确定"按钮。

　　（17）绘制子母门中部窗窗框。选择"项目浏览器"中的"立面（立面1）"|"外部"选项，可以进入子母门 M1221 的外部立面视图，选择菜单"创建"|"拉伸"命令，进入"修改|编辑拉伸"界面，用菜单中的绘制工具将子母门中部窗窗框绘制完成，如图 3.86所示。绘制完成后，单击"√"按钮，完成绘制。

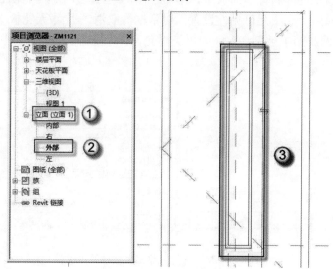

图 3.86　门中部窗窗框

　　注意：此处窗框间距为"20"个单位。

　　（18）修改子母门中部窗窗框的位置及厚度。选择"项目浏览器"中的"立面（立面1）"|"{3D}"选项，可以进入子母门中部窗窗框的 3D 视图，单击选择第 17 步中绘制好的窗框，打开"属性"面板，在"拉伸终点"中输入"95"，在"拉伸起点"后输入"55"，如图 3.87 所示。

🔔注意：此处子母门窗框的厚度为 40mm，左立面图中门以 75mm 为中心线，所以此处的
　　　　"拉伸终点"为 95，"拉伸起点"为 55。

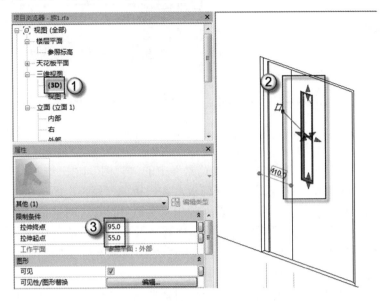

图 3.87　门中部窗窗框的位置及厚度

（19）修改子母门中部窗窗框的可见性。在绘制完成后，单击"√"按钮，完成绘制。
在子母门中部窗窗框的"属性"面板中，单击"图形"标签下的"可见性/图形替换"后的
"编辑"按钮，弹出"族图元可见性设置"对话框，取消"平面/天花板平面视图"和"当
在平面/天花板平面视图中被剖切时（如果类别允许）"复选框的勾选，单击"确定"按钮，
如图 3.88 所示。

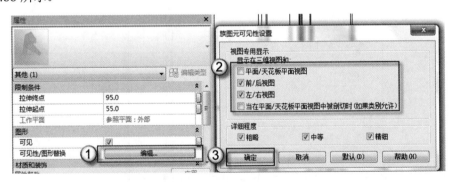

图 3.88　修改子母门中部窗户玻璃的可见性

（20）添加子母门中部窗窗框材质。选择选择子母门中部窗窗框，在子母门中部窗窗
框的"属性"面板中，单击"材质和装饰"标签下的"材质"右侧的空白按钮，弹出"关
联族参数"对话框。单击"添加参数（D）…"按钮，弹出"参数属性"对话框，选择"共
享参数"单选按钮，单击"选择"按钮，弹出"共享参数"对话框。在"参数组（G）"
下选择"门窗"选项，在"参数（P）"下选择"门窗框材质"选项，单击"确定"按钮，
如图 3.89 所示。

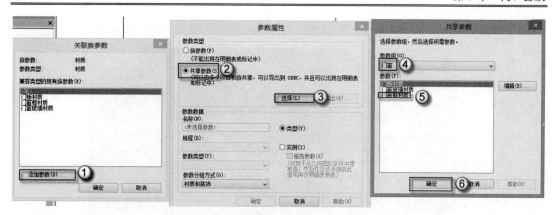

图 3.89　添加子母门中部窗窗框材质

（21）绘制子母门中部窗户玻璃。选择"项目浏览器"中的"立面（立面 1）"|"外部"选项，可以进入子母门 M1221 的外部立面视图，选择菜单"创建"|"拉伸"命令，进入"修改|编辑拉伸"界面，用菜单中的绘制工具将子母门中部窗户玻璃绘制完成，如图 3.90 所示。绘制完成后，单击"√"按钮，完成绘制。

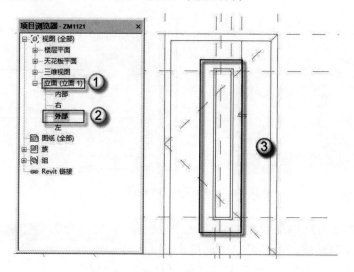

图 3.90　绘制子母门中部窗户玻璃

（22）修改子母门中部窗户玻璃的位置及厚度。选择"项目浏览器"中的"立面（立面 1）"|"{3D}"选项，可以进入子母门中部窗户玻璃的 3D 视图。选择第（21）步中绘制好的玻璃，打开"属性"面板，在"拉伸终点"中输入"85"，在"拉伸起点"中输入"65"，如图 3.91 所示。

🔔注意：此处玻璃的厚度为 20mm，左立面图中门以 75mm 为中心线，所以此处的"拉伸终点"为 85，"拉伸起点"为 65。

（23）修改子母门中部窗户玻璃的可见性。在绘制完成后，单击"√"按钮，完成绘制。在"属性"面板中，单击"图形"标签下的"可见性/图形替换"后的"编辑"按钮，弹出"族图元可见性设置"对话框，取消"平面/天花板平面视图"和"当在平面/天花板平面视图中被剖切时（如果类别允许）"复选框的勾选，单击"确定"按钮，如图 3.92 所示。

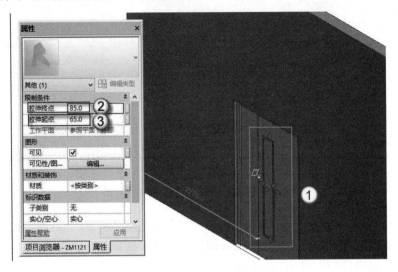

图 3.91　子母门中部窗户玻璃的位置及厚度

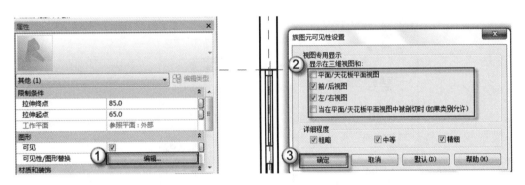

图 3.92　修改子母门中部窗户玻璃的可见性

（24）添加子母门中部窗户玻璃材质。单击选择子母门中部窗户玻璃，在子母门中部窗户玻璃的属性面板中，单击"材质和装饰"标签下的"材质""<按类别>"右侧的空白按钮，弹出"关联族参数"对话框，单击"添加参数（D）…"按钮，弹出"参数属性"对话框，单击选择"共享参数"，单击"确定"按钮，弹出"共享参数"对话框，在"参数组（G）"一栏中选择"门窗"选项，在"参数（P）"中选择"门窗玻璃材质"选项，单击"确定"按钮，如图 3.93 所示。

（25）编辑材质。选择菜单"族类型"命令，弹出"族类型"对话框，单击"材质和装饰"标签

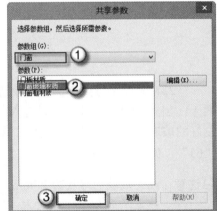

图 3.93　编辑子母门中部窗户玻璃材质

下"门窗玻璃材质"后的"<按类别>"按钮，弹出"材质浏览器"对话框。在其中选择"主视图"|"Autodesk 材质"|"玻璃"|"玻璃"选项，双击"玻璃"材质将其添加

到"文档材质"中。选择"文档材质"中的"玻璃"材质，单击"材质浏览器"对话框
中的"确定"按钮，如图 3.94 所示。完成上述步骤之后，以同样的方法依次给门框和
门板编辑材质。

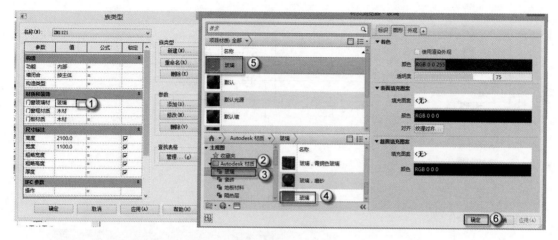

图 3.94　编辑材质

（26）载入族"门锁 1.rfa"。选择"项目浏览器"中的"楼层平面"|"参照标高"
选项，进入门的参照标高视图。选择"插入"|"载入族"命令，弹出"载入族"对话框。
打开"建筑"|"门"|"门构件"|"拉手"文件夹，选择"门锁 1.rfa"文件，单击"确定"
按钮，如图 3.95 所示。

图 3.95　载入族"门锁 1.rfa"

（27）绘制门锁。选择"项目浏览器"中的"族"|"门"|"门锁 1"选项，单击门锁
1 并将其拖动至绘图区域，如图 3.96 所示位置，按 Esc 键取消插入族命令。单击"属性"
面板中的"编辑类型"按钮，弹出"属性类型"对话框，在"尺寸标注"标签下的"面板
厚度"中输入"40"，单击"确定"按钮，如图 3.97 所示。

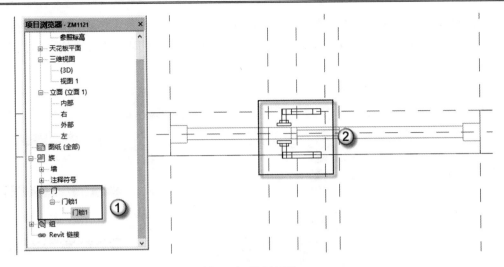

图 3.96　绘制门锁 1

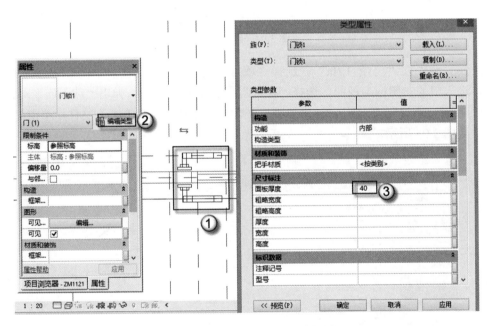

图 3.97　修改"门锁 1"的面板厚度

（28）调整门锁位置。选择"项目浏览器"中的"楼层平面"|"参考平面"选项，进入门的参照平面视图。单击门锁距离门中轴线尺寸，输入"175"，如图 3.98 所示。选择"项目浏览器"中的"立面（立面 1）"|"外部"选项，进入门的外部立面视图。选择族"门锁 1"，使用快捷键 MV 将其向上移动并输入"900"，然后按 Enter 键确定输入，如图 3.99 所示。

（29）修改门锁 1 的可见性。在门锁的"属性"面板中，单击"图形"标签下"可见性/图形替换"后的"编辑"按钮，弹出"族图元可见性设置"对话框，取消"平面/天花板平面视图"复选框的勾选，单击"确定"按钮，如图 3.100 所示。

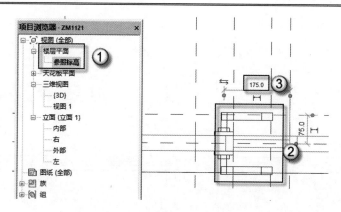

图 3.98　调整门锁水平位置

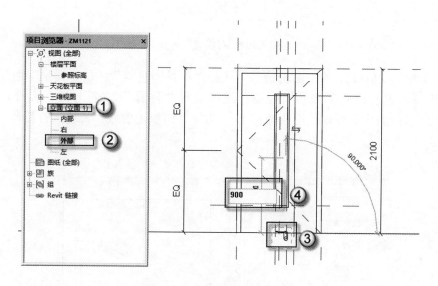

图 3.99　调整门锁竖直位置

图 3.100　修改门锁 1 的可见性

　　（30）对墙宽进行三等分。使用快捷键 RP，在墙中任意位置处绘制两根参照平面。使用快捷键 DI，依次对墙外侧边界线、两根刚绘制的参照平面、墙内侧的边界线进行标注，并单击 EQ 按钮，直到标注变为"EQ"字样，如图 3.101 所示，这样就完成了对墙宽方向的三等分，后面绘制的门板线就在墙中间了。

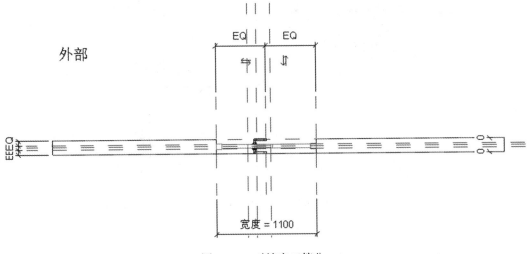

图 3.101　对墙宽三等分

（31）绘制 ZM1121 的平面轮廓线。选择"项目浏览器"中的"楼层平面"|"参照标高"选项，进入门的参照标高视图。选择菜单"注释"|"符号线"命令，绘制如图 3.102 所示门的投影线，使用快捷键 DI，为矩"门板轮廓线"长边进行标注，并将此标注锁定。

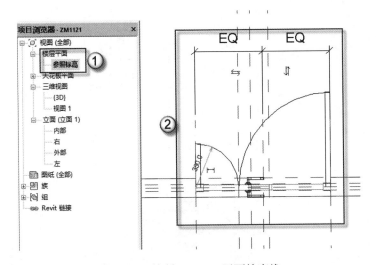

图 3.102　绘制 ZM1121 平面轮廓线

（32）绘制 ZM1121 的立面打开方向。选择"项目浏览器"中的"立面（立面 1）"|"外部"选项，进入门的外部立面视图。删除门的原始"打开方向"，选择菜单"注释"|"符号线"命令，将"子类型"改为"立面打开方向（投影）"，绘制如图 3.103 所示门的"打开方向"符号线。

（33）保存族"ZM1121"。选择菜单"保存"命令，将文件保存到指定位置方便以后使用。按 F4 键，查看建好的子母门族及相应的参数，如图 3.104 所示。

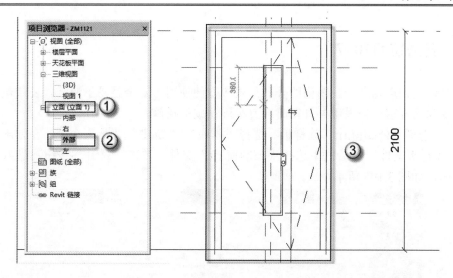

图 3.103　绘制 ZM1121 的立面打开方向

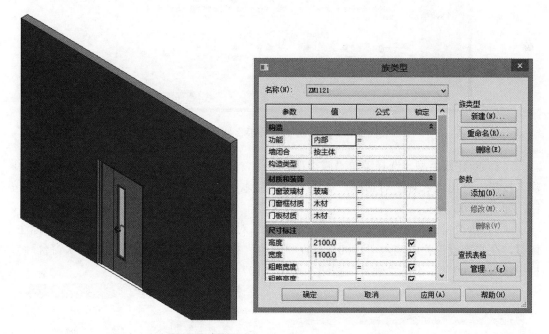

图 3.104　族 "ZM1121" 最终效果图及其属性

3.2　窗　族

窗的设置和构造要求有以下几个方面：满足采光要求，必须有一定的窗洞口面积；满足通风要求，窗洞面积中必须有一定的开启扇面积；开启灵活、关闭紧密，能够方便使用和减少外界对室内的影响；坚固、耐久，保证使用安全；符合建筑立面装饰和造型要求，必须有适合的色彩及窗洞口形状。

3.2.1　普通窗 C1817

窗是建筑构造物之一。窗扇的开启形式应方便使用，安全且易于清洁。公共建筑宜采用推拉窗和内开窗，当采用外开窗时应有牢固窗扇的措施。

（1）选择"公制窗.rft"族样板。选择"程序"|"新建"|"族"命令，在弹出的"新族 - 选择样板文件"对话框中选择"公制窗.rft"文件，单击"打开"按钮，进入窗族的设计界面，如图 3.105 所示。

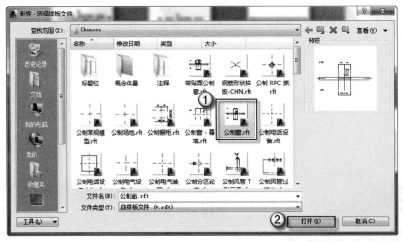

图 3.105　"新族-选择样板文件"对话框

（2）新建族类型。选择菜单"族类型"命令，在弹出的"族类型"对话框中单击"新建"按钮，弹出"名称"对话框，在"名称"文本框中输入"C1817"，单击"确定"按钮，如图 3.106 所示。

（3）修改窗的尺寸标注。继续在"族类型"对话框中，选择屏幕操作区"尺寸标注"标签，在"高度"栏中输入"1700"，在"宽度"栏中输入"1800"，在"默认窗台高"栏中输入"900"，单击"确定"按钮，如图 3.107 所示。

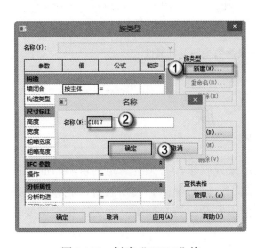

图 3.106　创建"C1817"族

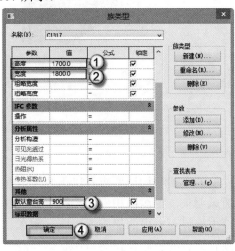

图 3.107　修改尺寸标注

（4）绘制辅助线。使用快捷键 RP，依次绘制一条"偏移量"为"300"和两条"偏移量"为"600"个单位的辅助线，如图 3.108 所示。

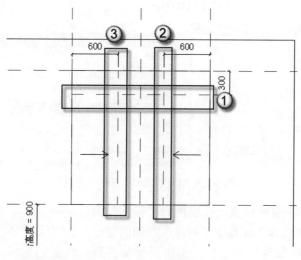

图 3.108　绘制辅助线

（5）绘制 C1817 窗框。选择菜单"创建"|"拉伸"命令，进入"修改|编辑拉伸"界面，利用菜单中的绘制工具将窗框绘制完成，如图 3.109 所示。然后修改 C2017 窗框的位置及厚度，在"属性"面板中，在"拉伸终点"中输入"120"，在"拉伸起点"中输入"80"。完成后，单击"√"按钮，完成绘制。

注意：此处绘制窗框间距为 40 个单位，由于窗框的厚度为 40mm，左立面图中门以100mm 为中心线，所以此处的"拉伸终点"为120，"拉伸起点"为80。

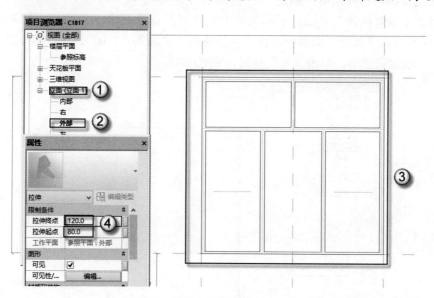

图 3.109　绘制窗框拉伸

（6）修改 C1817 窗框的可见性。在窗框的"属性"面板中，单击"图形"标签下的

"可见性/图形替换"后的"编辑"按钮,弹出"族图元可见性设置"对话框,取消"平面/天花板平面视图"和"当在平面/天花板平面视图中被剖切时(如果类别允许)"复选框的勾选,单击"确定"按钮,如图 3.110 所示。

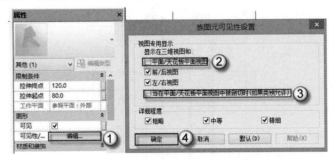

图 3.110 修改 C1817 窗框可见性

(7)添加 C1817 窗框材质。在窗框的"属性"面板中,单击"材质和装饰"标签下"材质"右侧的空白按钮,弹出"关联族参数"对话框,单击"添加参数(D)…"按钮,弹出"参数属性"对话框。在其中选择"共享参数"单选按钮,单击"确定"按钮,弹出"共享参数"对话框,在"参数组(G)"中选择"门窗"选项,在"参数(P)"中选择"门窗框材质"选项,单击"确定"按钮,如图 3.111 所示。

(8)绘制 C1817 窗户玻璃。选择"项目浏览器"中的"立面(立面 1)"|"外部",可以进入 C1817 的外部立面视图,选择菜单"创建"|"拉伸"命令,

图 3.111 添加窗框材质

进入"修改|编辑拉伸"界面,利用菜单中的绘制工具将 C1817 窗户玻璃绘制完成,如图 3.112 所示。在"属性"面板中,在"拉伸终点"中输入"110",在"拉伸起点"中输入"90"。绘制完成后,单击"√"按钮,完成绘制。

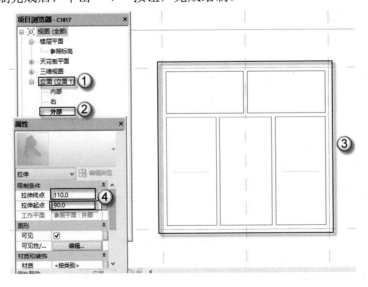

图 3.112 绘制 C1817 窗户玻璃

注意：此处窗框的厚度为 20mm，左立面图中门以 100mm 为中心线，所以此处的"拉伸终点"为 110，"拉伸起点"为 90。

（9）修改 C1817 窗户玻璃的可见性。在"属性"面板中，单击"图形"标签下"可见性/图形替换"后的"编辑"按钮，弹出"族图元可见性设置"对话框，取消"平面/天花板平面视图"和"当在平面/天花板平面视图中被剖切时（如果类别允许）"复选框的勾选，单击"确定"按钮，如图 3.113 所示。

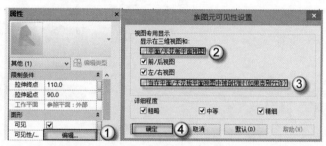

图 3.113　修改 C1817 窗户玻璃的可见性

（10）添加 C1817 窗户玻璃材质。选择 C1817 窗户玻璃，在 C1817 窗户玻璃的"属性"面板中，单击"材质和装饰"标签下"材质"右侧的空白按钮，弹出"关联族参数"对话框。在其中单击"添加参数（D）…"按钮，弹出"参数属性"对话框，选择"共享参数"单选按钮，单击"确定"按钮，弹出"共享参数"对话框。在"参数组（G）"中选择"门窗"选项，在"参数（P）"中选择"门窗玻璃材质"选项，单击"确定"按钮，如图 3.114 所示。

图 3.114　编辑 C1817 窗户玻璃材质

（11）编辑材质。选择菜单"族类型"命令，弹出"族类型"对话框，单击"材质和装饰"标签下"门窗玻璃材质"后的"<按类别>"按钮，弹出"材质浏览器"对话框。在其中选择"主视图" | "Autodesk 材质" | "玻璃" | "玻璃"选项，双击"玻璃"材质将其添加到"文档材质"中。选择"文档材质"中的"玻璃"材质，单击"材质浏览器"对话框中的"确定"按钮，如图 3.115 所示。

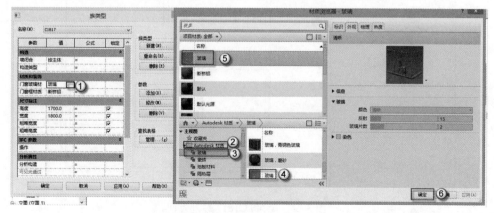

图 3.115　编辑门窗玻璃材质

（12）添加"断桥铝"材质。选择菜单"族类型"按钮，弹出"族类型"对话框，单击"材质和装饰"标签下"门窗框材质"后的"<按类别>"按钮，弹出"材质浏览器"对话框。在其中选择"主视图"|"收藏夹"|"断桥铝"命令，双击"断桥铝"材质。单击"材质浏览器"对话框中的"确定"按钮，如图 3.116 所示。

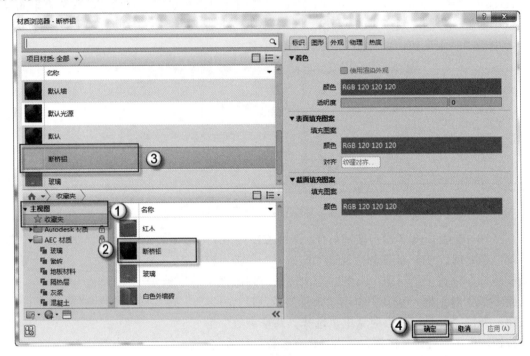

图 3.116　添加断桥铝材质

（13）绘制 C1817 的立面打开方向。选择"项目浏览器"中的"立面（立面 1）"|"外部"，进入窗的外部立面视图。选择菜单"注释"|"符号线"命令，将"子类型"改为"窗（投影）"，绘制如图 3.117 所示窗的"打开方向"符号线。

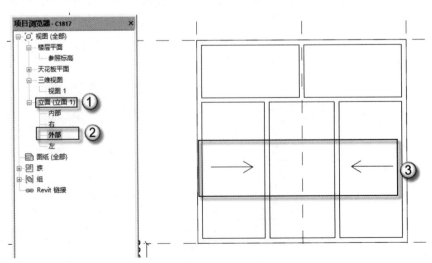

图 3.117　绘制 C1817 打开方向

（14）保存族"C1817"。选择菜单"保存"命令，将文件保存到指定位置方便以后使用。按 F4 键，查看建好的窗族及相应的参数，如图 3.118 所示。

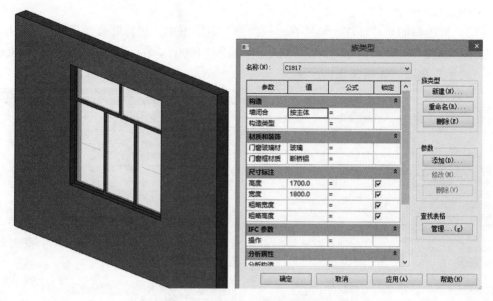

图 3.118　族"C1817"最终效果图及其属性

3.2.2　高窗 GC1009

GC1009 是一个高窗。高窗是指窗台比较高（一般大于等于 1800mm）的窗，主要是为了保护私密性。这里的窗的开启方向向外，具体操作如下。

（1）选择"公制窗.rft"族样板。选择"程序"|"新建"|"族"命令，在弹出的"新族-选择样板文件"对话框中选择"公制窗.rft"文件，单击"打开"按钮，进入窗族的设计界面，如图 3.119 所示。

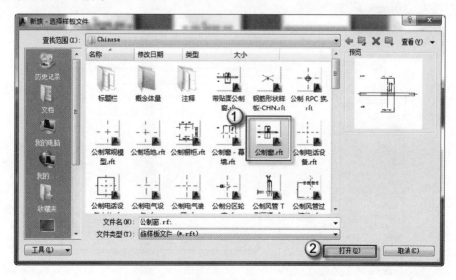

图 3.119　"新族-选择样板文件"对话框

（2）新建族类型。选择菜单"族类型"命令，在弹出的"族类型"对话框中单击"新建"按钮，弹出"名称"对话框，在"名称"文本框中输入"GC1009"，单击"确定"按钮，如图 3.120 所示。

（3）修改窗的尺寸标注。继续在"族类型"对话框中，选择屏幕操作区"尺寸标注"标签，在"高度"中输入"900"，在"宽度"中输入"1000"，在"窗台高"中输入"1800"，单击"确定"按钮，如图 3.121 所示。

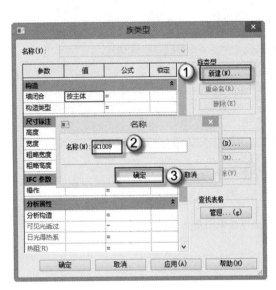

图 3.120　创建"GC1009"

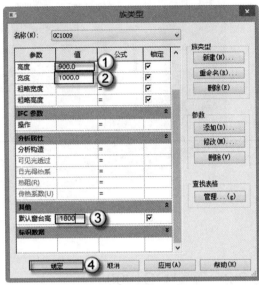

图 3.121　修改尺寸标注

（4）绘制 GC1009 窗框。选择菜单"创建"|"拉伸"命令，进入"修改 | 编辑拉伸"界面，利用菜单中的绘制工具将窗框绘制完成，如图 3.122 所示。修改 GC1009 窗框的位置及厚度，在"属性"面板中，在"拉伸终点"中输入"120"，在"拉伸起点"中输入"80"。完成后，单击"√"按钮，完成绘制。

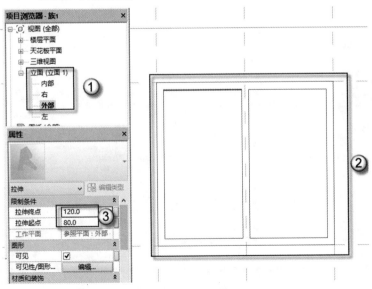

图 3.122　绘制窗框拉伸

注意：此处窗框封闭图形间距为 40 个单位，且窗框的厚度为 40mm，左立面图中门以 100mm 为中心线，所以此处的"拉伸终点"为 120，"拉伸起点"为 80。

（5）修改 GC1009 窗框的可见性。在窗框的"属性"面板中，单击"图形"标签下"可见性/图形替换"后的"编辑"按钮，弹出"族图元可见性设置"对话框。取消"平面/天花板平面视图"和"当在平面/天花板平面视图中被剖切时（如果类别允许）"复选框的勾选，单击"确定"按钮，如图 3.123 所示。

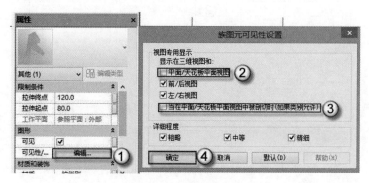

图 3.123　修改门窗的可见性

（6）添加 GC1009 窗框材质。在窗框的"属性"面板中，单击"材质和装饰"标签下"材质"右侧的空白按钮，弹出"关联族参数"对话框。在其中单击"添加参数（D）…"按钮，弹出"参数属性"对话框，选择"共享参数"单选按钮，单击"确定"按钮，弹出"共享参数"对话框。在其中的"参数组（G）"中选择"门窗"选项，在"参数（P）"中选择"门窗框材质"选项，单击"确定"按钮，如图 3.124 所示。

图 3.124　添加门框材质

（7）绘制 GC1009 窗户玻璃。选择"项目浏览器"中的"立面（立面 1）"|"左"，可以进入 GC4010 的左立面视图，选择菜单"创建"|"拉伸"命令，进入"修改｜编辑拉伸"界面，利用菜单中的绘制工具将 GC1009 窗户玻璃绘制完成，如图 3.125 所示。在"属性"面板中，在"拉伸终点"中输入"110"，在"拉伸起点"中输入"90"。绘制完成后，单击"√"按钮，完成绘制。

注意：此处窗框的厚度为 20mm，左立面图中门以 100mm 为中心线，所以此处的"拉伸终点"为 110，"拉伸起点"为 90。

（8）修改 GC1009 窗户玻璃的可见性。在"属性"面板中，单击"图形"标签下"可见性/图形替换"后的"编辑"按钮，弹出"族图元可见性设置"对话框，取消"平面/天花板平面视图"和"当在平面/天花板平面视图中被剖切时（如果类别允许）"复选框的勾选，单击"确定"按钮，如图 3.126 所示。

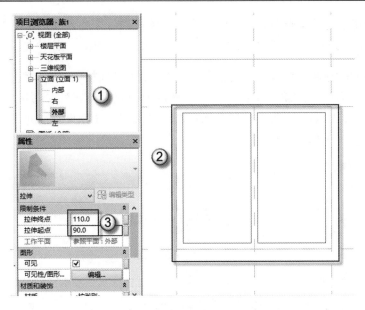

图 3.125　绘制 GC1009 窗户玻璃

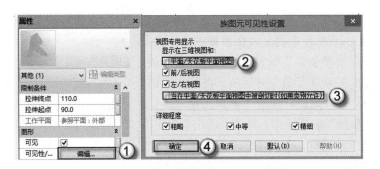

图 3.126　修改 GC1009 窗户玻璃的可见性

（9）添加 GC1009 窗户玻璃材质。选择 GC1009 窗户玻璃，在 GC4010 窗户玻璃的"属性"面板中，单击"材质和装饰"标签下"材质"右侧的空白按钮，弹出"关联族参数"对话框。在其中单击"添加参数（D）…"按钮，弹出"参数属性"对话框，选择"共享参数"单选按钮，单击"确定"按钮，弹出"共享参数"对话框。在"参数组（G）"中选择"门窗"选项，在"参数（P）"中选择"门窗玻璃材质"选项，单击"确定"按钮，如图 3.127 所示。

图 3.127　编辑 GC4010 窗户玻璃材质

（10）编辑材质。选择菜单"族类型"命令，弹出"族类型"对话框，单击"材质和装饰"标签下"门窗玻璃材质"后的"<按类别>"按钮，弹出"材质浏览器"对话框，选择"主视图" | "Autodesk 材质" | "玻璃" | "玻璃"选项，双击"玻璃"材质将其添加到"文档材质"中。选择"文档材质"中的"玻璃"材质，单击"材质浏览器"对话框中的"确定"

按钮，如图 3.128 所示。

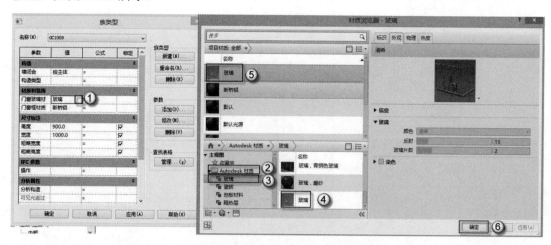

图 3.128　编辑门窗玻璃材质

（11）添加"断桥铝"材质。选择菜单"族类型"按钮，弹出"族类型"对话框，单击"材质和装饰"标签下"门窗框材质"后的"<按类别>"按钮，弹出"材质浏览器"对话框。在其中选择"主视图"|"收藏夹"|"断桥铝"命令，双击"断桥铝"材质，单击"材质浏览器"对话框中的"确定"按钮，如图 3.129 所示。

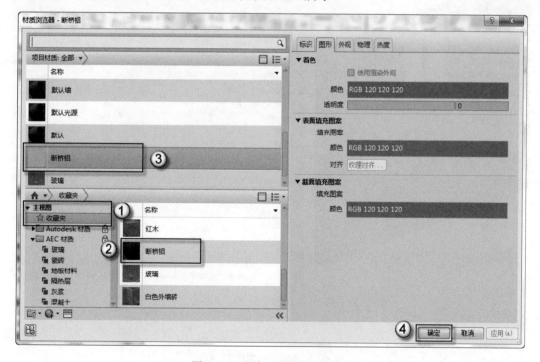

图 3.129　添加"断桥铝"材质

（12）绘制 GC1009 的立面打开方向。选择"项目浏览器"中的"立面（立面 1）"|"外部"，进入窗的外部立面视图。选择菜单"注释"|"符号线"命令，将"子类型"改为"窗（投影）"，绘制如图 3.130 所示窗的"打开方向"符号线。

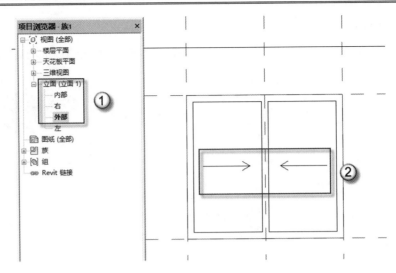

图 3.130　绘制 GC1009 立面打开方向

（13）保存族"GC1009"。选择菜单"保存"按钮，将文件保存到指定位置方便以后使用。按 F4 键，查看建好的高窗族及相应的参数，如图 3.131 所示。

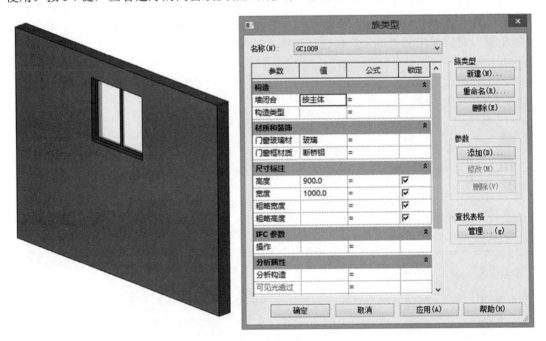

图 3.131　族"GC1009"最终效果图及其属性

3.3　特　殊　族

本节介绍两类特殊的"门窗"族：洞口与幕墙。这两类门窗族与前面介绍的门窗族建族的方法类似，读者可结合进行学习。

3.3.1　洞口

洞口是一类特殊的门窗族，可以用"门族"做，也可以用"窗族"做。此处洞口为公共卫生间的出入口，采用"门族"制作。具体操作如下。

（1）选择"公制门"族样板。选择"程序"|"新建"|"族"命令，在弹出的"新族-选择样板文件"对话框中选择"公制门"文件，单击"打开"按钮，进入门族的设计界面，如图 3.132 所示。

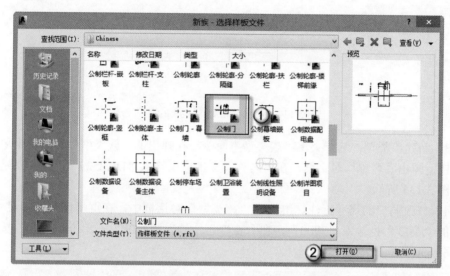

图 3.132　"新族-选择样板文件"对话框

（2）删除公制门框架。配合 Ctrl 键，依次选上"框架/竖挺：拉伸"，如图 3.133 所示，按 Delete 键将其删除，删除后如图 3.134 所示。

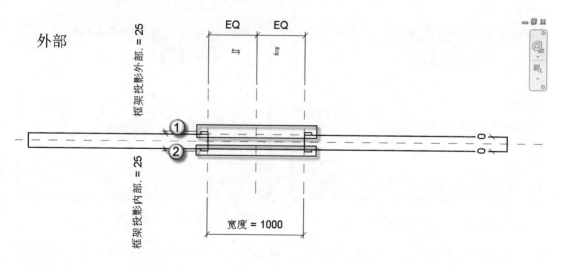

图 3.133　选定"框架/竖挺：拉伸"

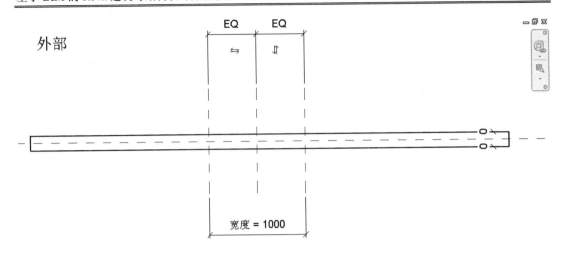

图 3.134　删除"框架/竖挺：拉伸"

（3）新建族类型。选择菜单"族类型"命令，在弹出的"族类型"对话框中单击"新建"按钮，弹出"名称"对话框，在"名称"文本框中输入"DK2529"，单击"确定"按钮，如图 3.135 所示。

（4）修改洞口的尺寸标注。继续在"族类型"对话框中，在屏幕操作区"尺寸标注"标签中的"高度"栏输入"2900"，在"宽度"中输入"2500"，单击"确定"按钮，如图 3.136 所示。

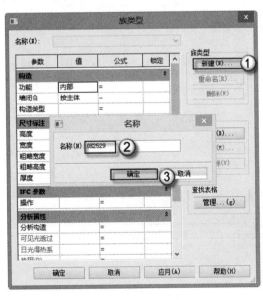

图 3.135　创建"DK2529"族

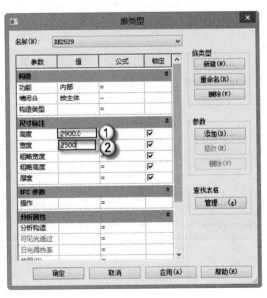

图 3.136　修改尺寸标注

（5）删除多余参数。继续在"族类型"对话框中，单击"其他"标签下的"框架投影外部."参数，再单击右侧"参数"下的"删除"按钮，弹出提示对话框，单击"是"按钮。重复上述步骤，将"框架投影内部."和"框架宽度"两个无效参数删除。最后单击"确定"按钮，结束"族类型"编辑，如图 3.137 所示。

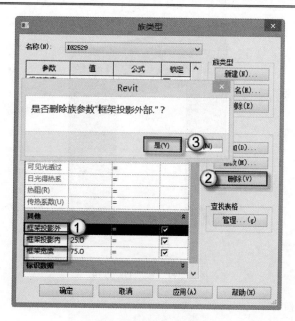

图 3.137　删除多余参数

（6）绘制洞口符号线。选择"项目浏览器"中的"立面（立面1）"|"外部"，可以进入 DK2529 的外部立面视图，删除门打开方向，选择菜单"注释"|"符号线"命令，将"子类型"改为"门（投影）"，再绘制符号线，如图 3.138 所示。

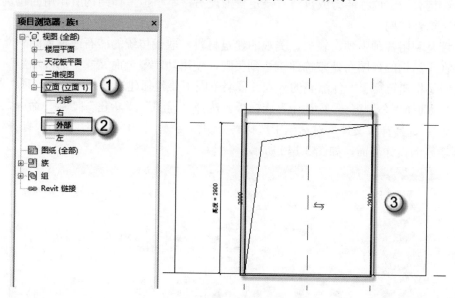

图 3.138　绘制洞口符号线

（7）保存族"DK2529"。选择菜单"保存"命令，将文件保存到指定位置方便以后使用。按 F4 键，查看建好的洞口族及相应的参数，如图 3.139 所示。

图 3.139　族 "DK2529"

3.3.2　幕墙 MQ2229

　　幕墙是建筑的外墙围护，不承重，像幕布一样挂上去，因此又称为"帷幕墙"，是现代大型建筑和高层建筑常用的带有装饰效果的轻质墙体，由面板和支承结构体系组成，相对主体结构有一定位移能力或自身有一定变形能力，不承担主体结构所作用的建筑外围护结构或装饰性结构。

　　幕墙是利用各种强劲、轻盈、美观的建筑材料，取代传统的砖石或窗墙的外墙工法，是包围在主结构的外围而使整栋建筑达到美观，使用功能健全而又安全的外墙工法。简言之，幕墙是将建筑穿上一件漂亮的外衣。幕墙范围主要包括建筑的外墙、采光顶（罩）等。

　　（1）选择"公制窗 - 幕墙.rft"族样板。选择"程序"|"新建"|"族"命令，在弹出的"新族 - 选择样板文件"对话框中选择"公制窗 - 幕墙.rft"文件，单击"打开"按钮，进入幕墙族的设计界面，如图 3.140 所示。

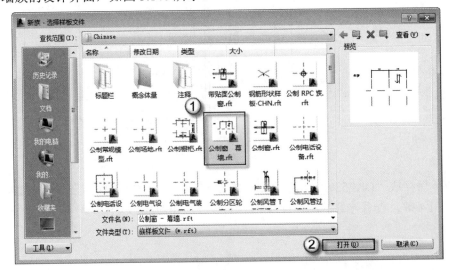

图 3.140　"新族-选择样板文件"对话框

（2）新建族类型。选择菜单"族类型"按钮，在弹出的"族类型"对话框中单击"新建"按钮，弹出"名称"对话框，在"名称"对话框中输入"MQ2229"字样，单击"确定"按钮，如图 3.141 所示。

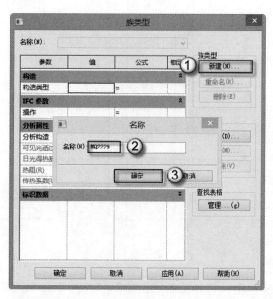

图 3.141　创建"MQ2229"

（3）修改幕墙的尺寸标注。选择"项目浏览器"中的"立面（立面 1）"|"外部"，可以进入 MQ2229 的外部立面视图，选择"顶部"的边线，单击其标注并输入"2900"，选择左、右边线中的任意一根，单击其标注并输入"1100"，然后将各边线延长相交，如图 3.142 所示。

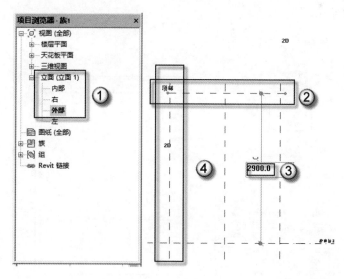

图 3.142　修改尺寸标注

（4）绘制辅助线。使用快捷键 RP，合理使用偏移量，绘制出如图 3.143 所示的辅助线。

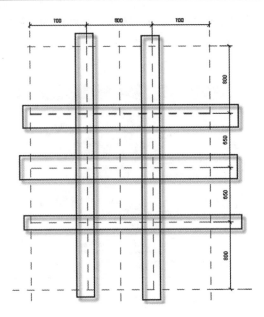

图 3.143　绘制辅助线

（5）绘制 MQ2229 窗框。选择菜单"创建"|"拉伸"命令，进入"修改 | 编辑拉伸"界面，利用菜单中的绘制工具将窗框绘制完成，如图 3.144 所示。修改 MQ2229 窗框的位置及厚度，在"属性"面板中，在"拉伸终点"中输入"20"，在"拉伸起点"中输入"-20"。完成后，单击"√"按钮，完成绘制。

注意：绘制幕墙框封闭图形间距为 40 个单位，幕墙是从外向内布置，所以拉伸起点为 -20，拉伸终点为 20，即向内向外各拉伸 20，一共是 40 个单位，这个尺寸就是幕墙的厚度。

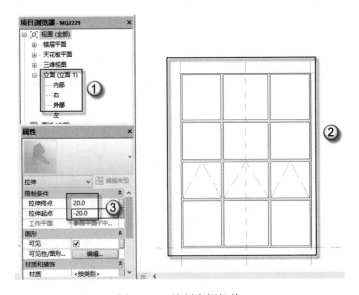

图 3.144　绘制窗框拉伸

（6）修改 MQ2229 窗框的可见性。在窗框的"属性"面板中，单击"图形"标签下

"可见性/图形替换"后的"编辑"按钮，弹出"族图元可见性设置"对话框，取消"平面/天花板平面视图"和"当在平面/天花板平面视图中被剖切时（如果类别允许）"复选框的勾选，单击"确定"按钮，如图 3.145 所示。

图 3.145　修改窗框可见性

（7）添加 MQ2229 窗框材质。在窗框的"属性"面板中，单击"材质和装饰"标签下"材质"右侧的空白按钮，弹出"关联族参数"对话框。在其中单击"添加参数（D）…"按钮，弹出"参数属性"对话框，选择"共享参数"单选按钮，单击"确定"按钮，弹出"共享参数"对话框。在"参数组（G）"中选择"门窗"选项，在"参数（P）"中选择"门窗框材质"选项，单击"确定"按钮，如图 3.146 所示。

图 3.146　添加窗框材质

（8）绘制 MQ2229 幕墙窗户玻璃。选择"项目浏览器"中的"立面（立面 1）"|"外部"，可以进入 MQ2229 的外部立面视图，选择菜单"创建"|"拉伸"命令，进入"修改｜编辑拉伸"界面，利用菜单中的绘制工具将 MQ2229 幕墙窗户玻璃绘制完成，如图 3.147 所示。在"属性"面板中，在"拉伸终点"中输入"10"，在"拉伸起点"中输入"-10"。绘制完成后，单击"√"按钮，完成绘制。

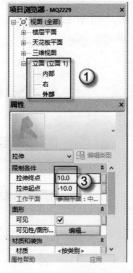

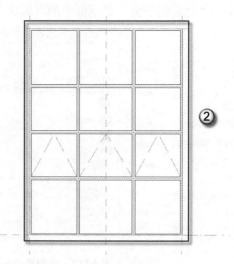

图 3.147　MQ2229 幕墙窗户玻璃的位置及厚度

（9）修改 MQ2229 幕墙窗户玻璃的可见性。在"属性"面板中，单击"图形"标签下"可见性/图形替换"后的"编辑"按钮，弹出"族图元可见性设置"对话框，取消"平面/天花板平面视图"和"当在平面/天花板平面视图中被剖切时（如果类别允许）"复选框的勾选，单击"确定"按钮，如图 3.148 所示。

图 3.148　修改 MQ2229 幕墙窗户玻璃的可见性

（10）添加 MQ2229 幕墙窗户玻璃材质。选择 MQ2229 幕墙窗户玻璃，在 MQ2229 幕墙窗户玻璃的"属性"面板中，单击"材质和装饰"标签下"材质"右侧的空白按钮，弹出"关联族参数"对话框。在其中单击"添加参数（D）…"按钮，弹出"参数属性"对话框，选择"共享参数"单选按钮，单击"确定"按钮，弹出"共享参数"对话框，在"参数组（G）"中选择"门窗"选项，在"参数（P）"中选择"门窗玻璃材质"选项，单击"确定"按钮，如图 3.149 所示。

图 3.149　编辑 MQ2229 幕墙窗户玻璃材质

（11）编辑材质。选择菜单"族类型"按钮，弹出"族类型"对话框，单击"材质和装饰"标签下"门窗玻璃材质"后的"<按类别>"按钮，弹出"材质浏览器"对话框。在其中选择"主视图"|"Autodesk 材质"|"玻璃"|"玻璃"选项，双击"玻璃"材质将其添加到"文档材质"中。选择"文档材质"中的"玻璃"材质，单击"材质浏览器"对话框中的"确定"按钮，如图 3.150 所示。

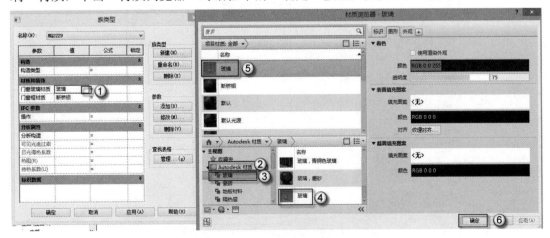

图 3.150　编制幕墙玻璃材质

（12）添加"断桥铝"材质。选择菜单"族类型"命令，弹出"族类型"对话框，单击"材质和装饰"标签下"门窗框材质"后的"<按类别>"按钮，弹出"材质浏览器"对话框，选择"主视图"|"收藏夹"|"断桥铝"选项，双击"断桥铝"材质，单击"材质浏览器"对话框中的"确定"按钮，如图 3.151 所示。

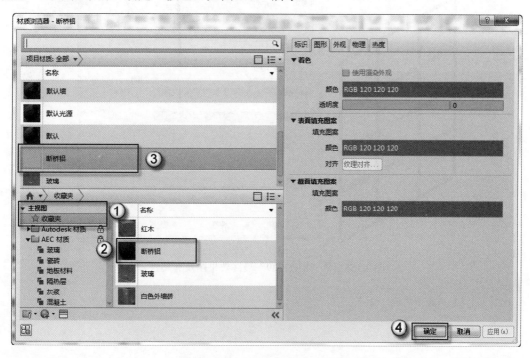

图 3.151　添加"断桥铝"材质

（13）绘制 MQ2229 的立面打开方向。选择"项目浏览器"中的"立面（立面 1）"|"外部"，进入幕墙的外部立面视图。选择菜单"注释"|"符号线"命令，将"子类型"改为"窗（投影）"，绘制如图 3.152 所示幕墙的"打开方向"符号线。

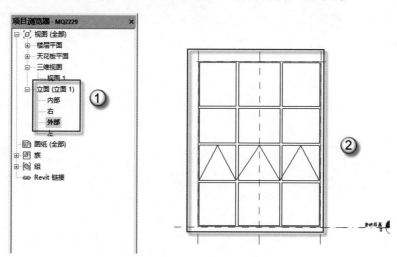

图 3.152　绘制 MQ2229 的立面打开方向

（14）保存族"MQ2229"。选择菜单"保存"命令，将文件保存到指定位置方便以后使用。按 F4 键，查看建好的族及相应的参数，如图 3.153 所示。

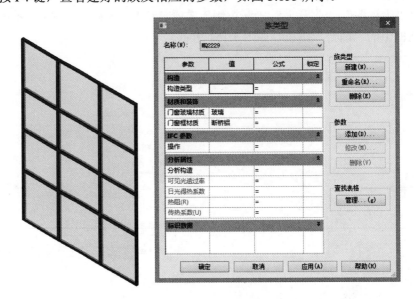

图 3.153　族"MQ2229"最终效果图及其属性

第4章　一、二层主体的建筑设计

本节中这个二层的公共卫生间只有二层。其建筑的主体主要是指二层建筑的墙体、柱子、门、窗、楼、地面等。在 Revit 中，墙体、柱子、楼、地面都是分建筑与结构专业绘制的；而门与窗，只是在建筑专业中设置。

4.1　二层墙体

本例采用的是框架结构，所有墙体均为加气混凝土砌块，功能是围合与分隔，并没有承重（即不承受房屋的荷载），因此墙体的自重比较轻。墙体材质分层分为三层：保温层、主体层、粉刷层。

4.1.1　设置二层外墙

二层的外墙主体层是 200 厚加气混凝土砌块，外部有保温层，内部有粉刷层，墙体的主要功能是围合。具体操作如下。

（1）打开"基本墙"族。选择"建筑"|"墙"|"墙：建筑"命令，也可以直接使用快捷键 WA。选择"基本墙"族，在"属性"面板中选择"基本墙"|"常规 200mm"选项（注意当前列表下有 3 种墙族，即叠层墙、基本墙、幕墙），如图 4.1 所示。

图 4.1　选择基本墙

（2）复制创建"二层砌体外墙—200mm"族类型。单击"属性"面板的"编辑类型"按钮，在弹出的"类型属性"对话框中单击"复制"按钮，在弹出的"名称"对话框中输入"二层砌体外墙—200mm"命名为新类型名称，单击"确定"按钮返回"类型属性"对话框，如图 4.2 所示。

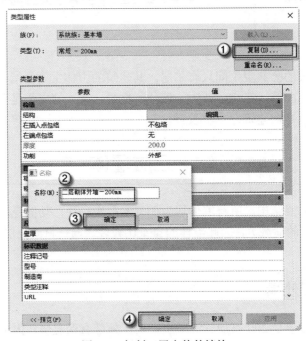

图 4.2　复制二层砌体外墙族

（3）添加"保温层/空气层"功能。单击"类型属性"对话框中"结构"参数后的"编辑"按钮，弹出"编辑部件"对话框，如图 4.3 所示。在"编辑部件"对话框中依次单击"插入"和"向上"按钮，在"功能"参数下将"结构[1]"改为"保温层/空气层[3]"，如图 4.4 所示。

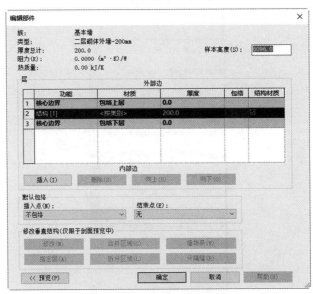

图 4.3　"编辑部件"对话框

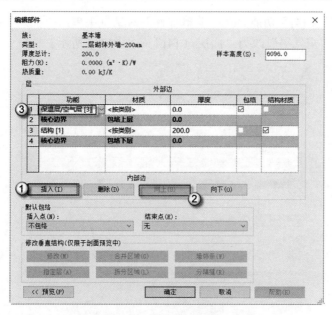

图 4.4 添加 "保温层/空气层" 功能

　　（4）编辑 "保温层/空气层" 材质。在 "编辑部件" 对话框中单击 "保温层/空气层"
对应的 "材质" 单元格右上角 "浏览" 按钮，在弹出的 "材质浏览器" 对话框中，选择 "AEC
材质" 的 "隔热层" | "珍珠岩" 选项，将其填充图案改为 "对角交叉线 1.5mm"，单击 "确
定" 按钮，如图 4.5 所示，返回 "编辑部件" 对话框。然后在 "编辑部件" 对话框中将其
对应的厚度改为 "30mm"。

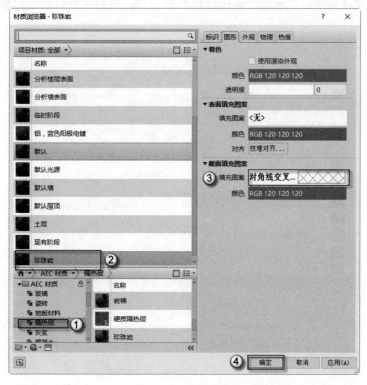

图 4.5 编辑 "保温层/空气层" 材质

（5）加"面层 1 [4]"功能。在"编辑部件"对话框中单击"插入"按钮，在"功能"参数下将"保温层/空气层"改为"面层 1 [4]"，如图 4.6 所示。

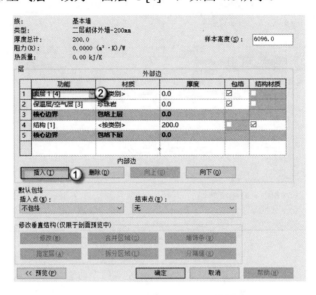

图 4.6 加"面层 1 [4]"功能

（6）编辑"面层 1 [4]"材质。在"编辑部件"对话框中单击"面层 1 [4]"对应的"材质"单元格右上角的"浏览"按钮，在弹出的"材质浏览器"对话框中，选择"AEC 材质"中的"瓷砖"|"瓷砖，瓷器，4 英寸"选项，将其填充图案改为"对角线交叉"，单击"确定"按钮，如图 4.7 所示，返回"编辑部件"对话框。然后在该对话框中将其对应的厚度改为 10mm。

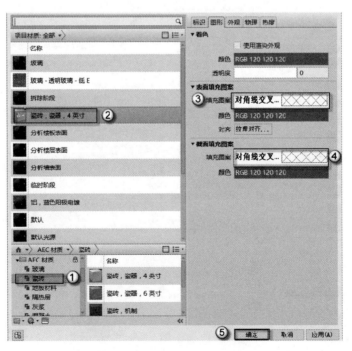

图 4.7 编辑"面层 1 [4]"材质

（7）添加"面层 2 [5]"功能。在"编辑部件"对话框中选择"结构[1]"选项，然后依次单击"插入"和"向下"按钮，在"功能"参数下将"结构[1] "改为"面层 2 [5]"，单击"确定"按钮，如图 4.8 所示。

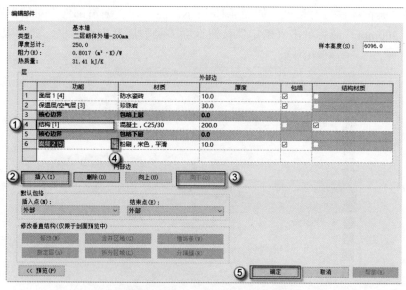

图 4.8   添加"面层 2 [5]"功能

（8）编辑"面层 2 [5]"材质。在"编辑部件"对话框中单击"面层 2 [5]"对应的"材质"单元格右上角的"浏览"按钮，在弹出的"材质浏览器"中，选择"AEC 材质"中"其他"|"粉刷，米色，平滑"选项，将其填充图案改为"松散-砂浆/粉刷"，单击"确定"按钮返回"编辑部件"对话框，如图 4.9 所示。然后在该对话框中将其对应的厚度改为 10mm。

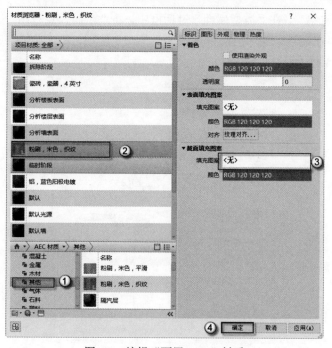

图 4.9   编辑"面层 2 [5]"材质

（9）编辑"结构[1]"材质。在"编辑部件"对话框中单击"结构[1]"对应的"材质"单元格右上角的"浏览"按钮，在弹出的"材质浏览器"对话框中，选择"AEC 材质"中的"混凝土"|"混凝土 C30/37"选项，将其填充图案改为"混凝土-钢砼"。单击"确定"按钮，返回"编辑部件"对话框，如图 4.10 所示。然后在"编辑部件"对话框中将其对应的厚度改为 300mm。最后单击"确定"按钮返回"类型属性"对话框，如图 4.11 所示。

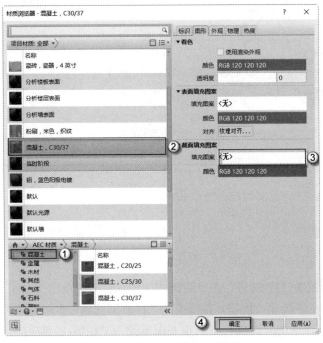

图 4.10　编辑"结构[1]"材质

（10）编辑"包络"。在"类型属性"对话框中，将"在插入点包络"后的参数改为"外部"选项，再将"在端点包络"后的参数改为"外部"选项，将"功能"后的参数改为"外部"选项，如图 4.11 所示。

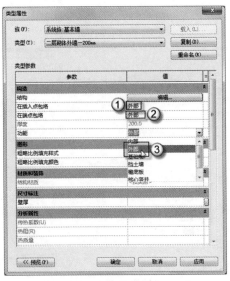

图 4.11　编辑"包络"

（11）完成"二层砌体外墙—200mm"族类型定义。在"类型属性"对话框中，单击"确定"按钮，如图 4.12 所示，这样就完成了"二层砌体外墙—200mm"族类型定义。

图 4.12 完成"二层砌体外墙—200mm"族类型定义

4.1.2 绘制二层外墙

本节使用前面设置好的墙体类型，然后在二层楼层平面中绘制外墙，注意绘制时以轴线进行对齐。具体操作如下。

（1）在"项目浏览器"中选择"楼层平面"|"二层"，如图 4.13 所示。

（2）完成"二层砌体外墙—200mm"族类型定义后，选择"建筑"|"墙"命令，再选择"墙：建筑"选项或者使用快捷键 WA（此处省略截图）。

（3）在"属性"面板中选择"基本墙"|"二层砌体外墙—200mm"选项，如图 4.14 所示。然后开始绘制二层外墙，按箭头方向进行绘制。完成绘制后按两次 Esc 键，可以退出外墙绘图界面，如图 4.15 所示。

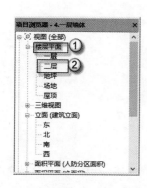

图 4.13 编辑"二层墙体"

图 4.14 打开"二层砌体外墙"

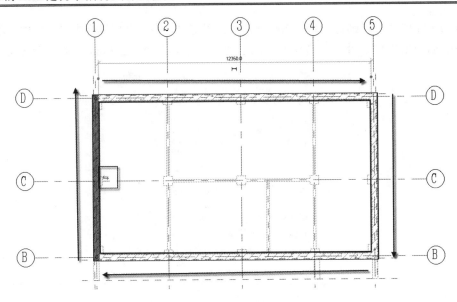

图 4.15 绘制"二层墙体"

（4）选择"建筑"｜"墙"｜"墙：建筑"命令，也可以直接使用快捷键 WA。选择"二层砌体外墙-200mm"墙族，设置选项栏中的"高度"为"屋顶"，设置"定位线"为"核心层中心线"，将"偏移量"改为"核心层中心线"，"底部偏移"为 0，"顶部偏移"也为 0，最后确定"链"的选择如图 4.16 所示。捕捉 D 轴线和 1 轴线的交点，如图 4.17 所示，然后拉伸至 D 轴与 5 轴的交点，如图 4.18 所示。按顺时针方向依次连接，完成绘制的二层外墙如图 4.15 所示。

图 4.16 完成参数设置

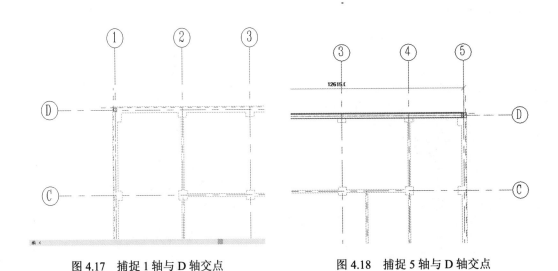

图 4.17 捕捉 1 轴与 D 轴交点　　　　图 4.18 捕捉 5 轴与 D 轴交点

注意: 在绘制墙体时注意墙体的位置，一般按照顺时针方向绘制时，墙体内外侧位置是正确的。若不正确，单击如图 4.19 所示的"双箭头的控件符号"按钮，更换墙的内外侧位置。内墙材质一般和外墙材质不同，外墙注重防水渗漏，而内墙一般不涉及此要求。因此需要准确区分内外墙面，以免引起施工错误。

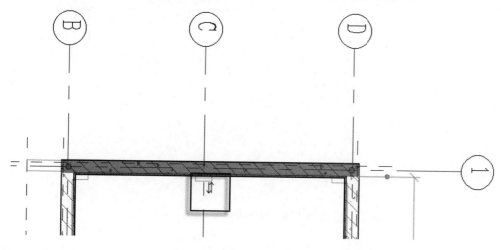

图 4.19　"方向标"更换墙的内外侧位置

（5）复制创建"二层砌体外墙 2—200mm"，单击"插入"按钮，添加"保温层/空气层"编辑其材质，选择"珍珠岩"材质，将其填充图案改为"对角交叉线 1.5mm"，厚度改为 30mm。更改"面层 2 [5]"材质选择"瓷砖"|"瓷砖，瓷器"材质，将其填充图案改为"分区 02"其厚度不变，如图 4.20 所示。

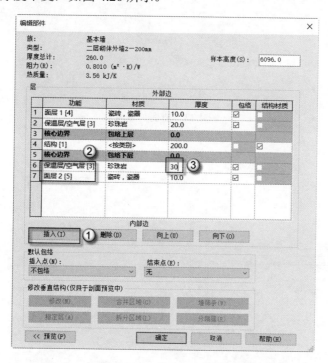

图 4.20　复制创建"二层砌体外墙 2—200mm"

（6）捕捉 B 轴与 5 轴的交点并拉伸至端点处结束，如图 4.21 与图 4.22 所示。同理，捕捉另一面墙上的中点拉伸至端点处结束，如图 4.23 所示。然后捕捉 B 轴与 1 轴的交点并拉伸至端点处结束，如图 4.24 所示。

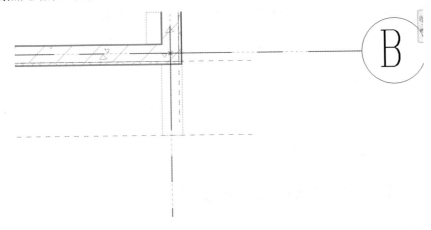

图 4.21　捕捉两轴线交点

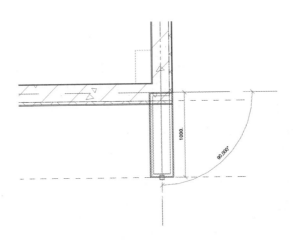

图 4.22　捕捉其端点

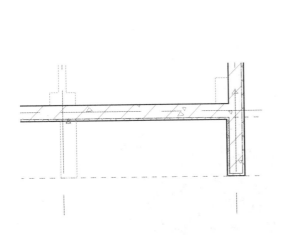

图 4.23　捕捉中点

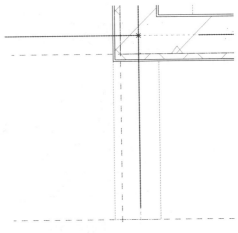

图 4.24　捕捉 B 轴与 1 轴的交点

（7）查看三维模型。完成"二层砌体外墙—200mm"的绘制后，按 F4 键，模型的整体效果图如图 4.25 所示。

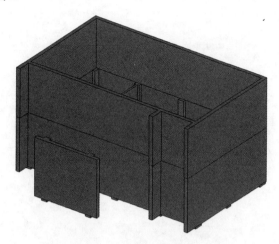

图 4.25　二层砌体外墙整体效果

4.1.3　二层内墙

由于现在的房屋建筑的节能保温采用的是外墙外保温，所以内墙没有保温层，只有主体层与粉刷层。具体操作如下。

（1）复制创建"二层砌体内墙—100mm"族类型。单击"属性"面板中的"编辑类型"按钮，在弹出的"类型属性"对话框中单击"复制"按钮，在"名称"对话框中输入"二层砌体内墙 100mm"新类型名称，两次单击"确定"按钮返回"类型属性"对话框，如图 4.26 所示。

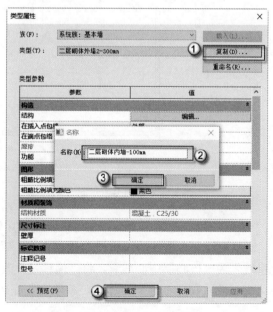

图 4.26　复制"二层内墙"

（2）单击 2 和 6 层的"保温层/空气层[3]"，再次单击"确定"按钮，将"结构[1]"的"混凝土，C25/30"厚度改为 100mm，单击"确定"按钮，如图 4.27 所示。

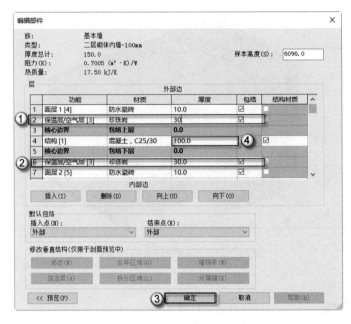

图 4.27　编辑"二层内墙"材质

（3）使用快捷键 RP，放置参照平面，根据相关设计要求，在"偏移量"中输入"5100"，如图 4.28 所示绘制参照平面。

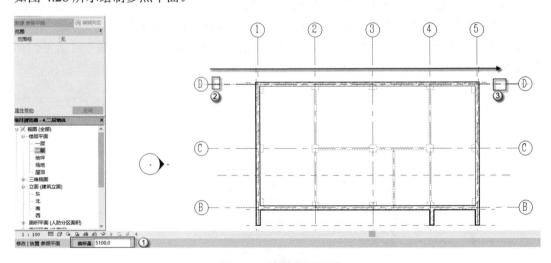

图 4.28　绘制参照平面

（4）选择"建筑"|"墙"|"墙：建筑"命令，也可以直接使用快捷键 WA。选择"砌体内墙-100mm"墙族，将墙的绘制方式改为"直线"绘制方式，设置选项栏中的"高度"为"屋顶"，设置"定位线"为"核心层中心线"，将"偏移量"改为 0mm，"底部偏移"为 0，"顶部偏移"也为 0，最后取消"链"的选择。参数设置完成后，在如图 4.29 所示位置绘制墙体。

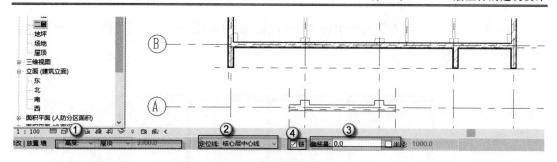

图 4.29　完成参数设置

（5）捕捉 2 轴线与 "墙线" 的交点，如图 4.30 所示。单击交点并拉伸至 2 轴线与参考平面的交点，按如图 4.31 所示进行绘制。

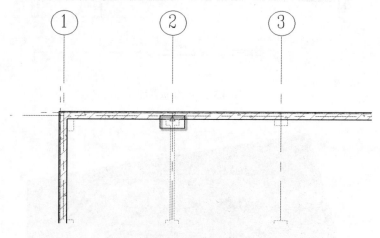

图 4.30　捕捉交点

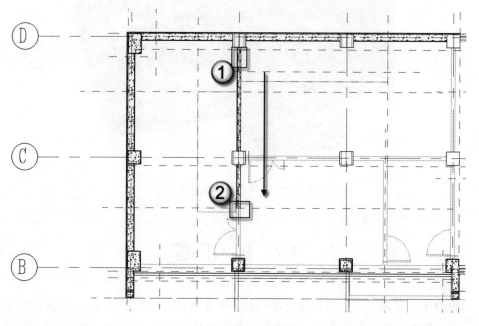

图 4.31　绘制二层内墙

（6）按步骤（5）的方法绘制另外 4 个内墙，如图 4.32 所示。二层外墙与内墙整体效果图如图 4.33 所示。

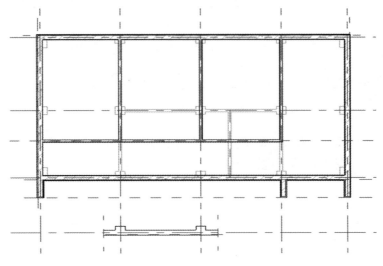

图 4.32　内墙布置图

图 4.33　二层内外墙整体效果图

4.2　插入门窗

门窗属于房屋建筑中的围护及分隔构件，不承重。其中门的主要功能是供交通出入及分隔、联系建筑空间，带玻璃或亮子的门还具有通风、采光的作用；窗的主要功能是采光、通风及观望。另外，门窗对建筑物外观影响很大，其大小、位置、材质、形状、组合方式等，是决定建筑外观效果的主要因素之一。

4.2.1　插入门

门按其开启方式通常有平开门、弹簧门、推拉门、折叠门、转门、升降门、卷帘门、上翻门等。这些类型的构件，在 Revit 中提供了一些族，可供设计者随时调用。但是这类自带的门族缺乏及时的更新，因此在实例操作中还需要自定义门族。但无论是系统族还是自定义的族，都需要插入到项目中，才能发挥作用。

由于前面的章节已经根据设计的相应要求建立了门族，本节中只用调用、载入相应的门族文件，调整图形的位置即可。具体的操作如下。

（1）载入门族。选择"插入"|"载入族"命令，打开"载入族"对话框。在其中找到对应的"门族"文件位置，按 Ctrl+"+"键，选中所有的"门族"，然后单击"打开"按钮，如图 4.34 所示。

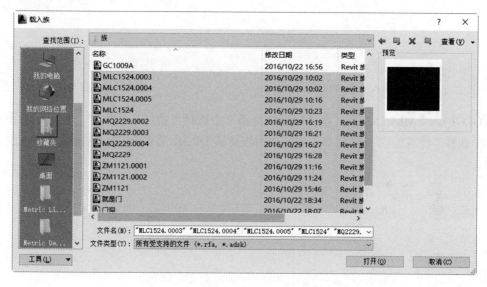

图 4.34　载入门族

（2）插入"ZM1121"门族。选择"建筑"|"门"命令（或者使用快捷键 DR），在相应的地方插入族，再单击"水平向控件"，以改变其开启方向如图 4.35 所示。

（3）按照 CAD 图纸所示，门离墙有 100mm。创建参考平面，使用快捷键 RP，在"偏移量"中输入"100"单击图中 2 点所在的位置，将 2 点移动到 3 点，如图 4.36 所示。然后移动"ZM1121"族，先选择已经插入的门族，使用快捷键 MV，移动"ZM1121"，将 1 点移动到 2 点对齐，如图 4.37 所示。

注意：插入族后一般都会存在一些误差，可通过快捷键 MV 来移动族，使其达到准确。
在"属性"面板中找到"范围"，单击"试图范围"修改二层剖切面高度。

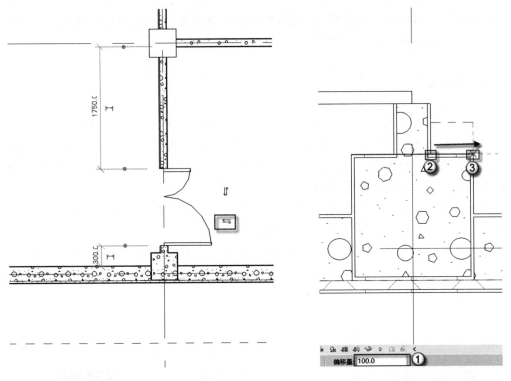

图 4.35　插入"ZM1121"门族　　　　　图 4.36　创建参考平面

（4）插入"MLC1524"。在"项目浏览器"中选择"楼层平面"|"一层"，如图 4.38 所示。选择"建筑"|"门"命令（或者使用快捷键 DR），在相应的地方插入族，如图 4.39 所示。

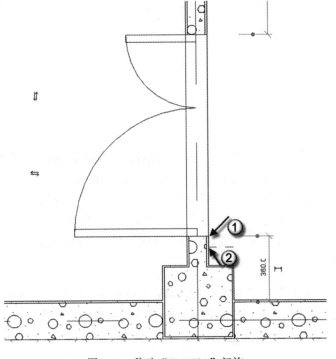

图 4.37　移动"ZM1121"门族

图 4.38　项目浏览器

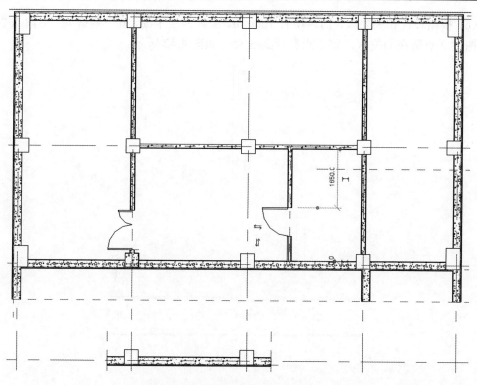

图 4.39　插入门族"MLC1524"

（5）直接插入的族往往和设计要求略有出入，需要移动"门板位置"面和"开门方向"。单击"水平向控件"，以改变其开启方向，在如图 4.40 所示位置，将门的实例面移动到内墙的右边。将"垂直向控件"开门方向翻转到靠近外墙的一侧，如图 4.41 所示。

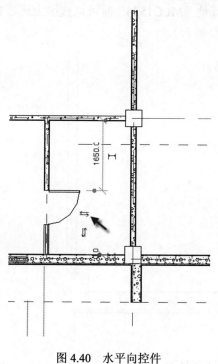

图 4.40　水平向控件

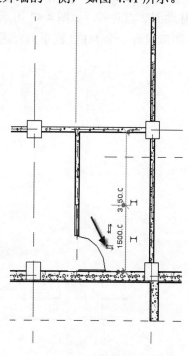

图 4.41　垂直向控件

（6）根据设计相关要求，门离墙有 100mm。创建参考平面，在"偏移量"中输入"100"单击图中 2 点所在的位置，将 2 点移动到 3 点，如图 4.42 所示。

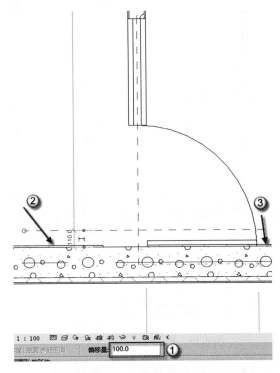

图 4.42　创建参考平面

（7）移动"MLC1524"族。先选择已经插入的门族，使用快捷键 MV，移动"MLC1524"，将 1 点移动到 2 点对齐，如图 4.43 所示。插入其他"MLC1524"时可以按照上述步骤插入（由于本图纸只有一个 MLC 族系列，因此不需要插入）。

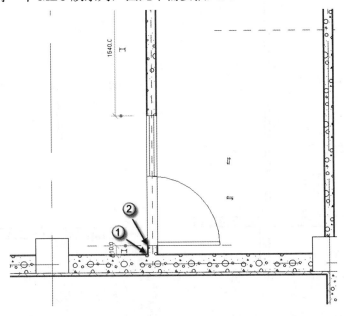

图 4.43　移动"MLC1524"门族

（8）在"项目浏览器"中选择"楼层平面"|"二层"，如图 4.44
所示。然后插入"M0921"，选择"建筑"|"门"命令（或者使用
快捷键 DR），在相应的地方插入族，如图 4.45 所示。

（9）根据设计相关要求，门离墙有 150mm。创建参考平面，使
用快捷键 RP，在"偏移量"中输入"150"（轴线到门的距离为
150mm）。单击图中 2 点所在的位置，将 2 点移动到 3 点，如图 4.46
所示。

图 4.44　项目浏览器

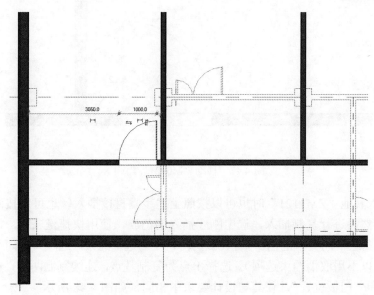

图 4.45　插入"M0921"门族

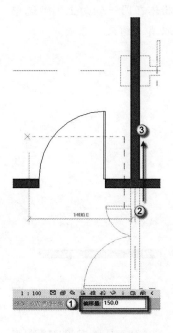

图 4.46　移动并对齐门

（10）移动"M0921"族。先选择已经插入的门族，使用快捷键 MV，移动"M0921"，将 1 点移动到 2 点并对齐，如图 4.47 所示。

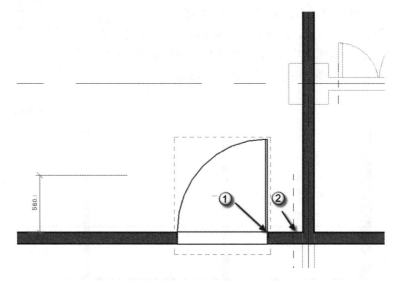

图 4.47　移动"M0921"门族

（11）插入其他"ZM1121"时也可以按照上述步骤直接插入，也可以按两次 Esc 键退出门的绘制。然后进行复制插入，选中刚才插入的门族，使用快捷键 CO，将"多个"选项勾选上（按图纸中同类型的门个数情况选择），不勾选"约束"选项（若同类型门在一个水平线上则可以不用取消约束选项）。选择 1 点为复制基点，连续复制两个，然后调整门的"开启方向"和"门板位置"，使其与设计要求中相同，如图 4.48 所示。

注意：在 Revit 中"约束"选项的功能相当于 CAD 中的"正交"功能，只能在水平轴或竖直轴上运动。若是物体在同一轴向上则可选中"约束"选项，若不在水平轴或竖直轴向上，则需要取消"约束"选项。

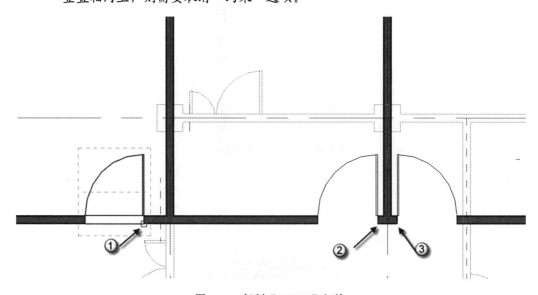

图 4.48　复制"M0921"门族

（12）根据设计相关要求，门离墙有 150mm。创建参考平面，使用快捷键 RP，在"偏移量"中输入"150"（轴线到门的距离为 150mm），单击图中 2 点所在的位置，将 2 点移动到 3 点，然后再将 3 点移动到 4 点的位置，建立两个参考平面，如图 4.49 所示。

（13）移动"M0921"族。先选择已经插入的门族，使用快捷键 MV，移动"M0921"，将 1 点移动到 2 点对齐，将 3 点和 4 点对齐，如图 4.50 所示。

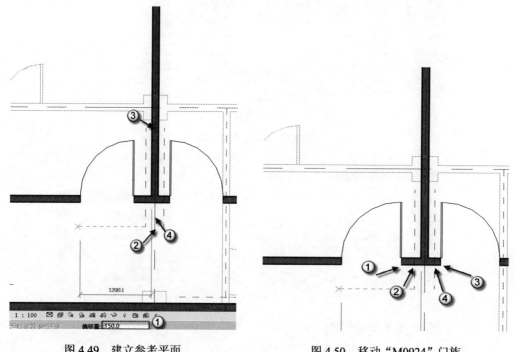

图 4.49　建立参考平面　　　　　　图 4.50　移动"M0924"门族

（14）其他门族的插入方法与"M0921"门族、"ZM1121"门族和"MLC1524"门族类似，在这里不再赘述。

4.2.2　插入窗

窗的尺度主要取决于房间的采光与通风、构造做法和建筑造型等要求，并符合现行的相应规范要求。各类窗的高度与宽度通常采用扩大模数 3M 作为洞口尺寸。

由于前面的章节已经根据设计的相应要求建立了窗族，本节中只用调用、载入相应的窗族文件，调整图形的位置即可。具体的操作如下。

（1）载入窗族。选择"插入"|"载入族"命令，打开"载入族"对话框。在其中找到对应的"窗族"文件位置，按 Ctrl+"+"键，选中所有的"窗族"，单击"打开"按钮，如图 4.51 所示。

（2）插入"C1817"窗族。选择"建筑"|"窗"命令（或者使用快捷键 WN），设置窗的属性参数如图 4.52 所示，在"项目浏览器"中选择"楼层平面"|"二层"，如图 4.53 所示。

（3）根据设计相关要求，窗到 1 轴线的距离有 750mm。创建参考平面，使用快捷键 RP，在"偏移量"中输入"750"，单击击图中 2 点所在的位置，将 2 点移动到 3 点，如图 4.54 所示。

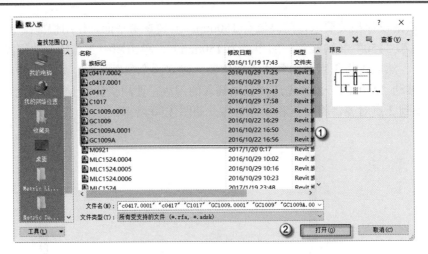

图 4.51　载入"窗"族

图 4.52　修改"C1817"属性

图 4.53　项目浏览器

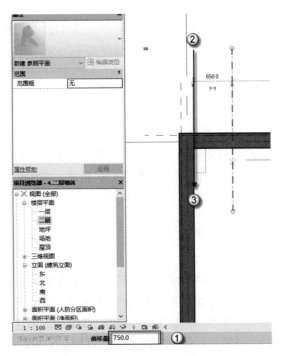

图 4.54　创建参考平面

（4）然后在相应的地方插入"C1817"窗族，如图 4.55 所示。移动"C1817"窗族，先选择已经插入的门族，使用快捷键 MV，移动"C1817"窗族，将 1 点移动到 2 点并对齐，如图 4.56 所示。

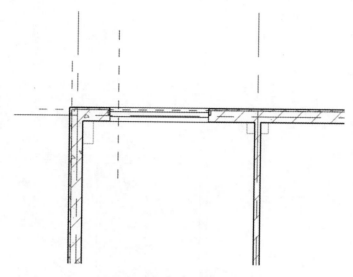

图 4.55　插入"C1817"门族

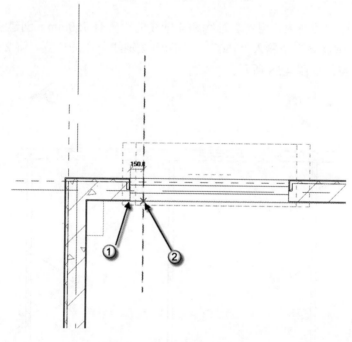

图 4.56　移动"C1817"门族

注意：一般情况下，插入的"窗族"很难与所画的参考平面一一对应，此时需要通过快捷键 MV 来移动窗族，使其达到精确的位置。

（5）插入其他"C1817"窗族时，可以按照上述步骤插入，也可以按两次 Esc 键退出门的绘制，然后进行复制插入，选中刚才插入的窗族，使用快捷键 CO，将"多个"选项选上（按图纸中同类型的门个数情况选择），不勾选"约束"选项（若同类型门在一个水平线上则可以不用取消"约束"选项）。选择 1 点为复制基点，连续复制两个，使其与相关设计要求相同，如图 4.57 所示。

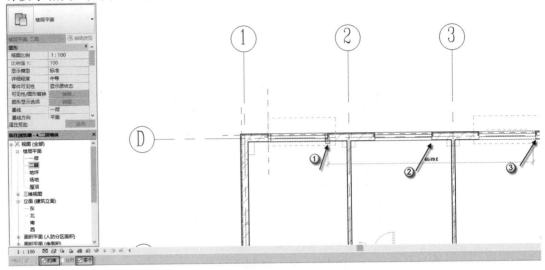

图 4.57 复制"C1817"窗族

（6）根据设计相关要求，窗到 2 轴线和 4 轴线的距离有 750mm。创建参考平面，使用快捷键 RP，在"偏移量"中输入"750"单击图中 2 轴线所在的位置，将 2 点移动到 3 点，将 4 点移动到 5 点，如图 4.58 所示。

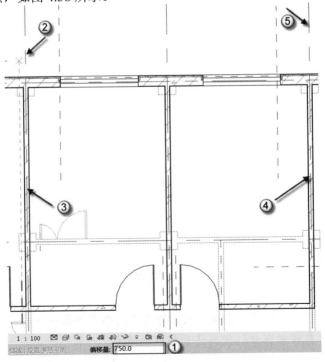

图 4.58 创建参考平面

（7）移动其他"C1817"窗族。先选择已经插入的门族，使用快捷键 MV，移动"C1817"，将 1 点移动到 2 点并对齐，将 3 点移动到 4 点并对齐，如图 4.59 所示。

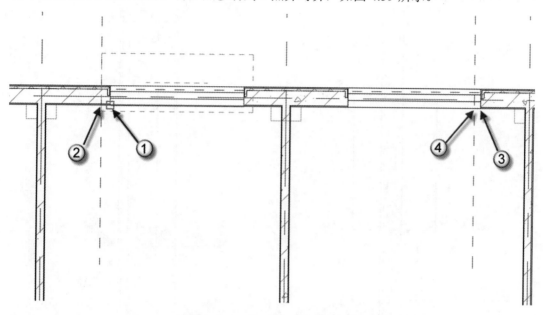

图 4.59 移动其他"C1817"窗族

（8）插入"GC1009"窗族。选择"建筑"｜"窗"命令（或者使用快捷键 WN），在"项目浏览器"中选择"楼层平面"｜"一层"，如图 4.60 所示。

（9）根据设计相关要求，窗到柱子的距离为 350mm。创建参考平面，使用快捷键 RP，在"偏移量"中输入"350"，单击图中 2 点所在的位置，将 2 点移动到 3 点，如图 4.61 所示。

图 4.60 项目浏览器

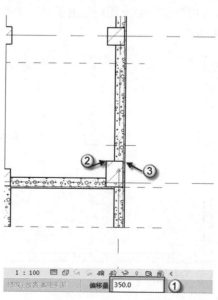

图 4.61 创建参考平面

（10）然后在相应的地方插入"GC1009"窗族，如图 4.62 所示。移动"GC1009"窗族，先选择已经插入的门族，使用快捷键 MV，移动"C1817"窗族，将 1 点移动到 2 点并对齐，如图 4.63 所示。

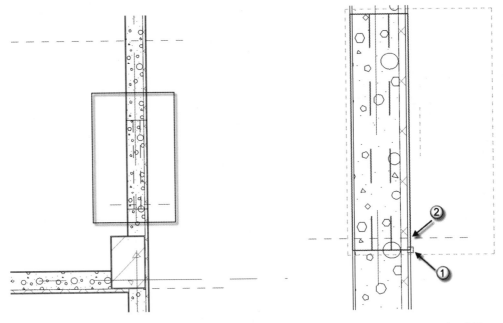

图 4.62 插入"GC1009"   图 4.63 移动"GC1009"窗族

（11）插入其他"C1817"窗族，可以按照上述步骤直接插入，也可以按两次 Esc 键退出门的绘制。然后进行复制插入，选中刚才插入的窗族，使用快捷键 CO，将"多个"选项选上（按图纸中同类型的门个数情况选择，"GC1009"可以不用选），取消"约束"选项（若同类型门在一个水平线上则可以不用取消该选项）。选择 1 点为复制基点，复制到 2 处，使其与相关设计要求相同。由于另一个"GC1009"就在柱子旁，则不用创建参考平面，如图 4.64 所示。

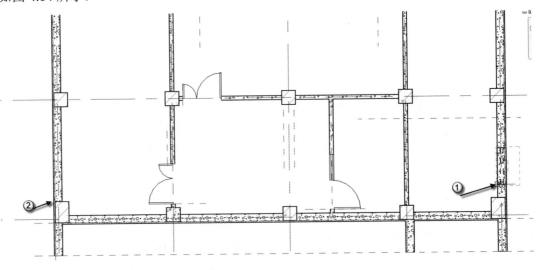

图 4.64 复制"GC1009"窗族

（12）"C0417"窗族。选择"建筑"|"窗"命令（或者使用快捷键 WN），在"项目浏览器"中选择"楼层平面"|"二层"。然后在相应的地方插入"C0417"族，如图 4.65 所示（因为"C0417"紧靠 4 轴与 5 轴的外墙，因此不必要创建参考平面）。

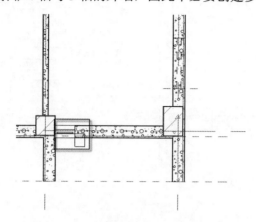

图 4.65　插入"C0417"窗族

（13）由于所有的"C0417"在此外墙上且全部紧密排列，因此不用复制可以直接按上述步骤将一排窗族横拉过去，如图 4.66 所示。

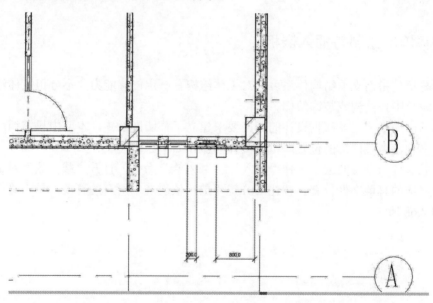

图 4.66　插入所有"C0417"窗族

注意：混凝土装饰物宽度为 200mm，紧临混凝土装饰物。由于在制作"C0417"窗族，
混凝土装饰物和"C0417"窗之间取消了关联。在第 4 个"C0417"窗族中需要
删除混凝土装饰物，第（14）步中会具体说明。

（14）建造族时，关于"C0417"的窗族参数已经全部建好，这里不再叙述。选择第 4
个"C0417"窗族，在"属性"面板中取消"其他"标签中的"是否显示装饰物"选项，
则第 4 个混凝土装饰物就不会出现，如图 4.67 所示。

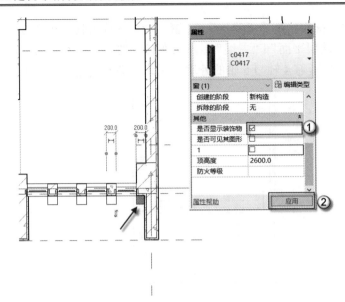

图 4.67　取消混凝土装饰物

（15）其他族的插入方法与"C0417"窗族、"GC1009"族和"C1817"窗族类似，这里不再全部叙述。

4.2.3　幕墙的绘制与插入嵌板

玻璃幕墙是指由支承结构体系可相对主体结构有一定位移能力、不分担主体结构所受作用的建筑外围护结构或装饰结构。

由于前面的章节已经根据设计的相应要求建立了幕墙嵌板族，本节中只需调用、载入相应的族文件，调整图形的位置即可。具体的操作如下。

（1）载入玻璃幕墙的族。选择"插入"|"载入族"命令，打开"载入族"对话框。在其中找到对应的幕墙文件位置，按住 Ctrl 键不放，依次选中所有的幕墙，单击"打开"按钮，如图 4.68 所示。

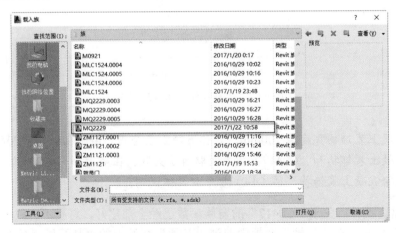

图 4.68　插入幕墙族

（2）设定"MQ2229"族类型。选择"建筑"|"墙"|"幕墙"命令，单击"编辑类型"按钮，弹出"类型属性"对话框，单击"复制"按钮，将幕墙名称改为"MQ2229"，最后单击"确定"按钮，如图 4.69 所示。

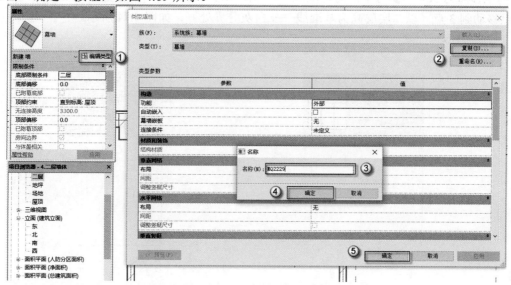

图 4.69　复制"MQ2229"族

（3）"MQ2229"的绘制。选择"建筑"|"墙"|"MQ2244"命令，也可以直接使用快捷键 WA，再选择"MQ2229"，设置"MQ2229"的绘制参数，将"底部限制条件"改为"二层"，"底部偏移"为-1800（单位 mm），"顶部约束"为"直到标高：二层"，"顶部偏移"为 1100，单击"应用"按钮，如图 4.70 所示。

（4）在之前建墙时为了简便，没有预留幕墙的洞口，此时需要重新挖出幕墙的洞口。在"项目浏览器"中选择"立面（建筑立面）"|"北"外墙立面，创建参考平面，使用快捷键 RP，在"偏移量"中输入 1800，以标高 0.00 为基准（底边第二条线段），将 2 点移动到 3 点，如图 4.71 所示。

图 4.70　设置"MQ2229"具体参数

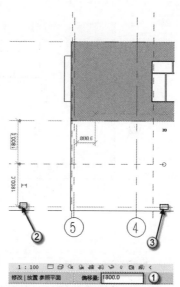

图 4.71　创建偏移量 1800 参考平面

（5）第一个参考平面完成后，将"偏移量"更改为 300，将 2 点移动到 3 点（以 5 轴为基准线），如图 4.72 所示。同理，将"偏移量"更改为 2200，将 2 点移动到 3 点（以创建的偏移量为 300 的参考平面为基准线），如图 4.73 所示。将"偏移量"更改为 1100，将 2 点移动到 3 点（以二层层高为基准线——白灰分界处），如图 4.74 所示。

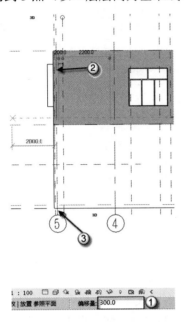

图 4.72　创建偏移量 300 的参考平面

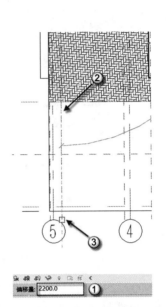

图 4.73　创建偏移量 2200 的参考平面

（6）在"北立面"中双击"一层外墙"，进入一层外墙的"√｜×"选项板，选择"直线"工具，沿着参考平面画直线，然后选择拆分图元工具，或者使用快捷键 SL，在 2 点处进行拆分，如图 4.75 所示。

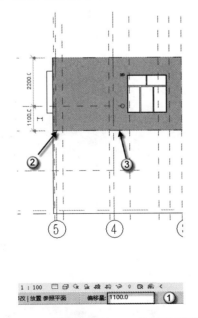

图 4.74　创建偏移量 1100 的参照平面

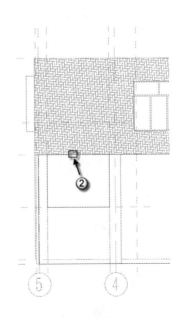

图 4.75　拆分图元

（7）选择"修剪/延伸为角 "工具，或者使用快捷键 TR。然后单击 2 点处所示的直线，再单击 3 点处所示的直线。同理，单击 4 点处所示的直线，再单击 5 点处所示的直线，则被拆分的直线将会被修剪。单击"√"按钮退出"√｜×"选项板，如图 4.76 所示。

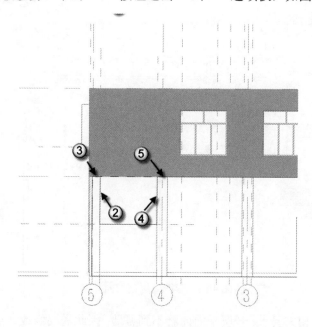

图 4.76　修剪直线

（8）按照第（6）步和第（7）步的绘制方法，修改二层平面上幕墙范围内的区域，完成后如图 4.77 所示。

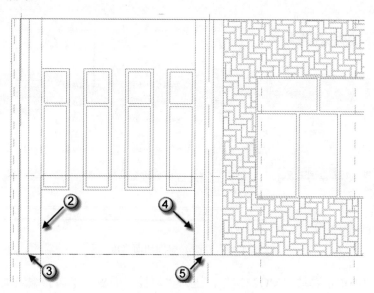

图 4.77　二层幕墙修剪区域

（9）打开"项目浏览器"，选择"楼层平面"｜"二层"，在二层视图中插入幕墙"MQ2229"。由于二层默认的剖切面高度为 0，低于幕墙底面，无法看到幕墙，因此在"属性"面板中，单击"视图范围"后的"编辑"按钮，在弹出的"试图范围"对话框中，修改二层剖切面高度大于等于 1000mm。然后单击"确定"按钮，返回"属性"面板，单击"应用"按钮即可，如图 4.78 所示。

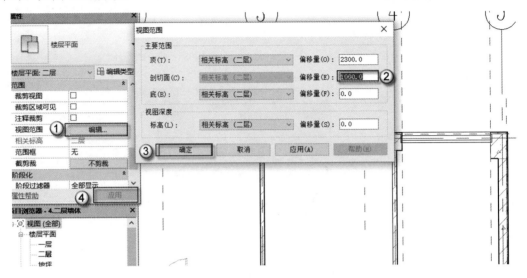

图 4.78　修改二层剖切面高度

（10）根据设计相关要求，一层平面内看不到幕墙，因此需要修改一层平面剖切面高度。打开"项目浏览器"，选择"楼层平面" | "一层"命令。在"属性"面板中单击"范围"标签下"视图范围"后的"编辑"按钮，弹出"视图范围"对话框，修改一层剖切面高度不高于 1800mm。然后单击"确定"按钮，返回"属性"面板，单击"应用"按钮即可，如图 4.79 所示。

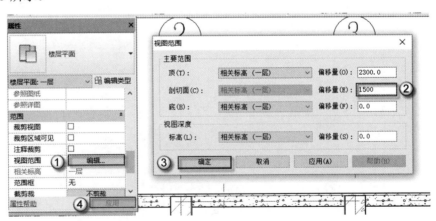

图 4.79　修改一层剖切面高度

（11）在图中单击幕墙"MQ2229"，进入"属性"面板，单击"编辑类型"按钮，弹出"类型属性"对话框。在"构造"标签下的"幕墙嵌板"栏中添加"幕墙嵌板"参数。完成后单击"确定"按钮退出编辑，如图 4.80 所示。最终的幕墙"MQ2229"效果图，如图 4.81 所示。

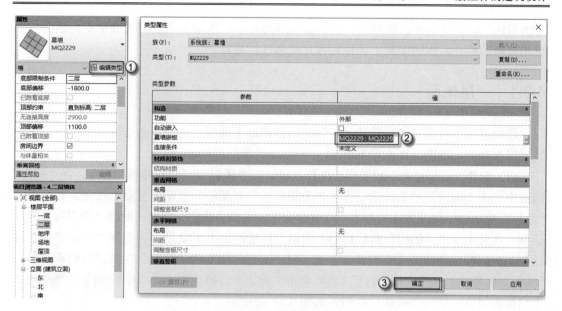

图 4.80　添加幕墙嵌板

图 4.81　幕墙效果图

4.3　楼 地 面

楼地面包括楼层地面和底层地面。楼层是分隔建筑上下空间的水平承重构件，把作用于其上面的各种荷载传递给墙、梁、柱等构件，同时对墙体起水平支撑作用，以减少风和地震作用产生的水平力对墙体的不利影响，加强建筑物整体的刚度。此外，楼层还具有一定的隔声、防火、防水、防潮、保温、防腐蚀等功能。地层是指建筑物底层室内地面与土壤相接触的构件，作用于其上各种荷载直接传递给地基。

4.3.1　一层地面

绘制混凝土地面有两种做法，一种是钢筋混凝土地面，另一种是素混凝土地面，本建筑采用素混凝土地面，操作如下。

（1）创建"一层楼面"族类型。选择"建筑"|"楼板"|"建筑楼板"命令，在"属性"面板中单击"编辑类型"按钮，弹出"类型属性"对话框，单击"复制"按钮，在弹出的"名称"对话框中将"名称"改为"一层地面"，单击"确定"按钮，返回"类型属性"对话框。在其中单击"结构"参数后的"编辑"按钮，如图 4.82 所示，弹出"编辑部件"对话框。然后按照墙体的族类型设定方法，对"一层地面"的"结构"参数进行编辑，单击"插入"按钮插入 5 个"结构[1]"，然后单击"向上"按钮，将 5 个"结构[1]"全部移动到上层核心边界，单击"确认"按钮，如图 4.83 所示。

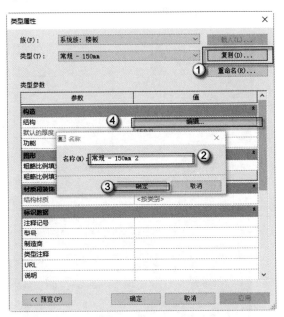

图 4.82　创建一层地面

（2）将核心层"结构[1]"的材质改为"混凝土，现场浇注 - C15"，"表面填充图案"和"截面填充图案"改为"混凝土-素砼"，厚度为 50mm。将第 5 个"结构[1]"改为"衬底[2]"，材质改为"聚乙烯丙纶复合防水卷层"，厚度为 2mm。同理，将第 4 个"结构[1]"改为衬底[2]，材质改为"水泥砂浆找平"，厚度为 15mm。第 3 个"结构[1]"改为"衬底[2]"，材质改为"聚合物水泥基防水涂料"，厚度为 5mm。第 2 个"结构[1]"改为"衬底[2]"，材质改为"1∶4 干硬性水泥砂浆"，厚度为 15mm。第 1 个的功能改为"面层 1 [4]"，材质改为"防水瓷砖"，厚度为 13mm。单击"确定"按钮，完成"一层地面"族类型的创建，如图 4.84 所示。

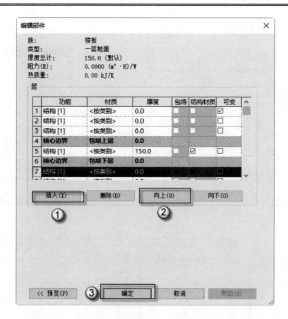

图 4.83 添加 5 个"结构[1]"

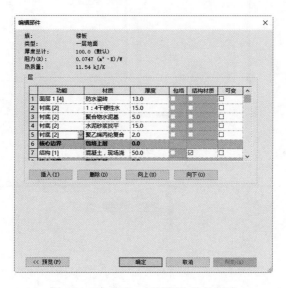

图 4.84 完成"一层地面"族的创建

（3）完成"一层地面"族的创建后，进入"√｜×"选项板，单击边界线，选择"直线"工具开始画图。

（4）在"属性"面板中选择"标高"为一层，"自标高的高度"为 0，如图 4.85 所示。在"项目浏览器"中选择"一层"，如图 4.86 所示。此时可通过两种方法进行绘图，第一种：捕获墙内部一个端点，按照箭头所指方向依次捕获其端点，直至围成一个闭合的环，如图 4.87 所示。

（5）第二种：单击边界线，选择"矩形"工具，捕捉"交点"或"垂足"，将其斜拉至另一端"交点"或"垂足"处，完成后单击"√"按钮，退出"√｜×"选项板，如图 4.88 所示。两种方法完成后的效果如图 4.89 所示。

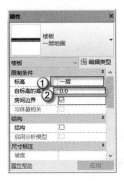

图 4.85 "属性"面板

图 4.86 项目浏览器

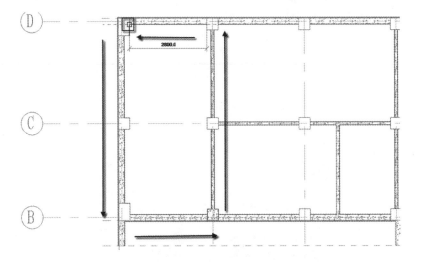

图 4.87 捕捉端点并用线段绘图

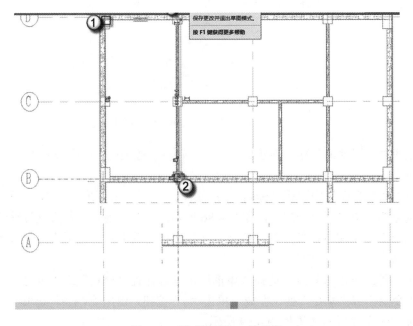

图 4.88 用"矩形"工具绘图

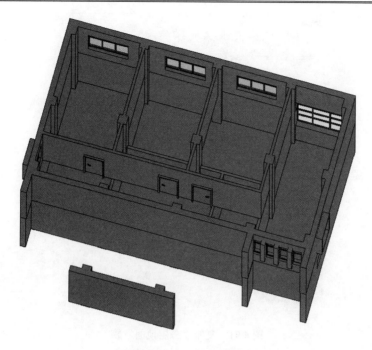

图 4.89　一层地面效果图

🔔**注意**：如果出现图 4.90 所示情况，则表明没有封闭环，如果知道问题出在哪里，可用"线段"重新补上。如果不确定问题所在，可单击"×"按钮重新开始绘图。如果还有错误，可用"矩形"工具绘图。

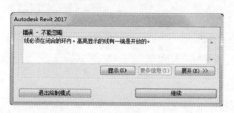

图 4.90　出现错误提示

4.3.2　二层楼面

楼面是在结构楼板的基础上，向上增加一层建筑构造层，起到保温、防水、防潮、隔音等功能。具体操作如下。

（1）在"项目浏览器"中选择"二层"，选择"建筑"|"楼板"|"建筑楼板"命令，在"属性"面板中单击"编辑类型"按钮，弹出"类型属性"对话框。在其中单击"复制"按钮，弹出"名称"对话框，将"名称"改为"二层楼面"，单击"确定"按钮，返回"类型属性"对话框。单击"编辑"按钮，弹出"编辑部件"对话框，如图 4.91 所示。然后按照"一层地面"的编辑方法，对"二层楼面"进行编辑。编辑完成后如图 4.92 所示，最后单击"确定"按钮。

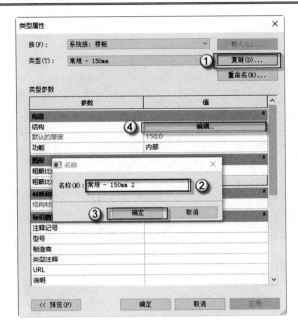

图 4.91　复制"一层地面"族

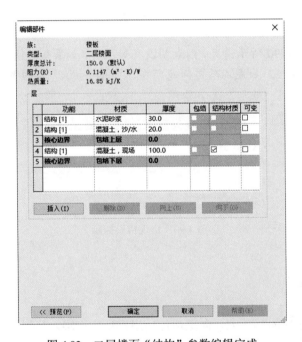

图 4.92　二层楼面"结构"参数编辑完成

（2）在"属性"面板中，将"标高"改为"二层"，"自标高的高度"改为 0，如图 4.93 所示。然后在"√｜×"选项板中选择边界线，单击"直线"或者"矩形"工具，捕捉二层柱上的端点，以顺时针方向完成封闭的环（逆时针方向也可以）。完成绘制后单击"√"按钮，退出"√｜×"选项板，如图 4.94 所示。将 3 个房间的地板均以此方法完成绘制，如图 4.95 所示。

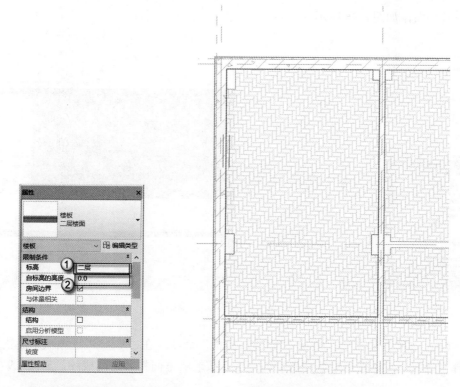

图 4.93　修改二层楼板的标高和自标高　　　　图 4.94　绘制"二层楼板"

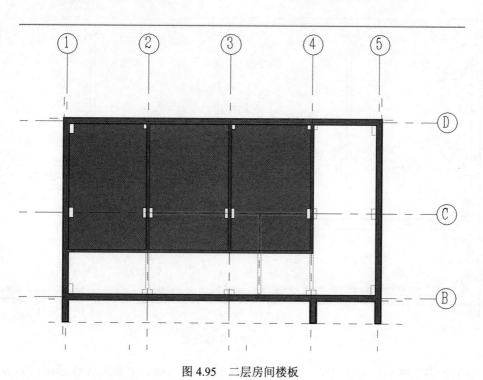

图 4.95　二层房间楼板

（3）从 CAD 图纸可知，二层楼梯楼板距离外墙 4100mm。使用快捷键 RP，创建参照平面，在"偏移量"中输入"4100"mm，捕捉外墙端点并按箭头所指方向移动，完成绘制参考平面，如图 4.96 所示。

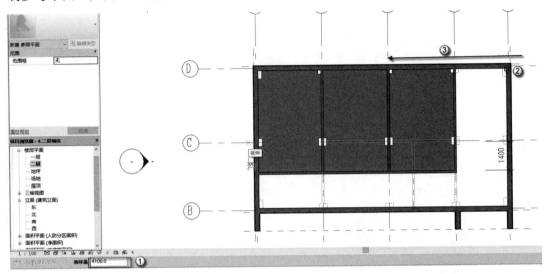

图 4.96 绘制参考平面

（4）选择"建筑"|"楼板"|"建筑楼板"命令，在"√|×"选项板中单击边界线，选择"直线"工具捕捉外墙和内墙的交点，按箭头方向将其封闭成环，如图 4.97 所示。

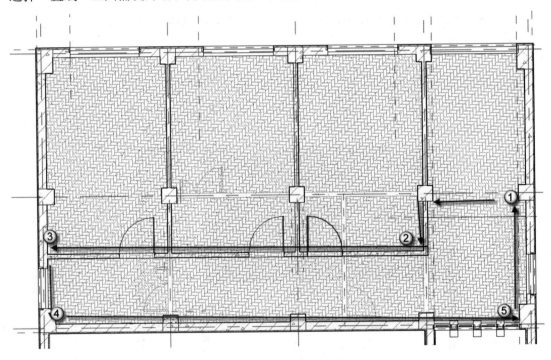

图 4.97 绘制走廊楼板

（5）绘制完成后，单击"√"按钮退出"√|×"选项板。若此时无法退出，则表明线段没有封闭，单击"×"按钮退出或者补充线段，如图 4.98 所示。"楼地面"整体效果图如图 4.99 所示。

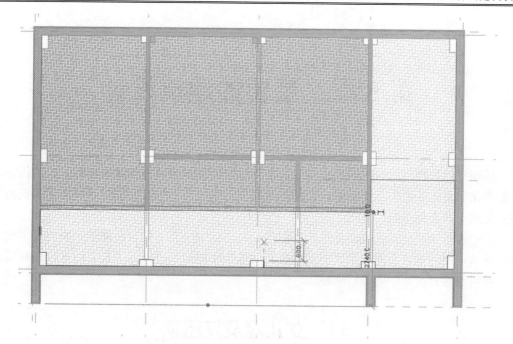

图 4.98 完成二层走廊楼面绘制

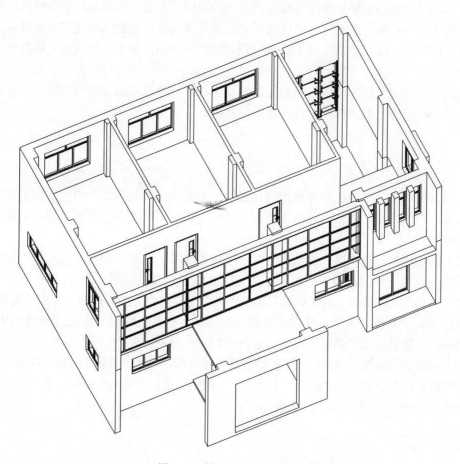

图 4.99 楼地面整体效果图

第 5 章　屋顶的建筑设计

屋顶是建筑物最上面的围护结构，其主要作用是抵御自然界的风霜雨雪、太阳辐射、气温变化和其他外界的不利影响，使屋顶覆盖下的空间有一个良好的使用环境。其核心功能是防水，其次是保温、隔热。

本例的屋顶是公共建筑中常见的平屋顶。考虑到安全性，屋顶边缘的一圈设置了女儿墙。排水采用的是内天沟的形式。屋面板的制作与楼地面不一样，不仅要防水，而且要排水，材料的选择也有一定的特殊性。

5.1　女儿墙及其压顶

女儿墙（又名孙女墙）是建筑物屋顶四周的矮墙，主要作用除维护安全外，也会在底部施作防水压砖收头，以避免防水层渗水或屋顶雨水漫流。依据国家建筑规范规定，上人屋面女儿墙高度一般不得低于 1.1m，最高不得大于 1.5m；不上人屋面女儿墙高度一般不得大于 0.9m。

上人屋顶的女儿墙的作用是保护人员的安全，并对建筑立面起装饰作用。不上人屋顶的女儿墙的作用除立面装饰作用外，还固定油毡。

5.1.1　女儿墙

在 Revit 中女儿墙的制作与围护墙体类似，也是采用"建筑墙"命令，但是在墙体材质的设置上有所区别。由于女儿墙不是围合墙体，因此不需要保温节能材料，只需要设定外墙砖即可。

（1）新建墙体。在"项目浏览器"中，选择"视图"|"屋顶顶层标高"进入屋顶平面视图，在当层图层中创建墙体，选择"建筑"|"墙"|"墙：建筑"命令。

（2）命名女儿墙墙体。在"属性"面板中，单击"编辑类型"按钮，弹出"类型属性"对话框，单击"复制"按钮，弹出"名称"对话框。在其中输入"公共卫生间-女儿墙-材质-200mm"，最后单击"确定"按钮，如图 5.1 所示。

（3）编辑女儿墙墙体参数。在"类型属性"对话框中单击"编辑"按钮，在弹出的"编辑部件"对话框中分别单击"插入"和"向上"按钮，选择"功能"参数下的"面层 1[4]"，在"厚度"中输入"10"，如图 5.2 所示。

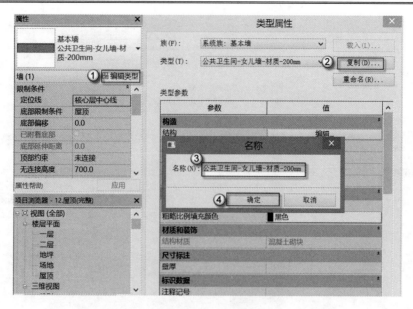

图 5.1　命名女儿墙墙体

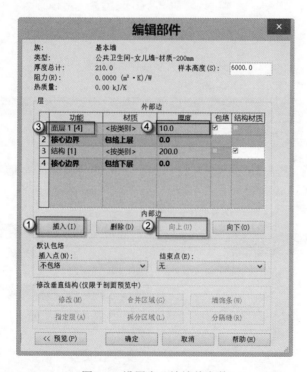

图 5.2　设置女儿墙墙体参数

（4）女儿墙墙体材质设置。在"编辑部件"对话框中，单击"材质"中的"按类别"按钮，弹出"材质浏览器"对话框，找到"混凝土砌块"材质，单击"确定"按钮，如图 5.3 所示。其他材质编辑方法相同。选择"面层 1[4]"，单击"按类别"按钮，在弹出的"材质浏览器"对话框中找到"陶瓷瓷砖"材质，再右击该材质，在弹出的快捷菜单中选择"复制"命令，并将其重命名为"面砖"，最后单击"确定"按钮，如图 5.4 所示。

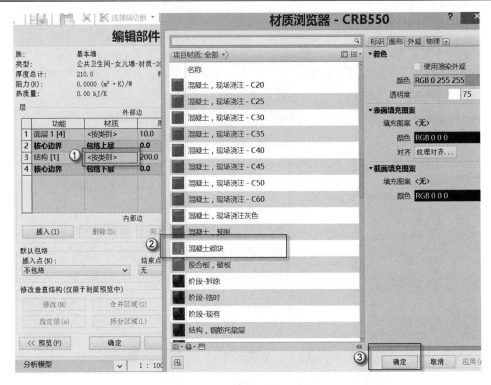

图 5.3　女儿墙墙体材质设置

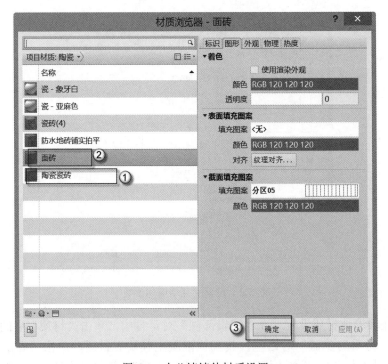

图 5.4　女儿墙墙体材质设置

（5）绘制女儿墙。沿着轴线使用快捷键 WA 绘制女儿墙墙体，使用快捷键 MV 稍微调整墙体位置，如图 5.5 所示。按 F4 键，切换至三维视图中观察调整位置。

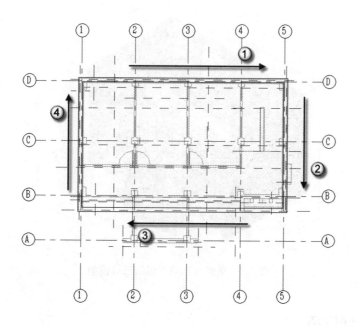

图 5.5　绘制女儿墙

（6）设置女儿墙墙体限制条件。选择墙体，在"属性"面板的"底部偏移"中输入"0"，"无连接高度"中输入"700"，然后单击"应用"按钮，如图 5.6 所示。女儿墙墙身绘制完成后，按 F4 键，观察女儿墙生成的三维模型，如图 5.7 所示。

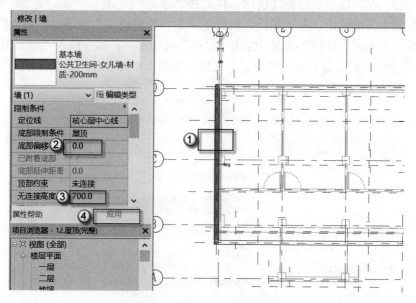

图 5.6　设置女儿墙墙体限制条件

注意：在进行女儿墙墙体限制条件设置的时候，特别是设置"底部偏移"时需要反复进行调整，然后按 F4 键，切换至三视图中进行观察，直到调整至合适的位置。

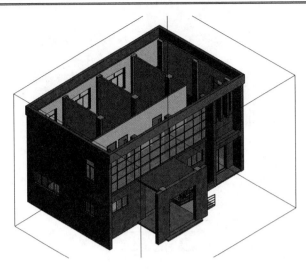

图 5.7　观察女儿墙生成的三维模型

5.1.2　女儿墙压顶

女儿墙压顶是指在女儿墙最顶部现浇混凝土（内配两条或多条通长细钢筋），用来压住女儿墙，使之连续性、整体性更好，可以抵抗来自水平方向的侧推力。

（1）新建女儿墙压顶。在"项目浏览器"中，选择"视图"|"屋顶顶层标高"进入屋顶顶层平面图，在当层图层中创建墙体，再选择"建筑"|"墙"|"墙：建筑"命令。

（2）命名女儿墙压顶。在"属性"面板中单击"编辑类型"按钮，打开"类型属性"对话框。在其中单击"复制"按钮，弹出"名称"对话框，在其中输入"公共卫生间-女儿墙压顶-材质-240mm"，最后单击"确定"按钮，如图 5.8 所示。

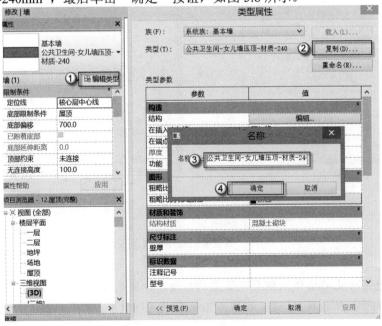

图 5.8　命名女儿墙压顶

（3）编辑女儿墙压顶参数。在"类型属性"对话框中单击"编辑"按钮，在弹出的"编辑部件"对话框中"结构[1]"的"厚度"栏中输入"240"，再分别单击"插入"和"向上"按钮，选择"面层 1[4]"，在"厚度"栏中输入"10"，其材质设置与女儿墙方法相同，如图 5.9 所示。

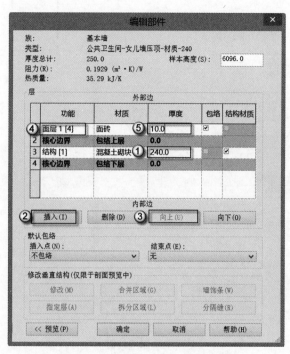

图 5.9　女儿墙墙体压顶参数设置

（4）绘制女儿墙压顶。沿着轴线绘制女儿墙压顶，使用快捷命令 MV 稍微调整女儿墙压顶的位置，然后按 F4 键，切换至三维视图中观察调整位置，如图 5.10 所示。

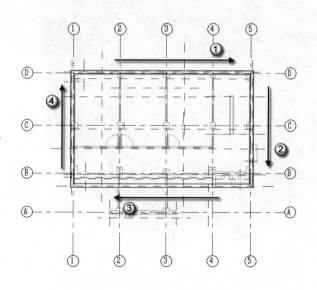

图 5.10　绘制女儿墙压顶

（5）设置女儿墙墙体限制条件。选择墙体，在"属性"面板中的"底部偏移"栏中输入"700"，在"无连接高度"栏中输入"100"个单位，然后单击"应用"按钮，如图 5.11 所示。女儿墙压顶绘制完成后，按 F4 键，切换至三维视图中观察女儿墙生成的三维模型，如图 5.12 所示。

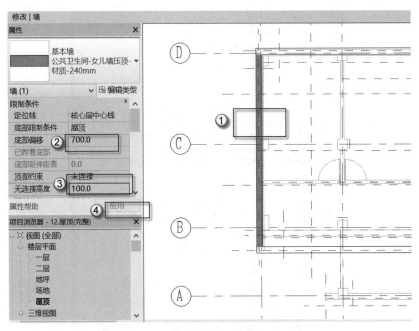

图 5.11　女儿墙墙体压顶限制条件设置

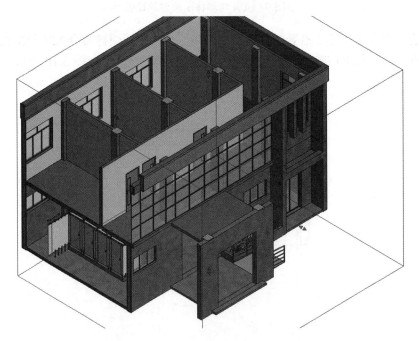

图 5.12　观察女儿墙压顶生成的三维模型

⌂注意：在进行女儿墙墙体压顶限制条件设置时，其中"底部偏移"是在女儿墙基础上绘制的，所以应该输入的参数是女儿墙的墙体高度 700。

5.2　屋　　面

本节主要介绍使用建筑板绘制屋面，包括内天沟与平屋面。二者都是在结构板面的基础上增加建筑构造材质而形成的，区别是防水材料、防水层的厚度与板面的标高不一样。另外，内天沟是双方向坡度，而平屋面是单方向坡度。

5.2.1　内天沟

天沟，指屋面排水的沟槽。天沟外排水系统由天沟、雨水斗、排水立管和排出管组成。天沟指建筑物屋面两跨间的下凹部分。天沟分内天沟和外天沟，内天沟是指在外墙以内的天沟，一般有女儿墙；外天沟是挑出外墙的天沟，一般没有女儿墙。

（1）新建内天沟。在"项目浏览器"中选择"视图"|"屋顶顶层标高"进入屋顶顶层平面图，在当层图层中创建楼面，选择"建筑"|"楼板"|"楼板：建筑"命令。

（2）命名内天沟。在"属性"面板中单击"编辑类型"按钮，弹出"类型属性"对话框。单击"复制"按钮，在弹出的"名称"对话框中输入"公共卫生间-内天沟"，如图 5.13 所示。

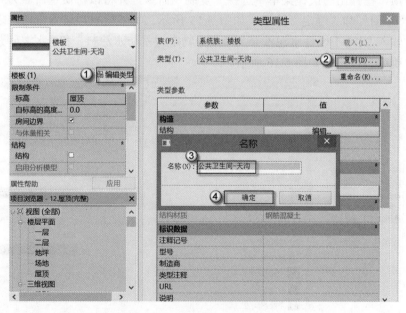

图 5.13　命名屋顶内天沟

（3）编辑内天沟。在"类型属性"对话框中单击"编辑"按钮，弹出"编辑部件"对话框。在"结构"的"厚度"栏中输入"100"，再分别单击"插入"和"向上"按钮，在"衬底[2]"对应的"厚度"栏中输入"20"。再重复上一次操作，建立第 2 层"衬底[2]"，在第 1 层 "面层 1[4]" 对应的 "厚度" 栏中输入 "10", 如图 5.14 所示。

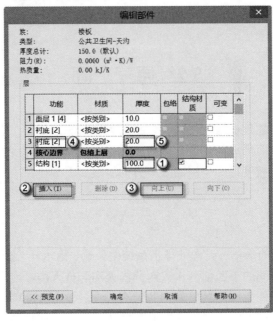

图 5.14 设置屋顶内天沟参数

（4）内天沟材质设置。在 "编辑部件" 对话框中, 单击 "结构[1]" 对应的 "材质" 栏中的 "按类别" 按钮, 进入 "材质浏览器" 对话框。在其中找到 "混凝土, 预制" 材质, 再右击该材质, 在弹出的快捷菜单中选择 "复制" 命令, 并将该材质重命名为 "钢筋混凝土", 单击 "应用" 和 "确定" 按钮, 如图 5.15 所示。其他层材质设置方法与之相同, 材质名称依次输入 "1:4 干硬性水泥沙浆"、"聚合物水泥基防水涂料" 和 "水泥砂浆结合层", 最后单击 "确定" 按钮, 如图 5.16 所示。

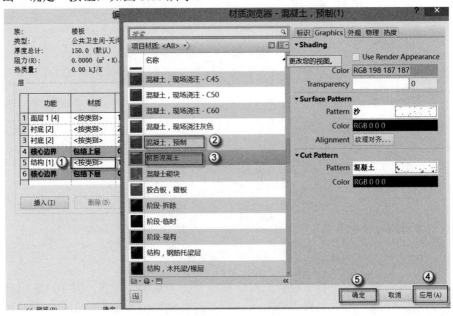

图 5.15 内天沟材质设置

注意：在进行材质编辑的时候，若出现材质库中没有相应的材质名称，则需要重新指定命名，其步骤是首先找到相近的材质，再右击该材质，在弹出的快捷菜单中选择"复制"命令，并重新命名为自己需要的材质，最后单击"确定"按钮。

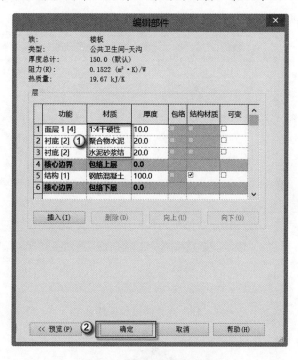

图 5.16　内天沟材质设置

（5）绘制屋顶内天沟。在"√|×"选项板中，选择"矩形"工具，绘制出如图 5.17 所示的矩形。完成绘制后，单击"√"按钮。然后按 F4 键，切换到三维视图中观察并调整位置。

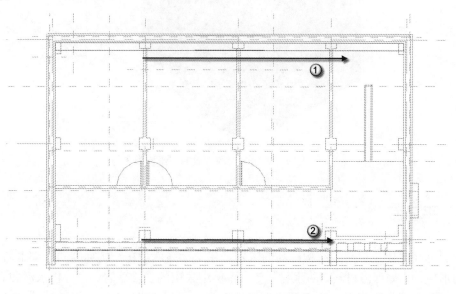

图 5.17　内天沟的绘制

（6）内天沟限制条件设置。使用快捷键 MV 略微调整内天沟位置，选择内天沟，在"属性"面板中"自标高的高度…"栏中输入"0"，然后单击"应用"按钮，如图 5.18 所示。之后可按 F4 键，进入三维视图中观察内天沟生成的三维模型，如图 5.19 所示。

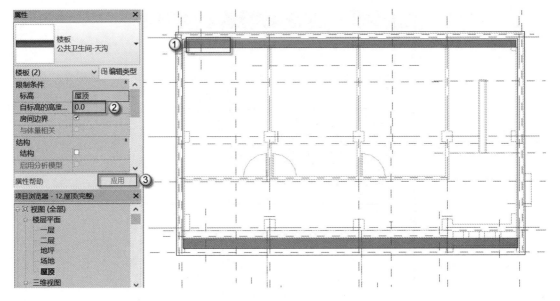

图 5.18　内天沟限制条件设置

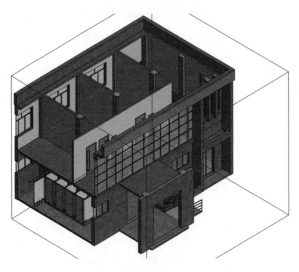

图 5.19　观察内天沟生成的三维模型

5.2.2　平屋面

屋面标高有建筑标高与结构标高的区别。建筑标高就是在结构标高的基础上增加建筑材质而形成的，如保温材料、防水材料等。本例中采用的是珍珠岩、聚合物水泥和卷材等。

（1）新建平屋顶楼面。在"项目浏览器"中，选择"视图"|"屋顶顶层标高"，在当层图层中创建屋顶楼面，选择"建筑"|"楼板"|"楼板：建筑"命令。

（2）命名平屋顶屋面。在"属性"面板中单击"编辑类型"按钮，在弹出的"类型属性"对话框中单击"复制"按钮，弹出"名称"对话框。在其中输入"公共卫生间-屋面"，如图 5.20 所示。

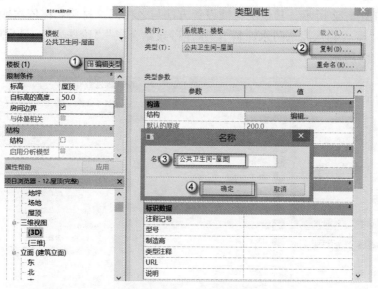

图 5.20　命名平屋顶楼面

（3）编辑平屋顶楼板参数。在"类型属性"面板中单击"编辑"按钮，弹出"编辑部件"对话框。在"结构[1]"对应的"厚度"栏中输入"100"，再单击"插入"和"向上"按钮，在"衬底"对应的"厚度"栏中输入"50"。再重复上一次操作两次，建立第 2、3 层"衬底[2]"相应的"厚度"栏中皆输入"20"，在第 1 层"面层 1[4]"对应的"厚度"栏中输入"10"，如图 5.21 所示。

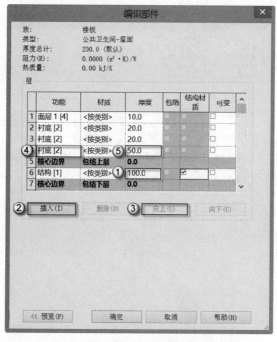

图 5.21　设置平屋面楼板参数

（4）平屋顶材质设置。继续在"编辑部件"对话框中，单击"结构"栏后的"按类别"按钮，弹出"材质浏览器"对话框。右击"混凝土，现场浇筑-C15"选项，在弹出的快捷菜单中选择"复制"命令，并将其重命名为"钢筋混凝土"，然后分别单击"应用"和"确定"按钮，如图 5.22 所示。其他层材质设置方法与之相同，材质名称依次输入"1:4 干硬性水泥沙浆""聚合物水泥基防水涂料""水泥砂浆结合层""珍珠岩"，最后单击"确定"按钮，如图 5.23 所示。

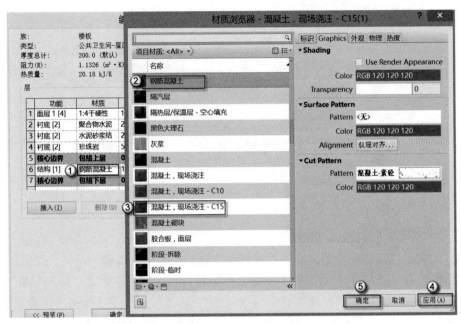

图 5.22　平屋顶材质设置

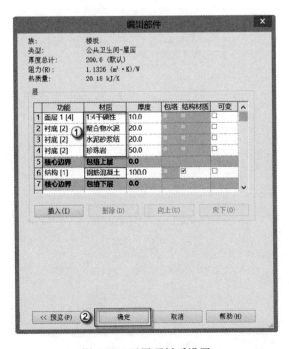

图 5.23　平屋顶材质设置

⌂注意：在未找到想要的材质名称时，则需要重新指定命名，其步骤为首先找到相近的材质，再右击该材质，在弹出的快捷菜单中选择"复制"命令，并重新命名为自己需要的材质，最后单击"确定"按钮。

（5）绘制平屋顶。确定启动楼板绘制后，在"√|×"选项板中，选择"矩形"工具，绘制出如图 5.24 所示的矩形。完成绘制后，单击"√"按钮确定。

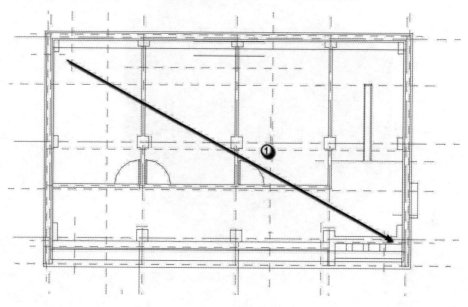

图 5.24　屋顶的绘制

（6）平屋顶楼面限制条件设置。使用快捷键 MV 稍微调整屋顶位置，单击屋顶楼板，在"属性"面板的"自标高的高度…"栏中输入"50"，然后单击"应用"按钮，如图 5.25 所示。最后，观察平屋顶的三维模型，如图 5.26 所示。

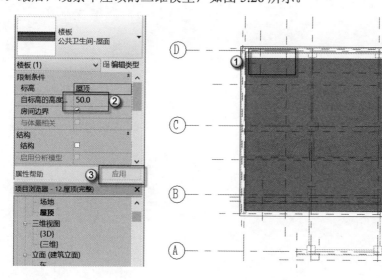

图 5.25　平屋顶限制条件设置

注意：在完成屋顶绘制后，如需再调整，其调整步骤为首先切换到屋顶顶层标高图层，
再双击屋顶进入"√|×"选项板，然后启用 MV 快捷键进行调整，调整完成后，
单击"√"按钮，最后按 F4 键，切换至三维视图中进行观察。

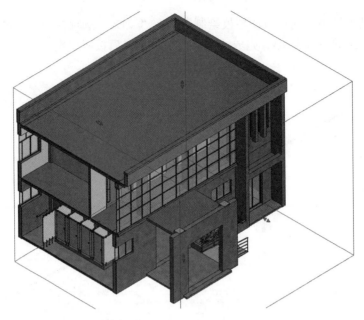

图 5.26　观察平屋顶的三维模型

第6章 楼梯与坡道的建筑设计

楼梯是多、高层建筑中垂直向交流和人流疏散的主要交通设施。楼梯是由连续行走的梯级台阶、休息平台和维护安全的栏杆或栏板扶手及相应的支撑构件组成的。楼梯的设计应满足坚固、耐久、安全及防火等要求。

坡道设计有两种：一种是考虑到残疾人和老年人所修建的无障碍坡道；另一种是考虑到货物搬运和车辆通行所设计的坡道。

6.1 楼　　梯

楼梯由梯段、休息平台和栏杆扶手3大部分组成。本例中采用一部最常见的双跑等跑楼梯，连通公共卫生间的一层和二层。

6.1.1 绘制楼梯

Revit 中的楼梯是参数化的，设计相应的参数之后，楼梯自动生成，然后根据具体的情况略做调整即可。具体操作如下。

（1）进入首层平面。进入"项目浏览器"，选择"视图（全部）"|"楼层平面"|"一层"，进入"一层"平面视图，在图 6.1 中的矩形框内绘制楼梯。

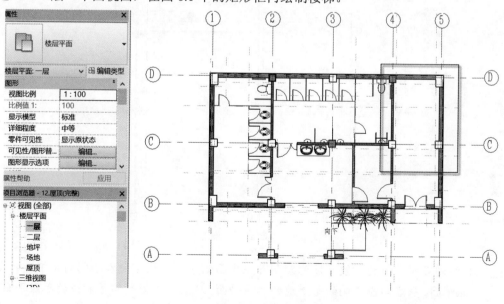

图 6.1　首层平面

（2）楼梯数据的获取。对照附录 B 中的图，找到楼梯大样图，获取需要的数据并对其中主要的数据进行整理、提取。

（3）绘制第一个参照平面。在首层平面图中找到绘制楼梯的位置，并放大绘图区域，然后使用快捷键 RP，在"偏移量"中输入"600"，按 Enter 键确定。沿着 C 轴从右向左绘制 C 轴线下边的参照平面，如图 6.2 所示。再沿着绘制好的线，使用 RP 快捷命令，在"偏移量"中输入"2600"，按 Enter 键确定，从左向右绘制 C 轴线上边的参照平面，如图 6.3 所示。

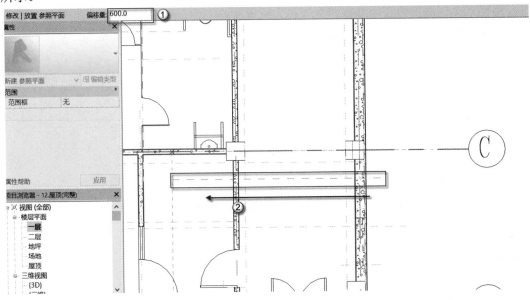

图 6.2　绘制参照平面 1

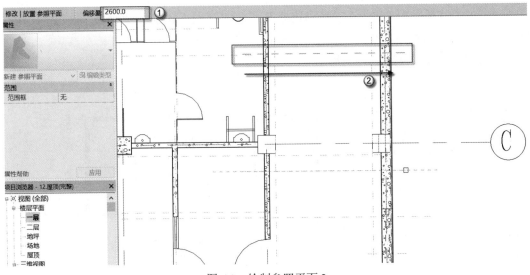

图 6.3　绘制参照平面 2

注意：在绘制参照平面的时候，注意绘制参照平面的方向，从左向右绘制的是下边的参照平面，从右向左绘制的是上边的参照平面，从上向下绘制的是右边的参照平面，从下向上绘制的是左边参照平面。

（4）构建楼梯。选择"建筑"|"楼梯"|"楼梯（按构件）"命令，在激活的"修改/创建楼梯"选项栏中单击"直梯"按钮，然后进入楼梯的绘制模式。

（5）新建组合楼梯类型。在"属性"面板中单击"编辑类型"按钮，在弹出的"类型属性"对话框中，单击"复制"按钮，弹出"名称"对话框，输入"卫生间楼梯"名称，最后单击"确定"按钮，即完成新建组合楼梯类型，如图 6.4 所示。最后在"类型属性"对话框中，将"左侧支撑"和"右侧支撑"皆设置为"无"，单击"确定"按钮退出"类型属性"对话框，如图 6.5 所示。

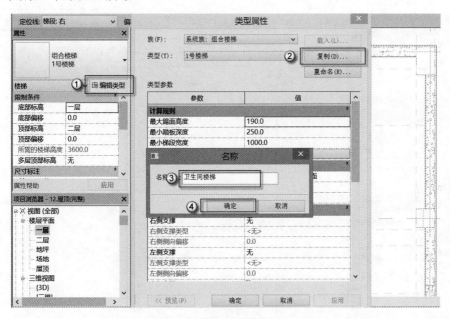

图 6.4　新建组合楼梯类型 1

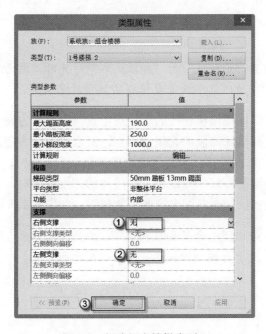

图 6.5　新建组合楼梯类型 2

（6）设置楼梯尺寸及位置。观察附录 B 中楼梯大样图可知该楼梯尺寸。在"属性"面板中，设置"底部标高"为"一层"平面、"底部偏移"为 0、"顶部标高"为"二层"平面、"顶部偏移"为 0，确定楼梯的起始和终止高度。通过设置"所需踢面数"为 22 个，可以调整"实际踢面高度"为 163.6mm（实际踢面高度为程序自动计算，不需要另为设置），同时调整实际踏板深度为 260mm。在选项栏中设置"定位线"为"梯段：右"对齐，"偏移量"为 0，"实际梯段宽度"为 1170，并且勾选"自动平台"选项，画好的两跑楼梯之间会自动生成楼梯的休息平台，如图 6.6 所示。

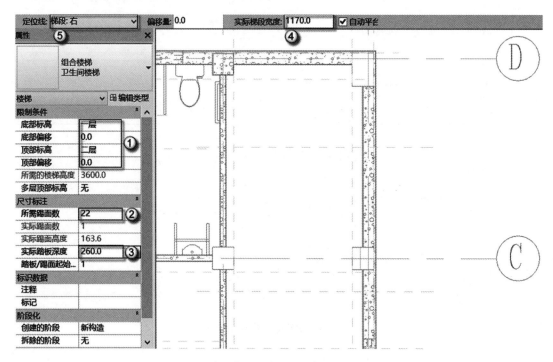

图 6.6　设置楼梯尺寸

注意：在选项栏中设置"定位线"为"梯段：右"对齐时，因为本例中楼梯梯段是从右边开始绘制的，所以这个设置要根据实际情况来决定。

（7）绘制楼梯梯段。捕捉楼梯梯段的起始点 1 点，沿水平方向参照线向右绘制至梯段的终点 2 点处，再捕捉到楼梯梯段的起始点 3 点，沿水平方向参照线向左绘制至梯段的终点 4 点，如图 6.7 所示。每跑楼梯之间会自动生成休息平台。在"√|×"选项板中单击"√"按钮，完成楼梯的初步绘制。按 F4 键，查看楼梯的三维视图时，发现两个问题：休息平台与柱、墙未连接完整；楼梯有一圈多余的外侧扶手，如图 6.8 所示。

注意：生成楼梯后，会出现一个警告性提示框，如图 6.9 所示。Revit 有两种类型提示，分别是警告性提示与错误性提示。警告性提示很常见，对操作没有任何影响，可以忽略。

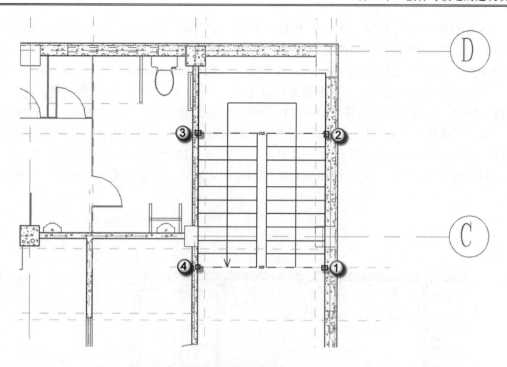

图 6.7　绘制楼梯梯段

图 6.8　检查楼梯的问题

（8）删除楼梯的外侧扶手。在楼梯开间不大时，只需要内侧扶手，因此选择平面图 6.10 中的楼梯外侧扶手，然后按 Delete 键将其删除。

图 6.9　警告性提示框

（9）编辑楼梯休息平台。双击楼梯休息平台边线，拖动 1 点至合理的位置，如图 6.11 所示。然后选择工具栏中的"工具"|"转换"命令，双击楼梯休息平台边线，开始绘制休息平台边线，柱子内部的相交线通过线条的"拖拽线端点"（即①处箭头）移动到合理的位置，如图 6.12 所示。最后单击两次"√|×"选项板中的"√"按钮，完成楼梯休息平台的编辑。最后，观察楼梯三维模型，如图 6.13 所示。

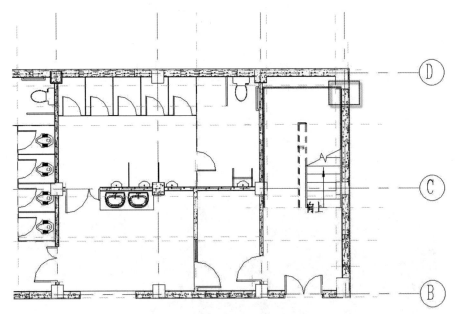

图 6.10　去掉楼梯外扶手

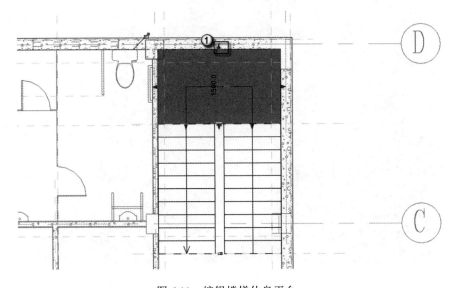

图 6.11　编辑楼梯休息平台

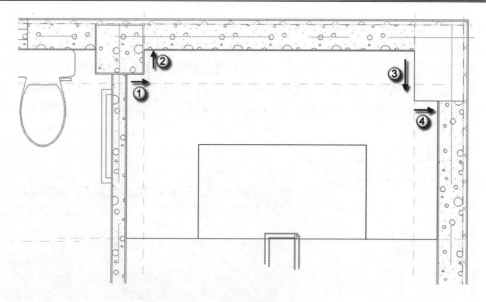

图 6.12　编辑楼梯休息平台

图 6.13　楼梯三维模型

🔔注意：在进行休息平台编辑时，进入到了"转换为基于草图" 这一步，并且这一步完
　　　成后要单击两次"√|×"选项板中的"√"按钮，第一次单击是退出草图模式，
　　　第二次单击是退出编辑模式。

6.1.2　调整楼梯

　　楼梯的三维模型已经完成，但是平面部分与建筑施工图的要求不符合，因此需要调整。
本节将介绍调整一层、二层楼梯平面图的方法，以达到出图的相关规范。

（1）调整超过平面剖切面高度不可见部分的图形可见性。进入一层平面图，可以看到楼梯的梯段有一部分是虚线显示，实际在出图时这些虚线是不显示的，如图 6.14 所示。使用快捷键 VV，在弹出的"楼层平面：一层的可见性/图形替换"对话框中，进入"模型类别"选项卡，在"楼梯"类别中，取消所有以"<高于>"开头的选项，单击"确定"按钮，如图 6.15 所示。完成操作后可以看到，楼梯梯段的平面图已经正确显示了，如图 6.16 所示。

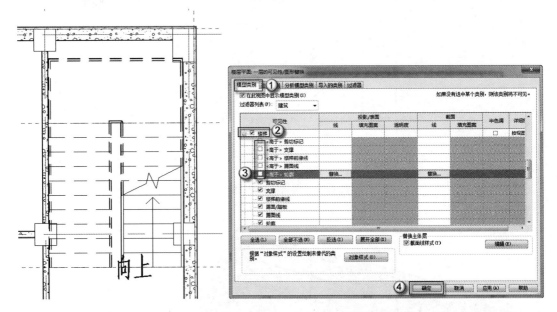

图 6.14　虚线显示的梯段　　　　　　图 6.15　调整楼梯可见性

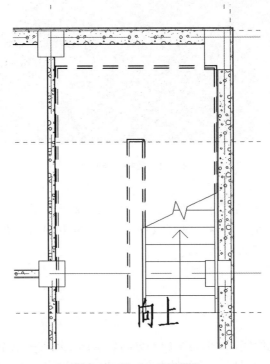

图 6.16　显示正确的梯段

（2）调整楼梯走向箭头形式。选择楼梯走向箭头，在"属性"面板中单击"编辑类型"按钮，如图 6.17 所示。在弹出的"类型属性"对话框中，调整"箭头类型"为"实心箭头 30 度"，调整"文字类型"为"仿宋_3.5mm"，单击"确定"按钮，如图 6.18 所示。

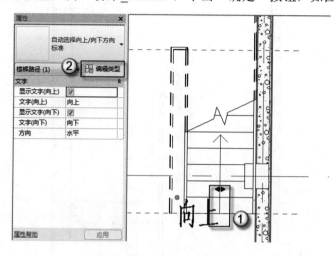

图 6.17　选择箭头

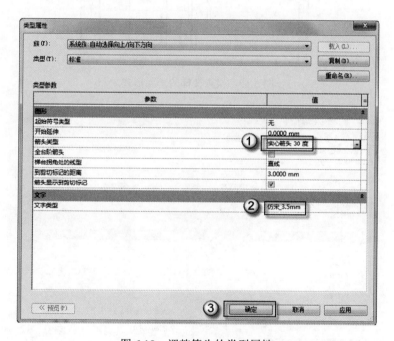

图 6.18　调整箭头的类型属性

完成操作后可以看到，楼梯走向箭头已经符合建筑施工图出图的要求了。但是楼梯内侧栏杆不可见部分还是以虚线显示，如图 6.19 所示。

（3）调整楼梯栏杆的可见性。使用快捷键 VV，在弹出的"楼层平面：一层的可见性/图形替换"对话框中，进入"模型类别"选项卡，在"栏杆扶手"类别中，取消所有以"<高于>"开头的选项，单击"确定"按钮，如图 6.20 所示。

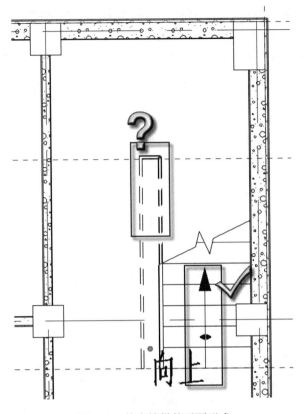

图 6.19　检查楼梯的平面形式

图 6.20　栏杆扶手可见性调整

完成楼梯调整的操作后，可以看到，楼梯一层平面图、二层平面图均已符合建筑施工图绘制的规范要求，如图 6.21 和图 6.22 所示。

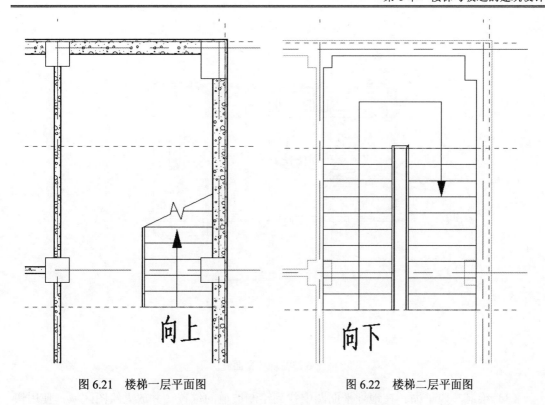

图 6.21　楼梯一层平面图　　　　　　图 6.22　楼梯二层平面图

💭**注意**：Revit 是美国 Autodesk 公司的产品，因此其默认情况下，一些建筑构建的表示均是国外标准，因此要参看中国的制作规范进行相应调整，这样才能最终完成建筑施工图。

6.2　坡　　道

此处坡道为无障碍设计坡道。无障碍设计是指为残疾人或老年人等行动不便者，创造正常生活和参加社会活动的便利条件，消除人为环境中不利于行动不便者的各种障碍。坡道的设计应采用抗冻性好的材料，面层的耐磨性要好。

6.2.1　绘制坡道

Revit 在绘制坡道时，不仅要设置相应的参数，还要用线绘制出坡道的范围，然后自动生成，并在生成坡道的同时生成栏杆。具体操作如下。

（1）进入地坪平面。进入"项目浏览器"，选择"视图（全部）"|"楼层平面"|"地坪"，进入"地坪"层平面视图。在图中矩形框内绘制坡道，如图 6.23 所示。

（2）卫生间外坡道数据的获取。根据相应规范要求，设置数据并对其中主要的数据进行整理、提取，即为坡道的长度和宽度。

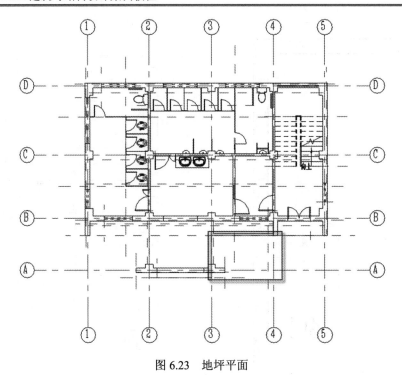

图 6.23　地坪平面

（3）绘制参照平面。在地坪平面图中找到绘制坡道的位置，并放大绘图区域，使用快捷键 RP，在"偏移量"处输入"1900"，按 Enter 键确定，沿着 3 轴从上向下绘制一根参照平面，如图 6.24 所示。

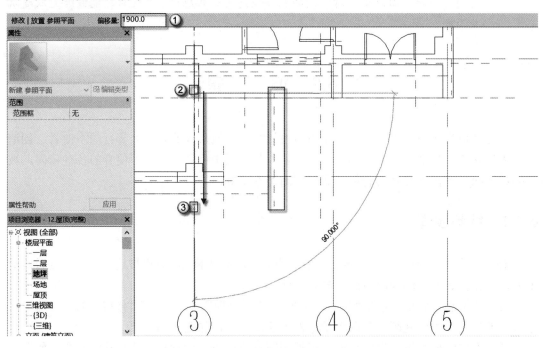

图 6.24　绘制参照平面

（4）绘制坡道。单击"建筑"|"坡道"按钮，在激活的"修改/创建坡道草图"选项栏

中单击"坡道"按钮，进入坡道的绘制模式。

（5）设置坡道参数。观察附录 B 中的一层平面图可知该坡道尺寸。在"属性"面板的"尺寸标注"标签下的"宽度"栏中输入"1500"，单击"应用"按钮，完成坡道参数设置，如图 6.25 所示。"属性"面板中的其他参数不变。

（6）坡道绘制。捕捉坡道的起始点 1 点，即绘制的参照平面。沿坡道从右向左的方向绘制至梯段的终点 2 点处，如图 6.26 所示。完成坡道绘制后会自动生成栏杆。在"√|×"选项板中单击"√"按钮，完成坡道的初步绘制。按 F4 键，查看坡道的三维形式，发现坡道绘制有两个问题：坡道与周围区域未连接完整；栏杆有一部分是嵌入在柱子以及周围的其他部位，如图 6.27 所示。

图 6.25　设置坡道参数

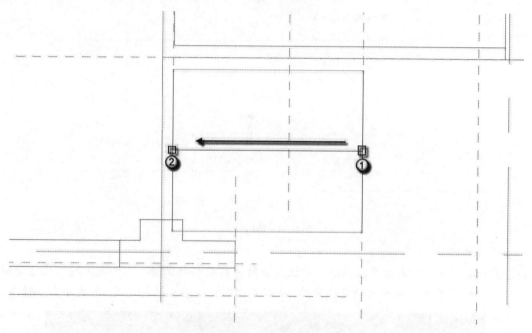

图 6.26　绘制坡道

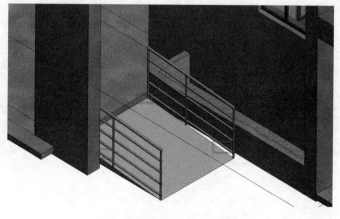

图 6.27　检查坡道绘制的问题

（7）修改坡道。进入"项目浏览器"，选择"视图（全部）"|"楼层平面"|"地坪"，进入"地坪"层平面视图。双击坡道边线，使用快捷键 MV 并放大视图，将坡道边线移动到合适的位置，如图 6.28 所示。同时，通过移动中间一根线的"拖拽线端点"，调整合适的位置，然后在" √|×"选项板中单击" √"按钮，完成坡道的修改。最后，在三视图中观察坡道与周围连接位置是否还有问题，如图 6.29 所示。

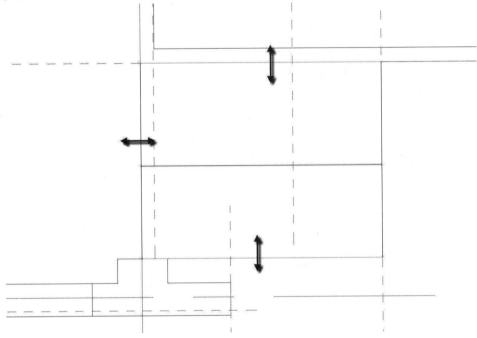

图 6.28　修改坡道

🔔注意：坡道完成绘制后再修改时，右坡道边线不需要移动调整，因为其是按照已经绘制好的参照平面捕捉确定位置的，所以不存在位置不正确的情况，因此不需要修改。

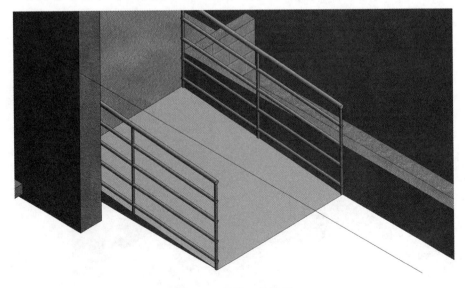

图 6.29　坡道三维视图

6.2.2 调整坡道栏杆

栏杆虽然随着坡道一起生成了，但是还有一些问题，需要设计者先检查，然后根据具体情况手动调整。具体操作如下。

（1）检查栏杆。按 F4 键切换到三维视图中，可以观察到坡道栏杆有一部分已嵌入花池中；另外两根竖向栏杆位置过远，应加密以保证安全性，如图 6.30 所示。

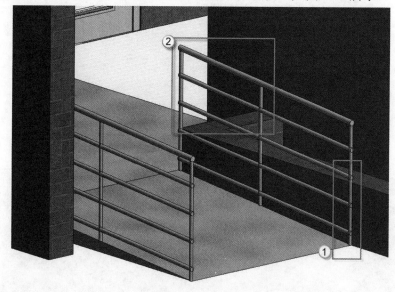

图 6.30 观察坡道栏杆

（2）调查竖向栏杆的疏密关系。选择栏杆，在"属性"面板中单击"编辑类型"按钮，在弹出的"类型属性"对话框中单击"编辑"按钮，如图 6.31 所示。在弹出的"编辑栏杆位置"对话框中设置常规栏相对于前一栏杆的距离为 500，单击"确定"按钮，如图 6.32 所示。这样竖向栏杆之间的距离会变密集，增加了安全性，如图 6.33 所示。

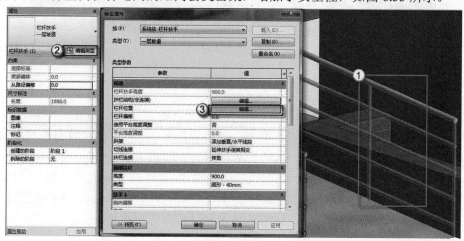

图 6.31 类型属性

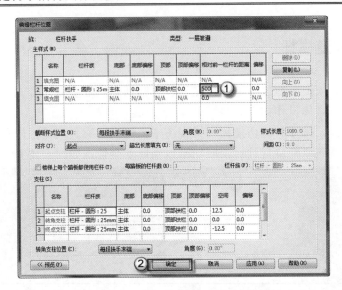

图 6.32　常规栏相对前一栏杆的距离

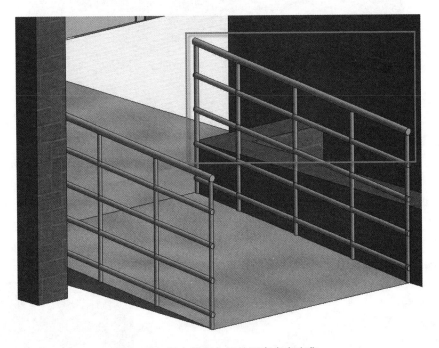

图 6.33　竖向栏杆之间的距离会变密集

（3）测量栏杆与坡道的水平距离。进入"项目浏览器"，选择"视图（全部）"｜"楼层平面"｜"地坪"，进入"地坪"层平面视图。使用快捷键 DI 测得栏杆数据为两个 20，如图 6.34 所示。

（4）调整上部栏杆扶手位置。进入"项目浏览器"，选择"视图（全部）"｜"楼层平面"｜"地坪"，进入"地坪"层平面视图。选择上部栏杆，使用快捷键 MV 捕捉其右上角端点，向下垂直移动，输入"20"，如图 6.35 所示，即可保证栏杆不会嵌入花池中。

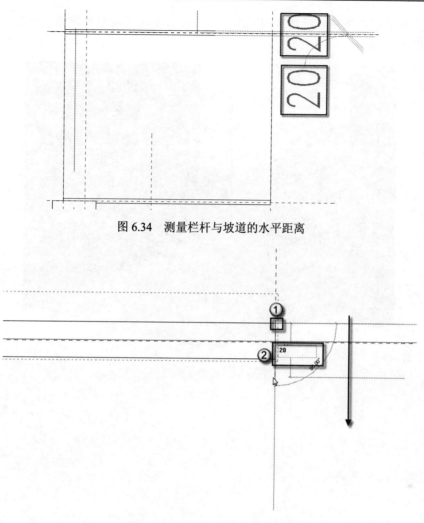

图 6.34　测量栏杆与坡道的水平距离

图 6.35　调整上部栏杆扶手位置

（5）调整下部栏杆扶手位置。选择下部栏杆，使用快捷键 MV，捕捉其右下角端点，向上垂直移动，输入"20"，如图 6.36 所示，即可保证栏杆不会嵌入周围构件。

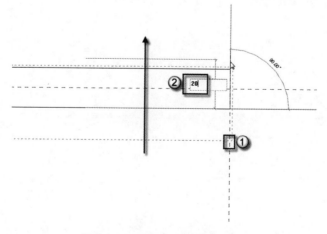

图 6.36　调整下部栏杆扶手位置

　　调整完成之后，按 F4 键切换到三维视图，在其中可以观察到坡道、栏杆已经正确完成了，如图 6.37 所示。

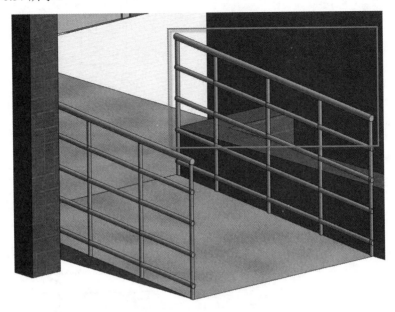

图 6.37　检查三维模型

第7章 卫 浴 族

公共卫生间常用的卫生洁具有大便器、小便器、洗脸盆等。卫生洁具应根据建筑性质、规模、建筑标准、生活习惯等选用。大便器有蹲式和坐式两种，在医院、学校、办公楼、车站、公共卫生间等公共建筑中，因人员使用频繁，多采用蹲式大便器；在标准较高、使用人数较少的宾馆或住宅，宜使用坐式大便器；在残疾人使用的无障碍卫生间，必须使用带抓杆的坐式大便器。

7.1 卫生间隔断

隔断不能使用下滑道，因为滑道里面经过长期的使用不易清理，并且还会积水，所以一般用支撑构件。使用传统方法时，先铺设地砖及墙砖，再按实际尺寸定做卫生间隔断。因为采用 AutoCAD 的设计是净尺寸，即没有砖厚、灰厚的尺寸。而 Revit 在设计时是实际尺寸（计算所有材料的厚度），因此可以使用 Revit 先设计，然后再施工。

7.1.1 支撑

支持构件是由几何形体即圆柱体堆叠而成，在制作的时候，一要注意尺寸，二要注意相互连接的关系。具体操作如下。

（1）新建族样板。选择菜单"打开"命令，在弹出的"新族-选择样板文件"对话框中，选择"公制卫浴装置.rft"族样板，然后单击"打开"按钮，如图 7.1 所示。打开之后，Revit 的屏幕操作界面如图 7.2 所示。

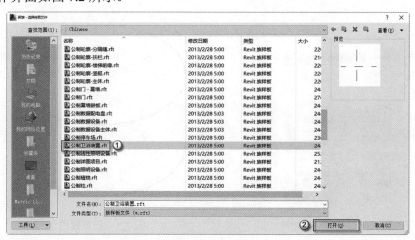

图 7.1　新建族样板

（2）绘制一个圆形。选择"创建"|"拉伸"|"圆形"命令，进入"√|×"选项板。输入半径数值"30"，绘制圆形支撑截面，如图 7.3 所示。在"属性"面板中，在"拉伸终点"中输入数值"10"，单击"应用"按钮，如图 7.4 所示。然后单击"√"按钮确定，程序会自动退出"√|×"选项板。可以按 F4 键切换到三维视图中观察模型，如图 7.5 所示。

（3）在上一个圆的基础上，以同样的方法继续绘制半径为"20"的圆。在"属性"面板中，在"拉伸起点"中

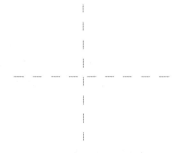

图 7.2　卫浴装置

输入数值"10"，在"拉伸终点"中输入"40"，单击"应用"按钮，如图 7.6 所示，再在"√|×"选项板中单击"√"按钮。在"立面"|"前"视图中查看圆柱底座长，之后可以按 F4 键切换到三维视图中观察模型，如图 7.7 所示。

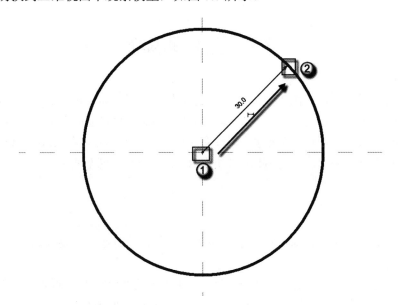

图 7.3　创建拉伸底座

图 7.4　拉伸基础底座

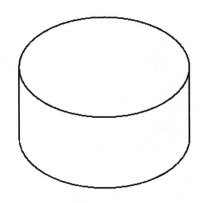

图 7.5　三维视图

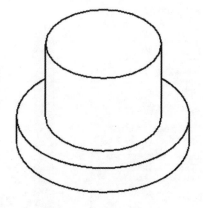

图 7.6　设置拉伸属性　　　　　　图 7.7　观察支撑底座

（4）继续以同样的方法绘制半径为"10"的圆，并在"属性"面板中，在"拉伸起点"中输入数值"40"，在"拉伸终点"中输入"280"，如图 7.8 所示，单击"应用"按钮，再在"√|×"选项板中单击"√"按钮确定输入。在"立面"|"前"视图中查看圆柱底座长度，然后可以按 F4 键切换到三维视图中观察模型，如图 7.9 所示。

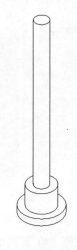

图 7.8　设置拉伸属性　　　　　　图 7.9　支撑三维视图

（5）添加材质参数。在支撑的"属性"面板中，单击"材质和装饰"标签下"材质"右侧的空白按钮，如图 7.10 所示，弹出"关联族参数"对话框。在其中单击"添加参数（D）…"按钮，弹出"参数属性"对话框，选择"共享参数"单选按钮，再单击"确定"按钮，弹出"未指定共享参数文件"对话框。单击"是"按钮，弹出"编辑共享参数"对话框。

注意：族参数不能出现在明细表或标注中，而共享参数可以。所以为了能保证 Revit 做完的工程可以直接导入其他算量软件中，应尽量选择使用共享参数。

（6）创建共享参数文件。在弹出的"编辑共享参数"对话框中，单击"共享参数文件"下的"创建"按钮。弹出"创建共享参数文件"对话框，选择合适的路径，在"文件名"中输入"卫浴材质"，单击"保存"按钮，如图 7.11 所示。

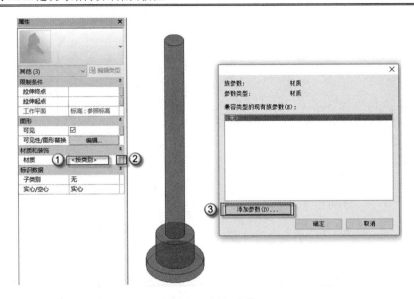

图 7.10　添加参数

图 7.11　创建材质类型

（7）新建支撑材质组。在返回的"编辑共享参数"对话框中，单击"组"标签下的"新建"按钮，弹出"新参数组"对话框，在"名称"中输入"卫浴"，单击"确定"按钮，如图 7.12 所示。

（8）新建卫浴材质参数。在"编辑共享参数"对话框中，单击"参数"标签下的"新建"按钮，弹出"参数属性"对话框。在其中的"名称"中输入"支撑材质"，在"参数类型"中选择"材质"选项，单击"确定"按钮，返回"编辑共享参数"对话框，在其中单击"确定"按钮，如图 7.13 所示。

注意：在"参数属性"对话框中，"参数类型"不可以选"长度"选项，一定要选为"材质"选项，此处极容易出错。

（9）添加支撑材质参数类型。在"族类型"对话框中，单击"参数"标签下的"添加"按钮，弹出"参数属性"对话框，选择"共享参数"单选按钮，再单击"选择"按钮，弹出"共享参数"对话框。在"参数组（G）"中选择"卫浴"选项，在"参数（P）"中选择"支撑材质"选项，单击"确定"按钮，如图 7.14 所示。

图 7.12　编辑组

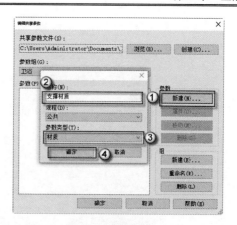

图 7.13　编辑参数

图 7.14　设置关联参数

（10）编辑支撑材质。选择菜单"族类型"命令，弹出"族类型"对话框，单击"材质和装饰"标签下"支撑材质"后的"<按类别>"按钮，如图 7.15 所示，弹出"材质浏览器"对话框。在其中选择"主视图"|"AEC 材质"|"金属"|"铝"选项，双击"铝，蓝色阳极电镀"材质，将其添加到"文档材质"中。选择"文档材质"中的"铝，蓝色阳极电镀"材质，单击"材质浏览器"对话框中的"确定"按钮，如图 7.16 所示。

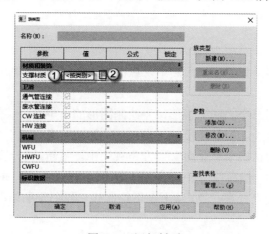

图 7.15　添加材质

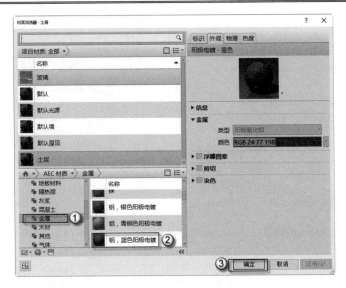

图 7.16　设置材质属性

（11）保存族文件。在桌面上新建"卫浴族"文件夹，将新建好的支撑族文件重新命名并另存到桌面上的"卫浴族"文件夹中，如图 7.17 所示。

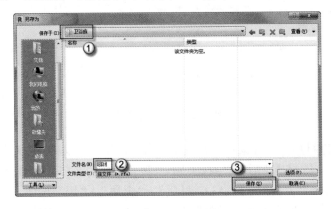

图 7.17　另存文件

7.1.2　板杆连接

板杆连接构件主要是指卫生间隔断中，纵向的隔板与顶部的横向联系杆之间的连接杆件。具体操作如下。

（1）板杆连接类似一个"回"字形，先绘制回形的下半部分，然后通过镜像得到完整的板杆连接。下面首先绘制板杆连接的下半部分，类似一个"凹"字形。

（2）先将绘图界面切换至"立面"|"左"视图中。重新绘制一条距离中心参照线有定偏移量的纵向参照平面，然后使用快捷键 RP，在"属性"面板的"偏移量"中，输入"20"，并选择纵向中心参照线上任意一点，从上至下绘制线，此时即可画出一条新的"参照平面"，如图 7.18 所示。

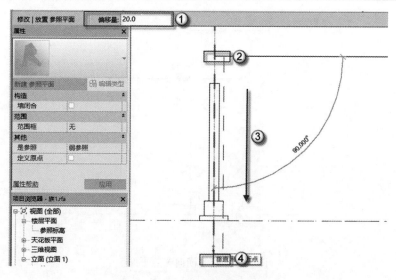

图 7.18　绘制偏移参照线

（3）选择新的"参照平面"，使用快捷键 MM，选择纵向中心参照线镜像，即可得到另一条参照平面，即为"凹"形外边线参照平面，如图 7.19 所示。

（4）以同样的方法再绘制出另外两条距离纵向参照平面为"10"的参照平面，即为"凹"形的内边线参照平面，如图 7.20 所示。

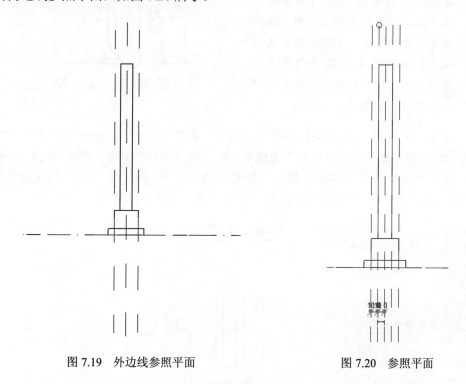

图 7.19　外边线参照平面　　　　　　图 7.20　参照平面

（5）绘制横向参照平面，使用快捷键 RP，并在"属性"面板的"偏移量"中，输入"280"，然后选择横向参照平面上任意一点，从右到左画线，此时即可画出一条新的横向参照平面，如图 7.21 所示。

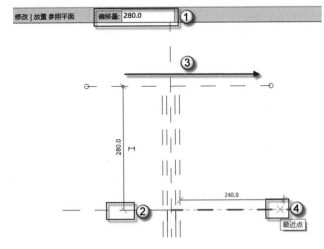

图 7.21　绘制横向参照平面

（6）以相同的方法绘制两条与横向参照平面距离分别为 290 和 390 的参照平面，如图 7.22 所示。

🔔注意：在绘制有偏移量的参照平面时，从上到下的线是画在纵向参考对象的左边，从下到上的线是画在纵向参考对象的右边，参照平面的绘制从左到右的线是画在横向参考对象的上边，从右到左的线是画在横向参考对象的下边。

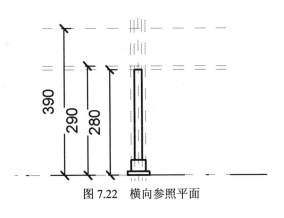

图 7.22　横向参照平面

（7）绘制一个"凹"字形的板杆连接下半部分，选择"创建"|"拉伸"|"直线"命令，绘制一个"凹"形平面，并在"属性"面板中，在"拉伸起点"中输入数值"-20"，"拉伸终点"中输入"20"，单击"应用"按钮，如图 7.23 所示，再在"√|×"选项板中单击"√"按钮。然后按 F4 键切换到三维视图中观察模型，如图 7.24 所示。

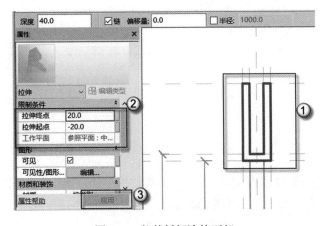
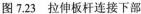

图 7.23　拉伸板杆连接下部　　　　　　图 7.24　板杆连接

（8）镜像下部"凹"形板杆连接，即可得到完整的板杆连接。切换到"立面图"|"左视图"中，首先绘制镜像的辅助参照平面，使用快捷键 RP，在"属性"面板的"偏移量"中输入"870"，以板杆连接"凹"形截面底部为参照线，从左到右绘制一条新的参照线。然后选择这条新的参照线为镜像的辅助平面，使用快捷键 MM，选择下部凹形模型镜像，即可得到板杆上部连接，如图 7.25 所示。按 F4 键切换到三维视图中观察模型，如图 7.26 所示。

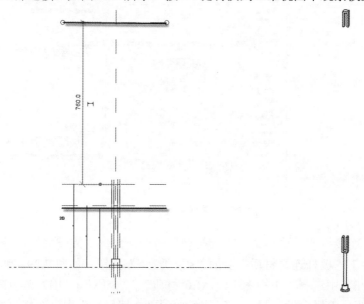

图 7.25　镜像辅助平面　　　　　　　　图 7.26　板杆连接

（9）编辑可见性。框选选中支撑板杆连接模型，在"项目浏览器"的"属性"面板中，单击"可见性/图形替换"后的"编辑"按钮，在弹出的"族图元可见性设置"对话框中，取消"平面天花板视图"选项，选中"前/后视图"和"左/右视图"两项，并单击"确定"按钮，如图 7.27 所示。

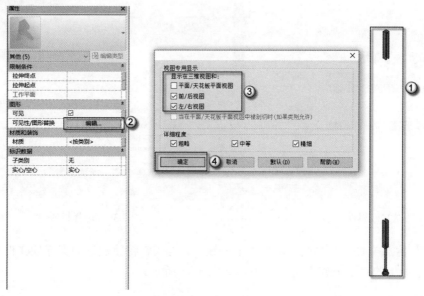

图 7.27　编辑可见性

（10）添加板杆连接材质参数类型。在"族类型"对话框中，单击"参数"标签下的"添加"按钮，弹出"参数属性"对话框，选择"共享参数"单选按钮，如图 7.28 所示，单击"选择"按钮，弹出"共享参数"对话框，在"参数组（G）"中选择"卫浴"选项，在"参数（P）"中选择"板杆连接材质"选项，单击"确定"按钮。

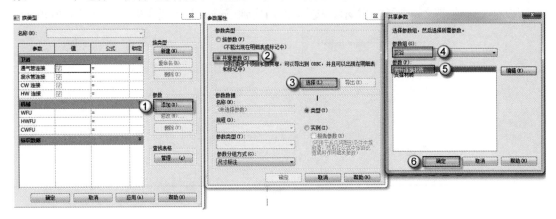

图 7.28　关联参数

（11）编辑板杆连接材质。选择菜单"族类型"命令，弹出"族类型"对话框，单击"材质和装饰"标签下"板杆连接材质"后的"<按类别>"按钮，如图 7.29，弹出"材质浏览器"对话框。在其中选择"主视图"|"AEC 材质"|"金属"|"铝，蓝色阳极电镀"选项，双击"铝，蓝色阳极电镀"材质，将其添加到"文档材质"中。选择"文档材质"中的"铝，蓝色阳极电镀"材质，单击"材质浏览器"对话框中的"确定"按钮，如图 7.30 所示。

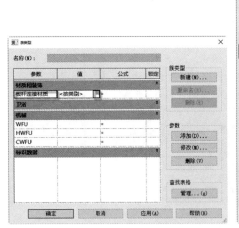

图 7.29　属性菜单

图 7.30　选择材质

（12）保存族文件。在桌面上新建"卫浴族"文件夹，将新建好的支撑族文件重新命名并另存到桌面上的"卫浴族"文件夹中，如图 7.31 所示。

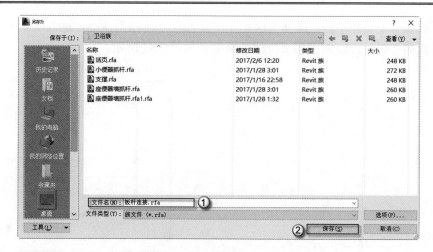

图 7.31 另存板杆连接文件

7.1.3 合页

合页是五金构件的一种，多指活动部分与固定部分连接的工具。使用合页的活动部分
（隔断）发生转动，当活动隔断过长时，应使用多个合页进行连接。

（1）新建族样板。选择菜单"打开"命令，在弹出的"新族-选择样板文件"对话框中，
选择"公制卫浴装置.rft"族样板，然后单击"打开"按钮。打开之后，进入 Revit 的屏幕
操作界面。

（2）绘制新的参照平面。重新绘制一条距离中心参照线有定偏移量的纵向参照平面，
使用快捷键 RP 在"属性"面板的"偏移量"中输入"200"，并选择纵向中心参照线上任
意一点，从上到下绘制线，此时即可画出一条新的纵向参照平面，如图 7.32 所示。

（3）继续绘制横向参照平面。选择横向中心参照线上任意一点，从左到右绘制线，此
时即可画出一条新的横向参照平面，如图 7.33 所示。

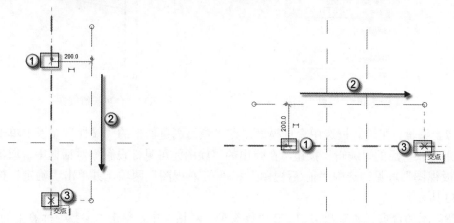

图 7.32 绘制参照平面   图 7.33 绘制纵向参照平面

（4）以同样的方法绘制一条距离纵向中心参照线 20 个单位的纵向参照平面，以及一条
距离横向参照线 20 个单位的横向参照平面，如图 7.34 所示。

（5）绘制一个拉伸平面。选择"创建"|"拉伸"|"直线"命令，进入"√|×"选项板，沿着新的参照平面绘制出需要拉伸的平面，如图 7.35 所示。

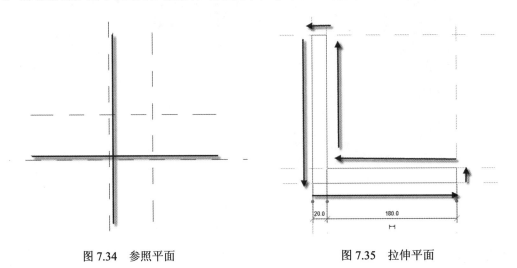

图 7.34　参照平面　　　　　　　　　　　图 7.35　拉伸平面

（6）拉伸绘制图形。在"属性"面板中，在"拉伸起点"中输入"0"，在"拉伸终点"中输入"250"，单击"应用"按钮，如图 7.36 所示。在"√|×"选项板中单击"√"按钮，然后按 F4 键切换到三维视图中观察模型，如图 7.37 所示。

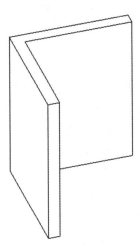

图 7.36　"属性"面板　　　　　　　　图 7.37　合页三维视图

（7）编辑可见性。框选中合页模型，在"项目浏览器"的"属性"面板中单击"可见性/图形替换"后的"编辑"按钮，在弹出的"族图元可见性设置"对话框中，取消"平面/天花板视图"可见，选中"前/后视图"和"左/右视图"两项，并单击"确定"按钮，如图 7.38 所示。

（8）添加合页材质参数类型。在"族类型"对话框中，单击"参数"标签下的"添加"按钮，弹出"参数属性"对话框，选择"共享参数"单选按钮，如图 7.39 所示。单击"选择"按钮，弹出"共享参数"对话框，在"参数组（G）"中选择"卫浴"选项，在"参数（P）"中选择"合页材质"选项，单击"确定"按钮。

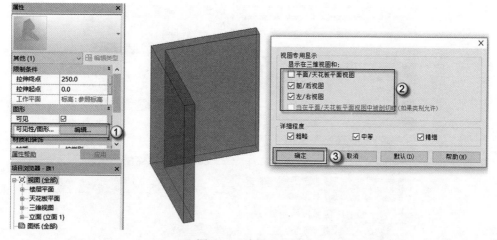

图 7.38　编辑可见性

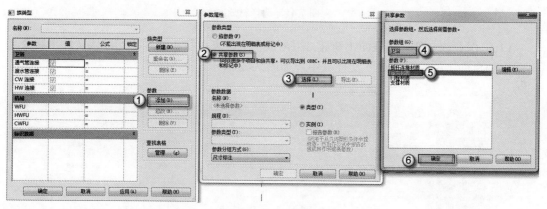

图 7.39　参数关联

（9）编辑合页材质。选择菜单"族类型"命令，弹出"族类型"对话框，单击"材质和装饰"标签下"合页材质"后的"<按类别>"按钮，如图 7.40 所示，弹出"材质浏览器"对话框。在其中选择"主视图"|"AEC 材质"|"金属"|"铝，蓝色阳极电镀"选项，双击"铝，蓝色阳极电镀"材质将其添加到"文档材质"中。选择"文档材质"中的"铝，蓝色阳极电镀"材质，单击"材质浏览器"对话框中的"确定"按钮，如图 7.41 所示。

图 7.40　材质属性

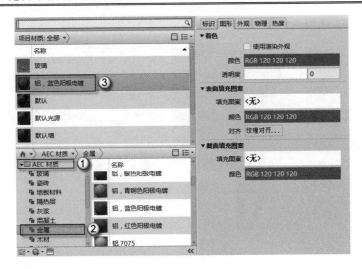

图 7.41　选择材质

（10）保存族文件。在桌面上新建"卫浴族"文件夹，将新建好的支撑族文件重新命名并另存到桌面上的"卫浴族"文件夹中，如图 7.42 所示。

图 7.42　保存文件

7.1.4　门栓

隔断的门栓为简易构件，不论隔断是向内开还是向外开启，门栓都在是内部进行开关的。具体制作如下。

（1）新建族样板。选择菜单"打开"命令，在弹出的"新族-选择样板文件"对话框中，选择"公制卫浴装置.rft"族样板，然后单击"打开"按钮。打开之后，进入 Revit 的屏幕操作界面。

（2）绘制新的"参照平面"。重新绘制一条距离中心参照线有定偏移量的纵向参照平面，使用快捷键 RP，在"属性"面板的"偏移量"中输入"200"，并选择横向中心参照线上任意一点，从左到右绘制线，此时即可画出一条新的横向参照平面。选择新的参照平面，使用快捷键 MM，选择纵向中心参照线镜像，即可得到另一条横向参照平面，如图 7.43 所示。

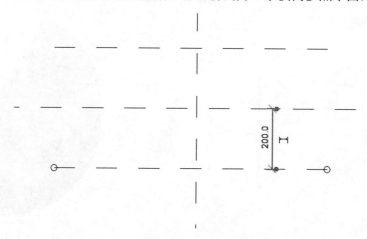

图 7.43　参照平面

（3）绘制新的纵向参照平面。重新绘制一条距离中心参照线有定偏移量的纵向参照平面，使用快捷键 RP，在"属性"面板的"偏移量"中输入"200"，并选择纵向中心参照线上任意一点，从上到下绘制线，此时即可画出一条新的纵向参照平面，如图 7.44 所示。

（4）绘制一个拉伸平面。选择"创建"|"拉伸"|"起点-终点-半径弧"命令，进入"√｜×"选项板，绘制一个半圆弧，选择中心参照线与上部参照平面的交点为起点，再选择中心参照线与下部参照平面的交点为终点，选择中心参照线与右部参照平面的交点为半径，开始绘制半圆弧，如图 7.45 所示。

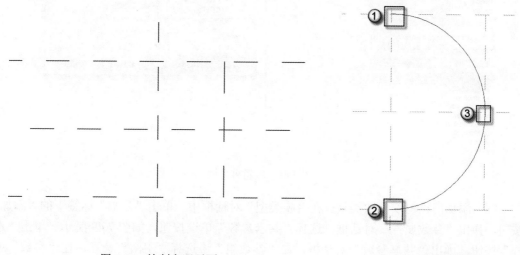

图 7.44　绘制参照平面　　　　　　　图 7.45　绘制半圆弧

（5）绘制一条直线闭合半圆弧。选择"直线"命令，进入"√｜×"选项板，绘制一条直线，选择中心参照线与上部参照平面的交点为起点，选择中心参照线与下部参照平面的交点为终点，开始绘制一条直线。

（6）拉伸绘制的半圆弧，在"属性"面板中，在"拉伸起点"中输入"0"，在"拉伸

终点"中输入"100",单击"应用"按钮,如图 7.46 所示。在"√ | ×"选项板中单击"√"
按钮,然后按 F4 键切换到三维视图中观察模型,如图 7.47 所示。

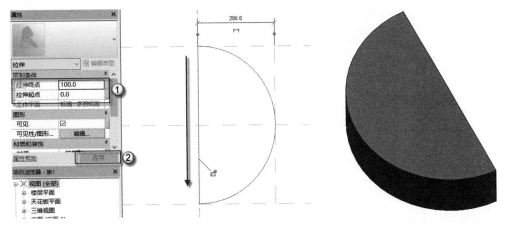

图 7.46 拉伸属性   图 7.47 门栓三维视图

(7) 编辑可见性。框选选中"门栓"模型,在"项目浏览器"的"属性"面板中,单
击"可见性/图形替换"后的"编辑"按钮,在弹出的"族图元可见性设置"对话框中,取
消"平面天花板视图"可见,选中"前/后视图"和"左/右视图"两项,并单击"确定"
按钮,如图 7.48 所示。

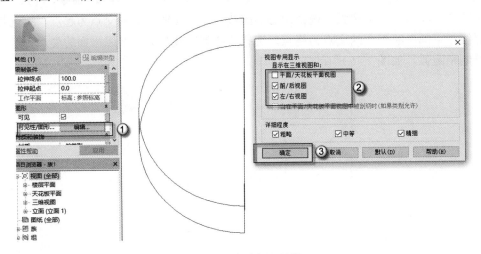

图 7.48 编辑可见性

(8) 添加门栓材质参数类型。在"族类型"对话框中,单击"参数"标签下的"添加"
按钮,弹出"参数属性"对话框,选择"共享参数"单选按钮,如图 7.49 所示。单击"选
择"按钮,弹出"共享参数"对话框,在"参数组"中选择"卫浴"选项,在"参数"中
选择"门栓材质"选项,单击"确定"按钮。

(9) 编辑门栓材质。选择菜单"族类型"命令,弹出"族类型"对话框,单击"材质
和装饰"标签下"门栓材质"后的"<按类别>"按钮,如图 7.50 所示,弹出"材质浏览器"
对话框。在其中选择"主视图"|"AEC 材质"|"金属"|"铝,蓝色阳极电镀"选项,双
击"铝,蓝色阳极电镀"材质,将其添加到"文档材质"中。选择"文档材质"中的"铝,

蓝色阳极电镀"材质，单击"材质浏览器"对话框中的"确定"按钮，如图7.51所示。

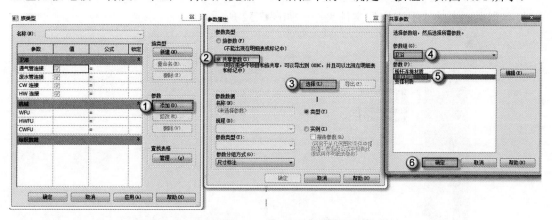

图 7.49　设置参数共享

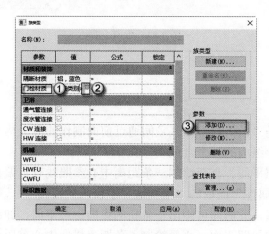

图 7.50　设置材质属性

图 7.51　选择材质

（10）保存族文件。在桌面上新建"卫浴族"文件夹，将新建好的支撑族文件重新命名并另存到桌面上的"卫浴族"文件夹中，如图 7.52 所示。

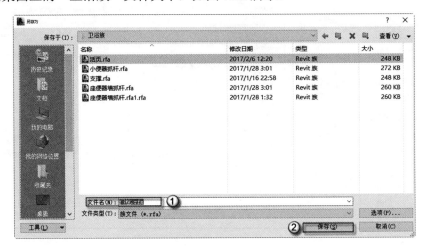

图 7.52　保存文件

7.1.5　隔断

卫生间的隔断就是"板"材，相互之间通过前面制作的五金构件进行连接。整个卫生间隔断就是由这几个族组成的一个合成族。

（1）绘制新的参照平面。重新绘制一条距离中心参照线有定偏移量的纵向参照平面，使用快捷键 RP，在"属性"面板的"偏移量"中输入"1200"。选择纵向中心照线上任意一点，从上到下绘制线，此时即可画出一条新的纵向参照平面，如图 7.53 所示。

（2）绘制新的横向参照平面。重新绘制一条距离横向中心参照线有定偏移量的纵向参照平面，使用快捷键 RP，在"属性"面板的"偏移量"中输入"1650"。选择横向中心照线上任意一点，从左到右绘制线，此时即可画出一条新的纵向参照平面，如图 7.54 所示。

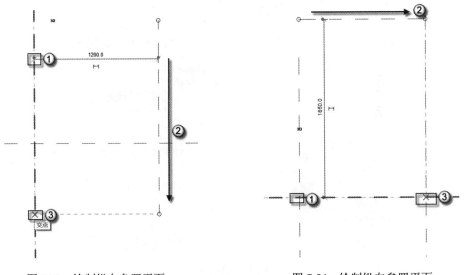

图 7.53　绘制纵向参照平面　　　　　　图 7.54　绘制纵向参照平面

（3）绘制一个矩形平面。选择"创建"|"拉伸"|"直线"命令，进入"√｜×"选项板，沿新的参照平面绘制一个矩形，如图 7.55 所示。

（4）拉伸绘制的矩形。在"属性"面板中，在"拉伸起点"中输入"0"，在"拉伸终点"中输入"20"，单击"应用"按钮，在"√｜×"选项板中单击"√"按钮。然后按 F4 键切换到三维视图中观察模型，如图 7.56 所示。

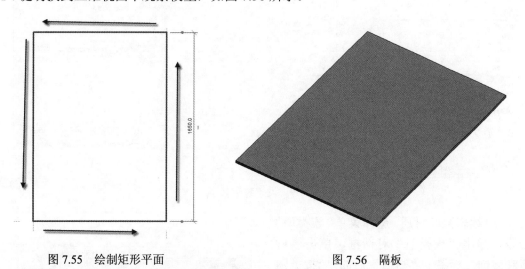

图 7.55　绘制矩形平面　　　　　　　　　　　　　　图 7.56　隔板

（5）绘制门板打开方向。将视图切换到"立面图"|"前"视图，选择"创建"|"参照线"|"直线"命令，绘制的参照线即为门板打开方向。绘制完成后按 Enter 键，如图 7.57 所示。

（6）编辑可见性。框选中"隔板"模型，在"项目浏览器"的"属性"面板中，单击"可见性/图形替换"后的"编辑"按钮，在弹出的"族图元可见性设置"对话框中，取消"平面天花板视图"可见，选中"前/后视图"和"左/右视图"两项，并单击"确定"按钮，如图 7.58 所示。

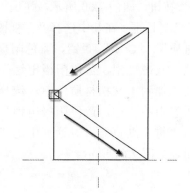

图 7.57　绘制门板打开方向

图 7.58　编辑可见性

（7）添加隔断材质参数类型。在"族类型"对话框中，单击"参数"标签下的"添加"按钮，弹出"参数属性"对话框，选择"共享参数"单选按钮，如图 7.59 所示。单击"选择"按钮，弹出"共享参数"对话框，在"参数组"中选择"卫浴"选项，在"参数"中选择"隔断材质"选项，单击"确定"按钮。

图 7.59　设置参数共享

（8）编辑隔断材质。选择菜单"族类型"命令，弹出"族类型"对话框，单击"材质和装饰"标签下"材质"后的"<按类别>"按钮，如图 7.60 所示，弹出"材质浏览器"对话框。在其中选择"主视图"|"AEC材质"|"金属"|"铝，蓝色阳极电镀"选项，双击"铝，蓝色阳极电镀"材质，将其添加到"文档材质"中。选择"文档材质"中的"铝，蓝色阳极电镀"材质，单击"材质浏览器"对话框中的"确定"按钮，如图 7.61 所示。

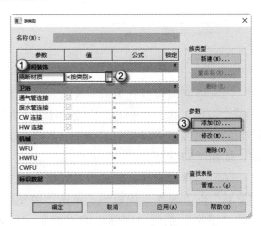

图 7.60　编辑材质属性

图 7.61　选择材质

（9）保存族文件。在桌面上新建"卫浴族"文件夹，将新建好的支撑族文件重新命名并另存到桌面上的"卫浴族"文件夹中，如图 7.62 所示。

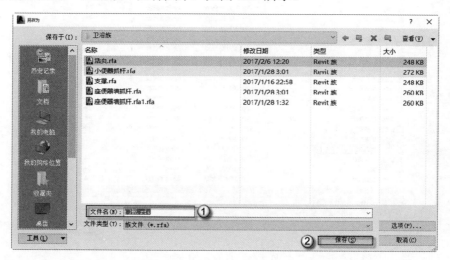

图 7.62　保存文件

7.2　无障碍抓杆

无障碍抓杆，也称安全扶手，主要使用于过道走廊两侧、卫生间、公厕等场所，是一种方便老年人和残疾人行走和上下的公共设施。

7.2.1　坐便器墙抓杆

坐便器墙抓杆是指一个 U 形的不锈钢构件，两头通过法兰连接到墙上的无障碍抓杆。具体制作方法如下。

（1）新建族样板。选择菜单"打开"命令，在弹出的"新族-选择样板文件"对话框中，选择"公制扶手支撑.rft"族样板，然后单击"打开"按钮，如图 7.63 所示。打开之后，进入 Revit 的屏幕操作界面。

（2）进入绘图面板绘制横向参照平面，先将绘图界面切换至"楼层平面"|"参照标高"。重新绘制一条距离中心参照线有定偏移量的横向参照平面，使用快捷键 RP，在"属性"面板的"偏移量"中输入"65"。选择横向中心参照线上任意一点，从左到右绘制参照线，此时即可绘制一条新的"参照平面"，如图 7.64 所示。

（3）绘制纵向参照平面。重新绘制一条距离中心参照线有定偏移量的纵向参照平面，使用快捷键 RP，在"属性"面板的"偏移量"中输入"350"，选择纵向中心参照线上任意一点，从上到下绘制线，此时即可在中心参照线左端画出一条新的参照平面。重新选择横向中心线下端的任意一点，从下向上绘制一条右端距离中心参照线为 350 的新的参照平面，如图 7.65 所示。

图 7.63　选择绘图文件

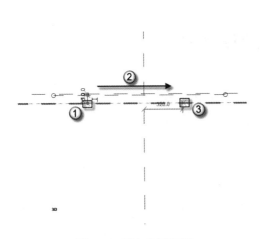

图 7.64　横向参照平面

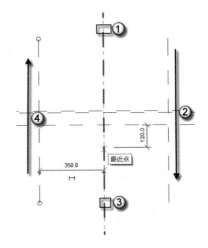

图 7.65　纵向参照平面

（4）绘制前视图横向参照平面。将视图界面切换至"立面图"|"前"视图界面，绘制一条距离横向中心参照线为 900 的横向参照平面，使用快捷键 RP，在"属性"面板的"偏移量"中输入"900"。选择横向中心参照线上任意一点，从左至右绘制参照线，此时即可绘制一条新的"参照平面"，如图 7.66 所示。

（5）绘制圆形法兰。以横向参照平面和两条纵向参照平面的交点为圆心，拉伸两个法兰。选择"创建"|"拉伸"|"圆形"命令，进入"√|×"选项板，输入半径数值"40"，绘制圆形法兰截面，如图 7.67 所示。在"属性"面板中，在"拉伸终点"中输入数值"-30"，单击"应

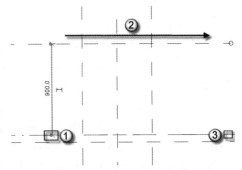

图 7.66　绘制横向参照平面

用"按钮，如图 7.68 所示。单击"√"按钮，程序会自动退出"√｜×"选项板。然后可以按 F4 键切换到三维视图中观察模型。

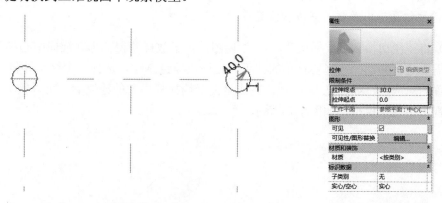

图 7.67　绘制法兰截面　　　　　　　　　　图 7.68　拉伸法兰

（6）绘制圆形钢管扶手，将视图切换到"楼层平面"｜"参照标高"界面，选择"创建"｜"放样"命令，进入"√｜×"选项板。放样由两步完成，第一步先绘制路径，选择"绘制路径"命令，进入路径绘制界面，如图 7.69 所示，单击"√"按钮，程序会自动退出"√｜×"选项板。

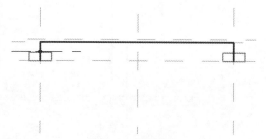

图 7.69　绘制路径

（7）放样第二步是绘制轮廓，即要放样的截面图。手扶墙栏杆一般是钢管，轮廓为一个圆形，选择"编辑轮廓"命令，此时会弹出一个绘图选择界面，如图 7.70 所示。选择"前"视图，单击"打开视图"按钮进入轮廓绘制界面。在其中以轮廓绘制界面的小红点为圆心，绘制一个半径为"20"的圆形，如图 7.71 所示。

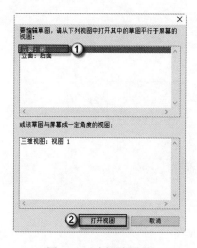

图 7.70　选择绘图界

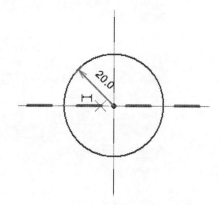

图 7.71　绘制轮廓

（8）单击两次"√"按钮确定，程序会自动退出"√｜×"选项板。然后可以按 F4 键切换到三维视图中观察模型。

🔔**注意：** 使用放样工具绘制图形时，图形绘制完成后需要单击两次 "√" 按钮，这样才能退出 "√｜×" 选项板。第一次单击 "√" 按钮是退出轮廓绘制，第二次单击 "√" 按钮是退出放样，完成模型绘制。

（9）将视图切换到 "立面图" ｜ "前" 视图，由于放样获得图形在横向中心参照线上，所以还需要进行移动。选择要移动的扶手，使用快捷键 MV，选择一个交点并将其移动到指定位置的对应点，如图 7.72 所示。完成坐便器墙抓杆模型的绘制后，可以按 F4 键切换到三维视图中观察模型，如图 7.73 所示。

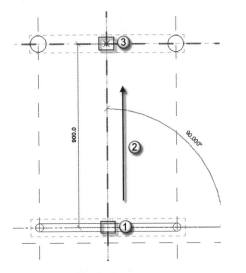

图 7.72 移动模型

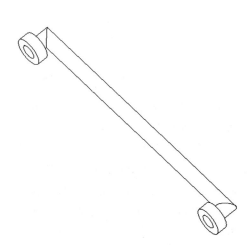

图 7.73 坐便器墙抓杆

（10）编辑可见性。框选选中 "坐便器墙抓杆" 模型，在 "项目浏览器" 的 "属性" 面板中，单击 "可见性/图形替换" 后的 "编辑" 按钮，在弹出的 "族图元可见性设置" 对话框中，取消 "平面天花板视图" 可见，选中 "前/后视图" 和 "左/右视图" 两项，并单击 "确定" 按钮，如图 7.74 所示。

图 7.74 编辑可见性

（11）添加材质参数。在坐便器墙抓杆的 "属性" 面板中，单击 "材质和装饰" 标签下 "材质" 右侧的空白按钮，弹出 "关联族参数" 对话框。在其中单击 "添加参数" 按钮，弹出 "参数属性" 对话框，选择 "共享参数" 单选按钮，单击 "选择" 按钮，如图 7.75 所示。

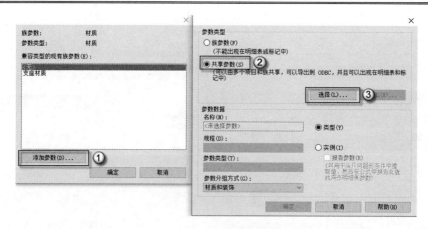

图 7.75　编辑共享参数

（12）若以前创建过共享参数组，则会弹出以前创建好的共享参数组对话框。若以前没有创建过共享参照组，则弹出"未指定共享参数文件"对话框，单击"是"按钮，弹出"编辑共享参数"对话框。由于之前创建过卫浴族共享参数，此时会弹出以前创建好的卫浴族共享参数对话框，单击"编辑"按钮，在弹出的对话框中重新创建一个"无障碍抓杆"共享文件，单击"确定"按钮，如图 7.76 所示。

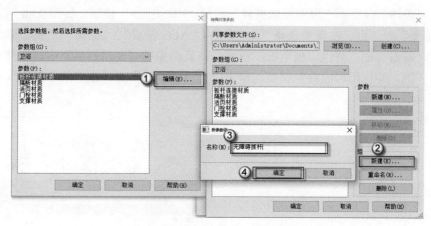

图 7.76　新建无障碍抓杆共享文件

（13）新建无障碍支撑材质参数。在"编辑共享参数"对话框中，单击"参数"标签下的"新建"按钮，弹出"参数属性"对话框，在"名称"中输入"坐便器墙抓杆"，在"参数类型"中选择"材质"选项，返回至"确定"按钮，返回至"编辑共享参数"对话框中，单击"确定"按钮，如图 7.77 所示。

（14）添加坐便器抓杆材质参数类型。在"族类型"对话框中，单击"参数"标签下的"添加"按钮，弹出"参数属性"对话框，选择"共享参数"单选按钮，单击"选择"按钮，如图 7.78 所示。

图 7.77　编辑材质参数

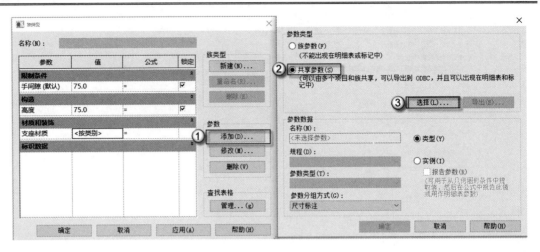

图 7.78　选择坐便器墙抓杆共享参数

（15）选择坐便器墙共享参数。之后弹出"共享参数"对话框，在"参数组"中选择"无障碍抓杆"选项，在"参数"中选择"坐便器墙抓杆材质"选项，单击"确定"按钮，如图 7.79 所示。

（16）编辑坐便器墙抓杆材质。选择菜单"族类型"命令，弹出"族类型"对话框，单击"材质和装饰"标签下"坐便器墙抓杆"后的"<按类别>"按钮，如图 7.80 所示，弹出"材质浏览器"对话框。在其中选择"主视图"|"AEC 材质"|"金属"|"铝，蓝色阳极电镀"选项，双击"铝，蓝色阳极电镀"材质，将其添加到"文档材质"中。选择"文档材质"中的"铝，蓝色阳极电镀"材质，单击"材质浏览器"对话框中的"确定"按钮，如图 7.81 所示。

图 7.79　选择坐便器墙抓杆共享参数

图 7.80　材质属性

（17）保存族文件，在桌面上新建"卫浴族"文件夹，将新建好的支撑族文件重新命名并另存到桌面上的"卫浴族"文件夹中，如图 7.82 所示。

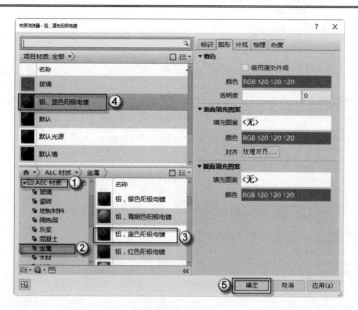

图 7.81　选择材质

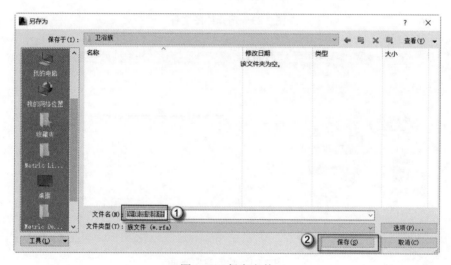

图 7.82　保存文件

7.2.2　坐便器墙地抓杆

坐便器墙地抓杆是指一个 L 形的不锈钢构件，其一头通过法兰连接到墙上，另一头通过法兰连接到地上的无障碍抓杆。具体制作方法如下。

（1）新建族样板。选择"打开"命令，在弹出的"新族-选择样板文件"对话框中，选择"公制扶手支撑.rft"族样板，然后单击"打开"按钮，如图 7.83 所示。打开之后，进入 Revit 的屏幕操作界面。

（2）进入到绘图面板，先将绘图界面切换到"立面"|"左"视图。重新绘制一条距离中心参照线有定偏移量的纵向参照平面，使用快捷键 RP，在"属性"面板的"偏移量"中输入"700"。选择横向中心参照线上的任意一点，从左到右绘制线，此时即可画出一条新

的"参照平面",如图 7.84 所示。

图 7.83　选择绘图文件

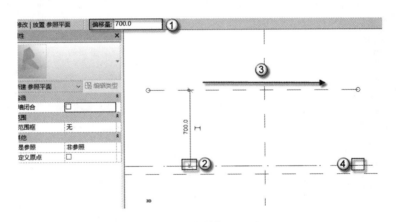

图 7.84　绘制参照平面

（3）绘制一个水平面圆形法兰,选择"创建"|"拉伸"|"圆形"命令,进入"√|×"选项板,输入半径数值"40",绘制圆形支撑截面,如图 7.85 所示。在"属性"面板中,在"拉伸终点"中输入数值"-40",单击"应用"按钮,如图 7.86 所示。单击"√"按钮,程序会自动退出"√|×"选项板。之后可以按 F4 键切换到三维视图中观察模型。

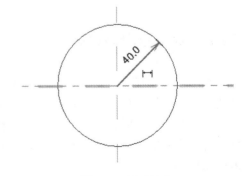

图 7.85　创建拉伸

（4）绘制楼层平面参照线。进入到绘图面板,先将绘图界面切换至"楼层平面"|"参照标高"视图中。重新绘制一条距离中心参照线有定偏移量的纵向参照平面,使用快捷键 RP,在"属性"面板的"偏移量"中输入"900"。

选择横向中心参照线上任意一点，从左到右开始绘制线，此时即可画出一条新的参照平面，如图 7.87 所示。

图 7.86　设置拉伸属性

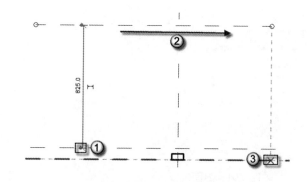

图 7.87　绘制楼层平面参照标高

（5）绘制一个竖直面圆形法兰，选择"创建"|"拉伸"|"圆形"命令，进入"√ | ×"选项板。输入半径数值"40"，绘制圆形支撑截面，如图 7.88 所示。在"属性"面板中，在"拉伸终点"中输入数值"40"，单击"应用"按钮，如图 7.89 所示。单击"√"按钮，程序会自动退出"√ | ×"选项板。之后可以按 F4 键切换到三维视图中观察模型。

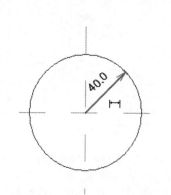

图 7.88　绘制法兰

图 7.89　设置法兰属性

（6）绘制圆形钢管扶手，先将绘图界面切换至"立面图"|"左"视图，选择"创建"|"放样"命令，进入"√ | ×"选项板。放样由两步完成，第一步先绘制路径，选择"绘制路径"命令进入路径绘制界面，如图 7.90 所示。单击"√"按钮，程序会自动退出"√ | ×"选项板。

（7）放样第二步是绘制轮廓，即要放样的截面图。手扶墙地栏杆一般是钢管，轮廓为一个圆形。选择"编辑轮廓"命令，此时会弹出一个绘图选择界面，如图 7.91 所示。选择"立面：前"视图，并单击"打开视图"按钮进入轮廓绘制界面，如图 7.92 所示。

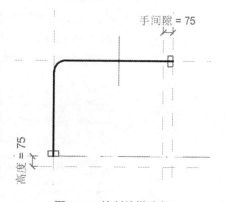

图 7.90　绘制放样路径

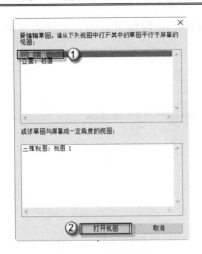

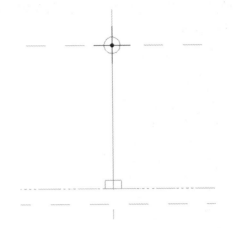

图 7.91　界面选择　　　　　　　　　　　　　图 7.92　轮廓绘制界面

（8）绘制轮廓。选择"圆形"命令，以红色圆点为中心点绘制一个半径为 20 的圆，即为钢管的截面，也就是放样的轮廓，如图 7.93 所示。

（9）单击两次"√"按钮，会自动退出"√｜×"选项板。之后可以按 F4 键切换到三维视图中观察模型，如图 7.94 所示。

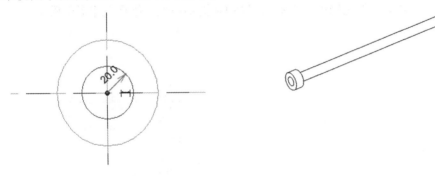

图 7.93　绘制放样轮廓　　　　　　　　　　图 7.94　墙地支撑

（10）编辑可见性。框选选中"坐便器墙地抓杆"模型，在"项目浏览器"的"属性"面板中，单击"可见性/图形替换"后的"编辑"按钮，弹出"族图元可见性设置"对话框。在其中取消"平面天花板视图"可见，选中"前/后视图"和"左/右视图"两项，并单击"确定"按钮，如图 7.95 所示。

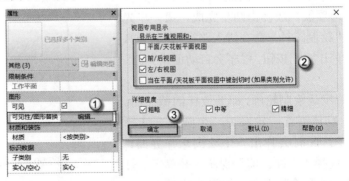

图 7.95　编辑可见性

（11）添加坐便器墙地抓杆材质参数类型。在"族类型"对话框中，单击"参数"标签下的"添加"按钮，弹出"参数类型"对话框，选择"共享参数"单选按钮，单击"选择"按钮，如图 7.96 所示。

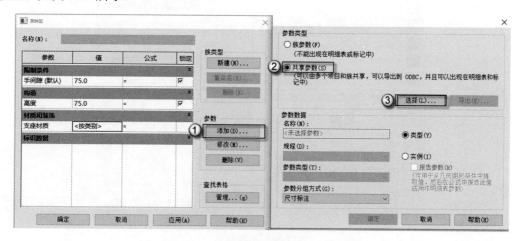

图 7.96　添加坐便器墙地抓杆共享参数

（12）选择坐便器墙地抓杆共享参数。弹出"共享参数"对话框，在"参数组"一栏中选择"无障碍抓杆"选项，在"参数"中选择"坐便器墙抓杆材质"选项，单击"确定"按钮，如图 7.97 所示。

（13）编辑坐便器墙材质。单击菜单"族类型"按钮，弹出"族类型"对话框，单击"材质和装饰"标签下"坐便器墙地抓杆"后的"<按类别>"按钮，如图 7.98 所示，弹出"材质浏览器"对话框。在其中选择"主视图"|"AEC 材质"|"金属"|"铝，蓝色阳极电镀"选项，双击"铝，蓝色阳极电镀"材质，将其添加到"文档材质"中。选择"文档材质"中的"铝，蓝色阳极电镀"材质，单击"材质浏览器"对话框中的"确定"按钮，如图 7.99所示。

图 7.97　选择坐便器墙地抓杆共享参数

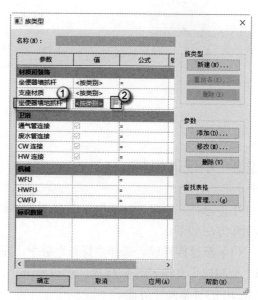

图 7.98　编辑材质属性

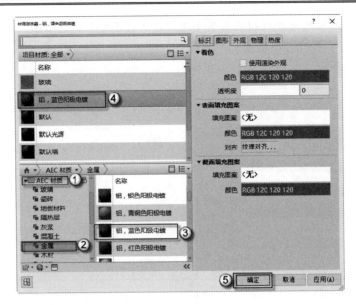

图 7.99　选择材质

（14）保存族文件。在桌面上新建"卫浴族"文件夹，将新建好的支撑族文件重新命名并另存到桌面上的"卫浴族"文件夹中，如图 7.100 所示。

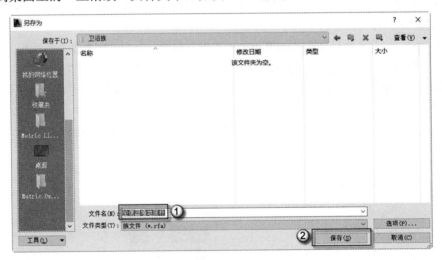

图 7.100　保存文件

7.2.3　小便器抓杆

小便器抓杆很复杂，是由 3 个 U 形的不锈钢抓杆复合而成，通过法兰连接到墙上。具体制作方法如下。

（1）新建族样板。选择"打开"命令，在弹出的"新族-选择样板文件"对话框中，选择"公制扶手支撑.rft"族样板，然后单击"打开"按钮，如图 7.101 所示。打开之后，进入 Revit 的屏幕操作界面。

图 7.101　选择绘图文件

（2）进入绘图面板绘制横向参照平面，先将绘图界面切换至"立面图"|"前"视图。重新绘制一条距离中心参照线有定偏移量的横向参照平面，使用快捷键 RP，在"属性"面板的"偏移量"中输入"1200"。选择横向中心参照线上任意一点，从左到右开始绘制参照线，此时即可绘制一条新的参照平面，如图 7.102 所示。以同样的方法绘制一条距离横向中心参照线为 720，以及一条距离横向中心参照线为 920 的"横向参照平面"，如图 7.103所示。

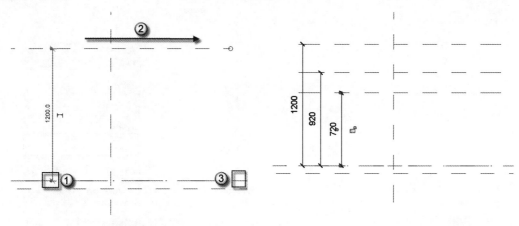

图 7.102　绘制横向参照线　　　　　图 7.103　绘制多条横向参照线

（3）绘制纵向参照平面。将绘图界面切换到"楼层平面"|"参照标高"视图，重新绘制一条距离"中心参照线"有定偏移量的纵向参照平面，使用快捷键 RP，在"属性"面板的"偏移量"中，输入"350"，选择纵向中心参照线上任意一点从上到下绘制线，此时即可在中心参照线左端画出一条新的参照平面。重新选择横向中心线下端的任意一点，从下向上绘制一条右端距离中心参照线为 350 的新的参照平面，如图 7.104 所示。

（4）以同样的方法，在"楼层平面"|"参照标高"视图中绘制一条距离"横向中心

参照线"为 350，以及一条距离"横向中心参照线"为 630 的横向参照平面，如图 7.105
所示。

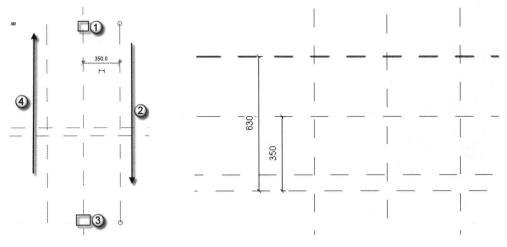

图 7.104 绘制纵向参照平面   图 7.105 绘制横向参照平面

（5）绘制小便器抓杆下半部分。首先绘制墙上的法兰，将绘图界面切换到"立面图"|
"前"视图中，小便器抓杆上有 4 个法兰，分别在绘制出的新的参照平面的交点处。选择"创
建"|"拉伸"|"圆形"命令，进入"√｜×"选项板。输入半径数值"40"，绘制圆形支
撑截面，如图 7.106 所示。在"属性"面板中，在"拉伸终点"中输入数值"40"，单击"应
用"按钮，如图 7.107 所示。单击"√"按钮，程序会自动退出"√｜×"选项板。之后
可以按 F4 键切换到三维视图中观察模型。

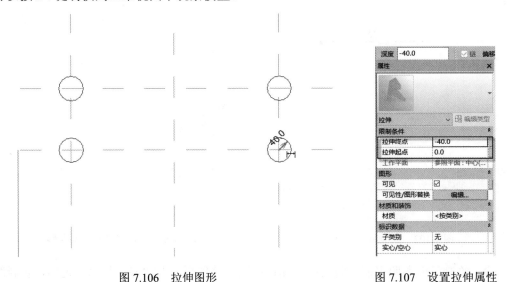

图 7.106 拉伸图形   图 7.107 设置拉伸属性

（6）绘制圆形钢管扶手。先将绘图界面切换至"立面图"|"左"视图选择"创建"|
"放样"命令，进入"√｜×"选项板。放样由两步完成，第一步先绘制路径，选择"绘制
路径"命令，进入路径绘制界面，如图 7.108 所示。绘制完成后，单击"√"按钮，程序
会自动退出"√｜×"选项板。

（7）放样第二步是绘制轮廓，即要放样的截面图，手扶墙地栏杆一般是钢管，轮廓为一个圆形。选择"编辑轮廓"命令，此时会弹出一个绘图选择界面，如图 7.109 所示。选择"立面：前"视图，单击"打开视图"按钮，进入轮廓绘制界面，如图 7.110 所示。

（8）绘制轮廓。选择"圆形"命令，以红色圆点为中心点，绘制一个半径为 20 的圆，即为钢管的截面，也就是放样的轮廓，如图 7.111 所示。

（9）移动模型到相应位置，切换视图到"楼层平面"|"参照标高"界面，使用快捷键 CO 对模型进行复制移动，选中模型后按 Enter 键，然后选中模型上的关键点并拖动模型将其移动到相应的位置，如图 7.112 所示。

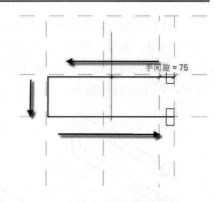

图 7.108　绘制放样路径

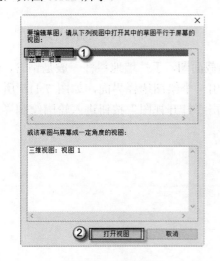

图 7.109　界面选择

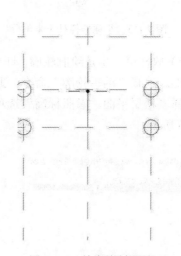

图 7.110　轮廓绘制界面

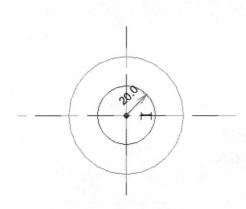

图 7.111　绘制放样轮廓

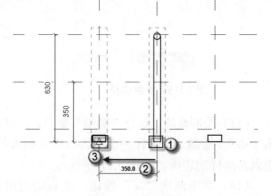

图 7.112　移动模型

（10）重复上述步骤，将模型再向右边进行一次复制移动，也可以选择使用镜像的方法对模型进行镜像，从而得到另一边的扶手栏杆。完成复制移动后，删除绘制在中间的模型，可以按 F4 键切换到三维视图中观察模型，如图 7.113 所示。

（11）绘制小便器抓杆上半部分。绘制圆形钢管扶手，先将绘图界面切换到"立面图"|"前"视图。选择"创建"|"放样"命令，进入"√|×"选项板。放样由两步完成，第一步先绘制路径，选择"绘制路径"命令，进入路径绘制界面，如图 7.114 所示。单击"√"按钮，程序会自动退出"√|×"选项板。

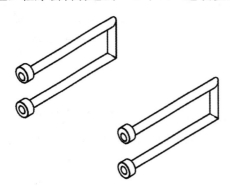

图 7.113　小便器抓杆下半部分

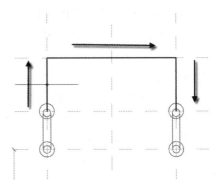

图 7.114　绘制放样路径

（12）放样第二步是绘制轮廓，即要放样的截面图。手扶墙地栏杆一般是钢管，轮廓为一个圆形。选择"编辑轮廓"命令，此时会弹出一个绘图选择界面，如图 7.115 所示。在其中选择"楼层平面：参照标高"选项，并单击"打开视图"按钮进入轮廓绘制界面，如图 7.116 所示。

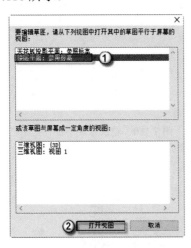

图 7.115　界面选择

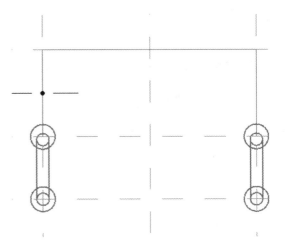

图 7.116　轮廓绘制界面

（13）绘制轮廓。选择"圆形"命令，以红色圆点为中心点，绘制一个半径为 20 的圆，即为钢管的截面，也就是放样的轮廓，如图 7.117 所示。

（14）单击两次"√"按钮，会自动退出"√|×"选项板。之后可以按 F4 键切换到三维视图中观察模型。

（15）移动模型到相应位置。切换视图界面到"立面图"|"左"视图，使用快捷键 CO 对模型进行复制

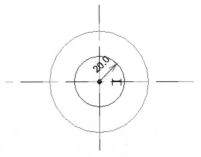

图 7.117　绘制放样轮廓

移动，选中模型后按 Enter 键，再选中模型上的关键点并拖动模型到相应的位置，如图 7.118
所示。完成复制移动后，删除绘制在中间的模型，之后可以按 F4 键切换到三维视图中观
察模型，如图 7.119 所示。

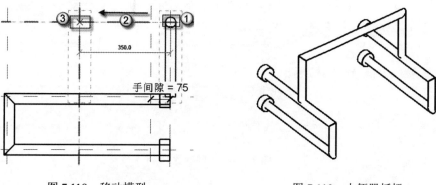

图 7.118　移动模型　　　　　　　　　　图 7.119　小便器抓杆

（16）编辑可见性。框选选中小便器抓杆模型，在"项目浏览器"的"属性"面板中，
单击"可见性/图形替换"后的"编辑"按钮，在弹出的"族图元可见性设置"对话框中，
取消"平面天花板视图"可见，选中"前/后视图"和"左/右视图"两项，并单击"确定"
按钮，如图 7.120 所示。

图 7.120　编辑可见性

（17）添加小便器抓杆材质参数类型。在"族类型"对话框中，单击"参数"标签下的
"添加"按钮，弹出"参数类型"对话框，选择"共享参数"单选按钮，如图 7.121 所示。
继续单击"选择"按钮，弹出"共享参数"对话框，在"参数组"中选择"无障碍抓杆"
选项，在"参数"中选择"小便器抓杆材质"选项，单击"确定"按钮。

（18）编辑小便器抓杆材质。选择菜单"族类型"命令，弹出"族类型"对话框，单击
"材质和装饰"标签下"小便器抓杆"后的"<按类别>"按钮，如图 7.122 所示。此时弹出
"材质浏览器"对话框，选择"主视图"|"AEC 材质"|"金属"|"铝，蓝色阳极电镀"选
项，双击"铝，蓝色阳极电镀"材质，将其添加到"文档材质"中。选择"文档材质"中
的"铝，蓝色阳极电镀"材质，单击"材质浏览器"对话框中的"确定"按钮，如图 7.123
所示。

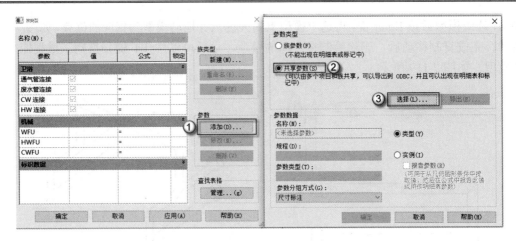

图 7.121　关联参数

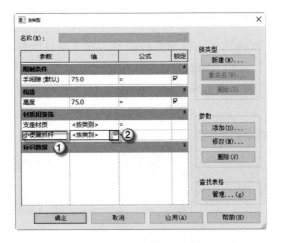

图 7.122　设置材质

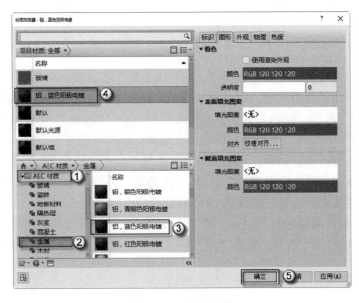

图 7.123　材质选择

（19）保存族文件。在桌面上新建"卫浴族"文件，将新建好的支撑族文件重新命名并另存到桌面上的"卫浴族"文件夹中，如图 7.124 所示。

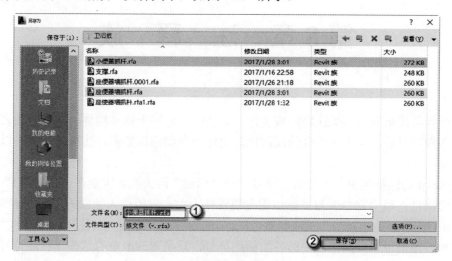

图 7.124　保存文件

第8章 注 释 族

注释族是用来表示二维注释的族文件，其被广泛运用于很多构件的二维视图表中。注释族载入到项目后，显示大小会随视图比例变化而自动缩放显示，注释图元始终以同一图纸大小显示。

在 Revit 的注释族中，可分为"符号"与"标记"两大类。区别在于，"标记"可以标识图元的属性；而"符号"与被标识图元的属性无关，仅能作为独立的图形。本章的 8.1 和 8.2 节的内容都是"符号"类注释族，8.3 节的内容是"标记"类注释族。

注释族通俗说就是施工图中的各类标注符号，只是 Revit 中的这些"标注符号"拥有一定的信息量，这是软件偏向 BIM 技术的一种表现。但是软件自带的这些注释族基本不符合中国的标准，不能直接使用，因此本章将介绍如何定义符合中国制图规范的注释族。注释族的制作虽然有些麻烦，但是完成后在其他的项目中可以直接调用，一劳永逸。

8.1 平面标高

标高表示建筑物各部分的高度，是建筑物某一部位相对于基准面（标高的零点）的竖向高度，是竖向定位的依据。在施工图中以倒立等腰直角三角形为标头，加上标高数值组成。

平面标高分为三类：一般标高 ▽，带基线标高 ▽，带引线标高 ↓。在本节中，将一般标高与带基线标高作为一个族，带引线标高作为另一个族。

8.1.1 标签族

如果不使用标签族嵌套入标高族，就会有一个问题，那就是随着标高数值的变化，标高数值不居中。所以本节中制作标签的目的就是可以嵌套入后面的标高族，在标高数值变化时，其始终处于居中位置。具体操作如下。

（1）选择"族"|"打开"命令，在弹出的"新族-选择样板文件"对话框中，选择"注释"|"公制常规注释"族样板文件，单击"打开"按钮，如图 8.1 所示。

（2）进入族编辑模式后，选择屏幕中以 Note 开头的一段文字，按 Delete 键将其删除，如图 8.2 所示。

⌂ **注意**：图 8.2 中删除的文字的意思是"请更改族类别以设置相应的注释类型。插入点位于参照平面的交点。使用前请删除此注意事项"。

图 8.1 选择族样板

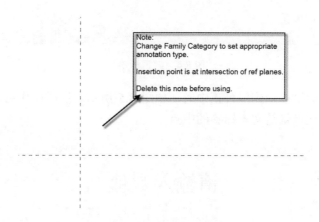

图 8.2 删除提示语

（3）选择"创见"|"标签"命令，在弹出的"编辑标签"对话框中，单击"添加参数"按钮，在弹出的"参数属性"对话框中，在"名称"中输入"请输入数值"，选中"实例"单选按钮，并且在"参数类型"和"参数分组方式"中均选择"文字"选项，单击"确定"按钮完成操作，如图 8.3 所示。

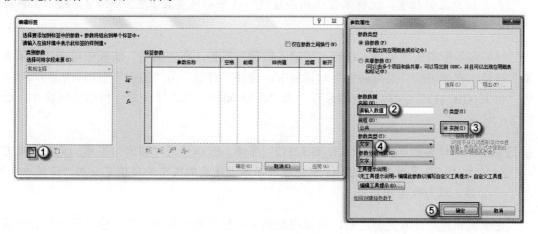

图 8.3 编辑标签参数

注意：在使用"标签"命令时不要选错了，因为"标签"与"文字" A两个按钮在一起，外形相似。功能上，标签带了参数属性，而文字没有。

（4）在"编辑标签"对话框中，选择第（3）步定义好的"请输入数值"参数，单击"将参数添加到标签"按钮，单击"确定"按钮，如图 8.4 所示。

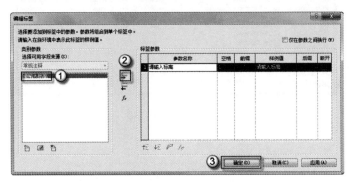

图 8.4　编辑标签

（5）将新建的标签移动到屏幕正中间，如图 8.5 所示。这样操作后，屏幕中的水平、垂直两条对齐线的交点就是文本标签的中点。

图 8.5　移动标签

注意：不要小看这两条虚线，这个族导入到其他的族后，将作为嵌套族，虽然嵌套族不显示虚线，但这两条虚线就是嵌套族中的对齐线。如果需将文字标签对齐到标注线上的位置，就得依靠这两条虚线。这个功能将在 8.2.2 节的第（12）步中用到。

（6）编辑标签的族类型。选择"请输入数值"标签，在"属性"面板中单击"编辑类型"按钮，在弹出的"类型属性"对话框中，选择"背景"为"透明"选项、"文字字体"为"仿宋_GB2312"字体、"宽度系数"为"0.700000"，单击"确定"按钮完成操作，如图 8.6 所示。

注意：如果计算机中没有"仿宋_GB2312"字体，可以使用"仿宋"字体。宽度系数定为"0.7"是因为 Windows 中的仿宋字体比建筑制图中的字体宽一些，设置为 0.7 后，就与规范相符了。

完成编辑标签的族类型之后，可以观察到文本标签变为长仿宋字，这种字体符合建筑制图规范的要求，如图 8.7 所示。

图 8.6　编辑标签的族类型

请输入数值

图 8.7　检查字体

（7）另存为族文件。选择"程序"|"另存为"|"族"命令，在弹出的"另存为"对话框中输入"请输入数值"，单击"保存"按钮，保存新族文件，如图 8.8 所示。

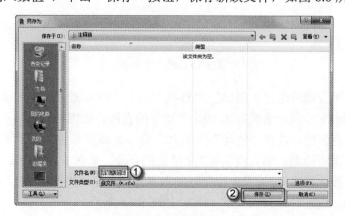

图 8.8　另存为族文件

8.1.2　平面标高（带基线）

将一般标高与带基线的标高放到一个族里，因为二者的区别就是标高倒三角标头下面的那一根基线，制作方法如下。

（1）选择"族"|"打开"命令，在弹出的"新族-选择样板文件"对话框中，选择"注释"|"公制常规注释"族样板文件，单击"打开"按钮，如图 8.9 所示。

图 8.9　选择族样板

（2）进入族编辑模式后，选择屏幕中以 Note 开头的一段文字，按 Delete 键将其删除，如图 8.10 所示。

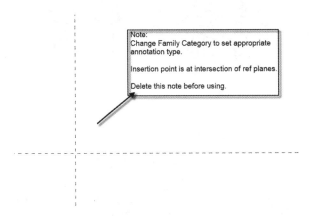

图 8.10　删除提示语

（3）绘制水平直线。选择"创建"|"直线"命令，以屏幕中两条十字相交的虚线交点为起点，向右侧水平绘制一条长度为 19.5 个单位的直线，如图 8.11 所示。

（4）绘制垂直直线。选择"创建"|"直线"命令，以屏幕中两条十字相交的虚线交点为起点，向下侧垂直绘制一条长度为 4.2 个单位的直线，如图 8.12 所示。

（5）旋转直线。选择第（4）步绘制好的垂直直线，使用快捷键 RO，以两条十字相交的虚线交点为轴，沿逆时针方向旋转 45°，如图 8.13 所示。

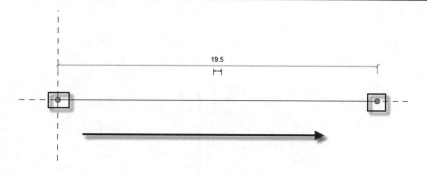

图 8.11 绘制水平直线

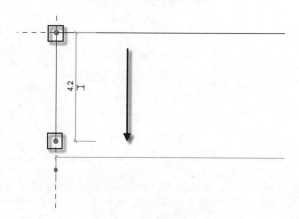

图 8.12 绘制垂直直线

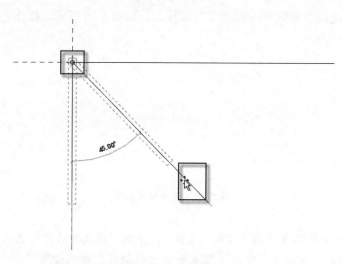

图 8.13 旋转直线

（6）镜像直线。选择第（5）步旋转好的直线，使用快捷键 DM，以直线的右下端点为镜像线起点，向上沿垂直方向绘制镜像线，如图 8.14 所示。镜像线完成后，如图 8.15 所示，可以看到，完成的镜像线就是平面标高符号的样式。

⌂注意：在 Revit 中镜像有两种，"镜像-拾取轴"命令，其快捷键是 MM；"镜像-绘制轴"命令，其快捷键是 DM。此处没有镜像轴，需要绘制，因此使用 DM 快捷键。

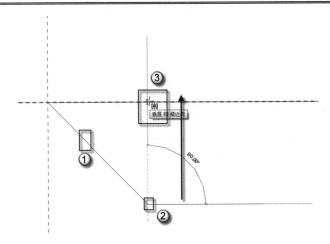

图 8.14　镜像直线

图 8.15　平面标高符号

（7）移动标高符号。框选平面标高图形符号，使用快捷键 MV，捕捉标头倒三角顶点，并沿水平方向移动到屏幕默认的垂直方向虚线上，如图 8.16 所示。操作完成后，如图 8.17 所示。

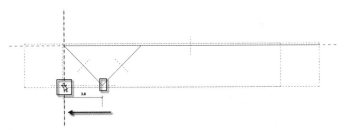

图 8.16　移动标高符号

注意：在 Revit 中也需要使用"捕捉"功能。这里的"捕捉"功能与 AutoCAD 中的类似，都是对点（如端点、中点、交点等）进行捕捉，精确绘图。

图 8.17　完成移动标高

（8）绘制水平参照线。选择"创建"|"参照线"命令，在"偏移量"中输入"2.0"，从标高符号左侧顶点向右侧顶点画参照线。由于设置了偏移量为 2，所以生成的参照线有 2.0 个单位的间距，如图 8.18 所示。

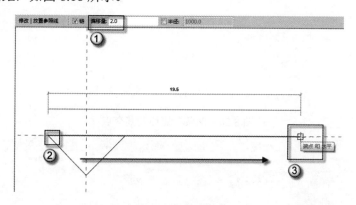

图 8.18　绘制水平参照线

注意：在绘制线（如直线、参照线、参照平面）对象时，"偏移量"功能很重要。设置偏移量后，绘制的线对象会以偏移量数值为距离，平行于绘图的位置。如果不用这个功能，需要先绘制线性对象，然后再平行移动到一定的距离。

（9）绘制垂直参照线。选择"创建"|"参照线"命令，在"偏移量"中输入"9.8"，从标高符号倒三角顶点向上侧沿垂直方向画参照线。由于设置了偏移量为 9.8，所以生成的参照线有 9.8 个单位的间距，如图 8.19 所示。

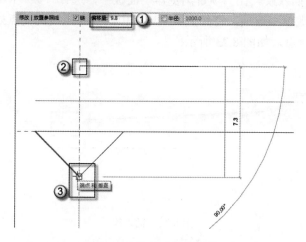

图 8.19　绘制垂直参照线

如图 8.20 所示的两条参照线（1 和 2）绘制完成后，可以观察到这两条参照线交于一点，这个交点就是标高数值中心的对齐点。

（10）载入注释族。选择"插入"|"载入族"命令，在弹出的"载入族"对话框中，选择 8.1.1 节制作好的"请输入数值"族，然后单击"打开"按钮，将其载入，如图 8.21 所示。

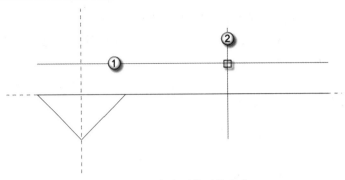

图 8.20 两条参照线及其交点

图 8.21 载入注释族

（11）在屏幕中插入族。在"项目浏览器"面板中，选择"族"|"注释符号"|"请输入数值"|"请输入数值"选项，将其拖曳到屏幕中两条参照线的交点处，如图 8.22 所示。拖曳后要单击这个交点，如图 8.23 所示。

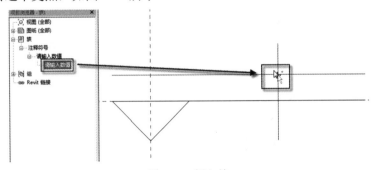

图 8.22 插入族

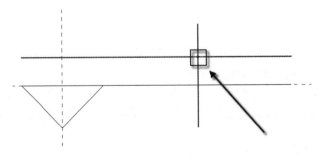

图 8.23 单击交点

（12）输入提示语。拖曳完成后，在两条参照线的交点处会出现一个"?"号，单击"?"号，输入"请输入标高"提示语，如图 8.24 所示。然后单击屏幕空白处完成操作，如图 8.25 所示。

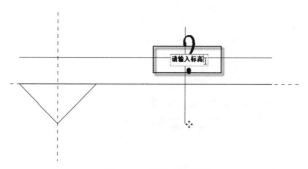

图 8.24　输入提示语

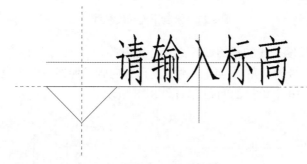

图 8.25　检查标高

（13）关联嵌套族参数。选择"请输入标高"标签，在"属性"面板中单击"关联族参数"按钮，在弹出的"关联族参数"对话框中单击"新建参数"按钮，弹出"参数属性"对话框。在其中的"名称"中输入"请输入标高"，并选中"实例"单选按钮，单击两次"确定"按钮完成操作，如图 8.26 所示。

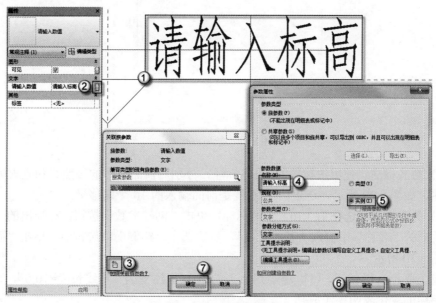

图 8.26　关联嵌套族参数

（14）绘制不变长度基线。选择"创建"|"直线"命令，以标高符号倒三角顶点为起点，向右侧沿水平方向绘制一条长度为 2 个单位的直线，如图 8.27 所示。

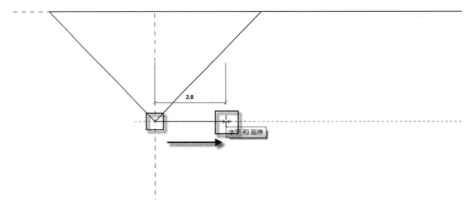

图 8.27　绘制不变长度基线

（15）绘制可变长度基线的参照线。选择"创建"|"参照线"命令，在"偏移量"中输入"10"，从标高符号倒三角顶点向上侧沿垂直方向画参照线。由于设置了偏移量为 10，所以生成的参照线有 10 个单位的间距，如图 8.28 所示。

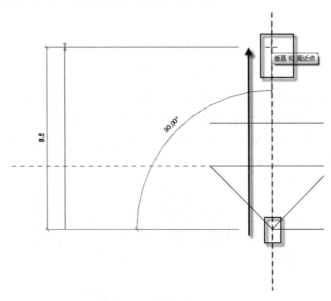

图 8.28　绘制参照线

（16）对齐标注。使用快捷键 DI 对齐标注，分别对前面操作的参照线和垂直方向虚线进行标注，如图 8.29 所示。这里的 10.0 就是前面输入的 10 个偏移量。

（17）关联标注。选择第（16）步的标注，单击"创建参数"按钮，在弹出的"参数属性"对话框的"名称"中输入"基线长度"，然后选中"实例"单选按钮，单击"确定"按钮，如图 8.30 所示。

完成关联标注操作后，可以观察到原来的 10.0 标注变为"基线长度=10.0"，如图 8.31 所示。字样的变化表明操作成功。

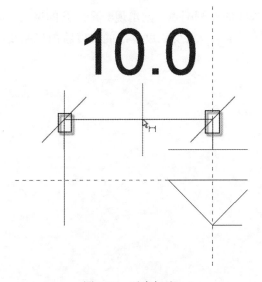

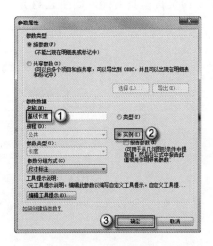

图 8.29　对齐标注　　　　　　　　　　　图 8.30　关联标注

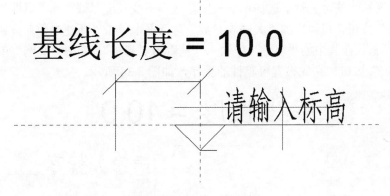

图 8.31　检查关联标注

（18）绘制可变长度基线。选择"创建"|"直线"命令，以标高符号倒三角顶点为起点，向左侧沿水平方向绘制直线至标注的左边界线处，如图 8.32 所示。

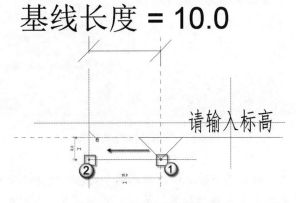

图 8.32　绘制可变长度基线

（19）锁定可变长度基线。单击可变长度基线的左侧端点，则出现一个打开的锁头，单击这个锁头直至其关闭，如图 8.33 所示。这样锁定后，可变长度基线的长度就由参照线决定了。

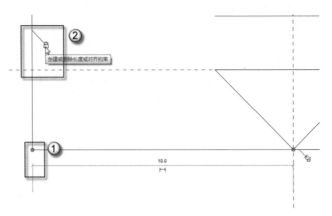

图 8.33 锁定可变长度基线

（20）设置基线的可见性。选择可变长度基线与不变长度基线，在"属性"面板中单击"关联族参数"按钮，在弹出的"关联族参数"对话框中单击"新建参数"按钮，弹出"参数属性"对话框。在其中的"名称"中输入"是否需要基线"，选中"实例"单选按钮，单击两次"确定"按钮，完成设置可见性的操作，如图 8.34 所示。

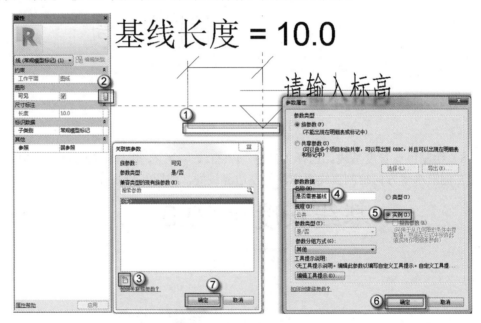

图 8.34 设置基线的可见性

⚑注意：用一个族表达一般标高与带基线的标高两个内容，就是此处用基线可见性来解决的。基线可见就是带基线的标高，基线不可见就是一般标高。

（21）检查参数和新建族类型。选择"创建"|"族类型"命令，在弹出的"族类型"

对话框中检查是否有 3 个参数，然后单击"新建类型"按钮，在弹出的"名称"对话框中输入"平面标高（带基线）"字样，单击两次"确定"按钮，如图 8.35 所示。

（22）改变族类别。选择"创建"|"族类别和族参数"命令。在弹出的"族类别和族参数"对话框中，选择"常规注释"选项，然后单击"确定"按钮，如图 8.36 所示。

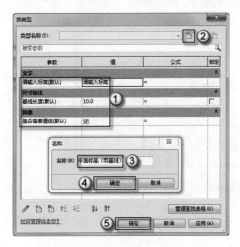

图 8.35　检查参数和新建族类型

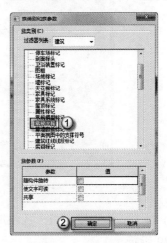

图 8.36　改变族类别

🔔注意：如果标高的族类别不正确，不是"常规注释"类别，那么使用快捷键 SY 的"符号"命令是找不到相应的标高族的。

（23）另存为族文件。选择"程序"|"另存为"|"族"命令，在弹出的"另存为"对话框中输入"平面标高（带基线）"，单击"保存"按钮，保存新族文件，如图 8.37 所示。

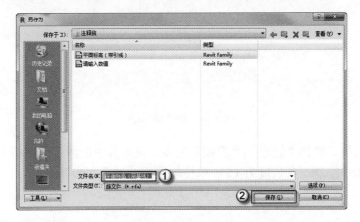

图 8.37　另存为族文件

8.1.3　带引线的平面标高

带引线的平面标高主要是用在建筑施工图中标注的位置偏小，无法使用一般标高，因此需要用引线将标高引出。具体操作如下。

（1）选择"族"|"打开"命令，在弹出的"新族-选择样板文件"对话框中，选择"注释"|"公制常规注释"族样板文件，单击"打开"按钮，如图 8.38 所示。

图 8.38　选择族样板

（2）进入族编辑模式后，选择屏幕中以 Note 开头的一段文字，按 Delete 键将其删除，如图 8.39 所示。

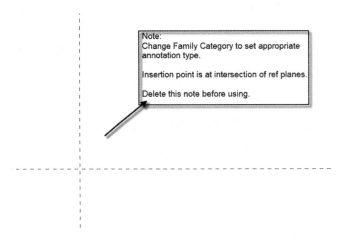

图 8.39　删除提示语

（3）绘制直线。选择"创建"|"直线"命令，以屏幕中的两条十字相交的虚线交点为起点，向右侧水平绘制一条长度为 15 个单位的直线，如图 8.40 所示。

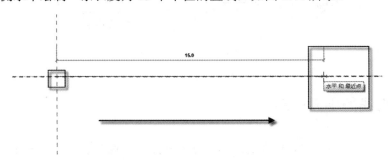

图 8.40　绘制直线

（4）绘制水平参照线。选择"创建"|"参照线"命令，在"偏移量"中输入 2，从标高符号左侧顶点向右侧顶点画参照线。由于设置了偏移量为 2，所以生成的参照线有 2 个单位的间距，如图 8.41 所示。

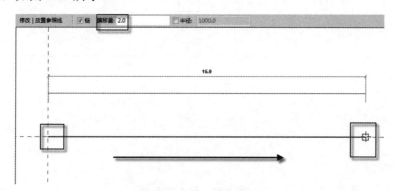

图 8.41　绘制水平参照线

（5）绘制垂直参照线。选择"创建"|"参照线"命令，在"偏移量"中输入"7.5"，从标高符号倒三角顶点向上侧沿垂直方向画参照线。由于设置了偏移量为 7.5，所以生成的参照线有 7.5 个单位的间距，如图 8.42 所示。

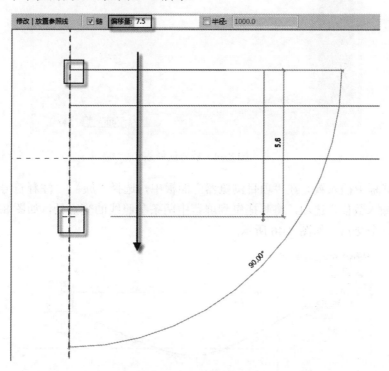

图 8.42　绘制垂直参照线

如图 8.43 所示的两条参照线（1 和 2）绘制完成后，可以观察到这两条参照线交于一点，这个交点就是标高数值中心的对齐点。

（6）载入注释族。选择"插入"|"载入族"命令，在弹出的"载入族"对话框中，选择前面制作好的"请输入数值"族，然后单击"打开"按钮，将其载入，如图 8.44 所示。

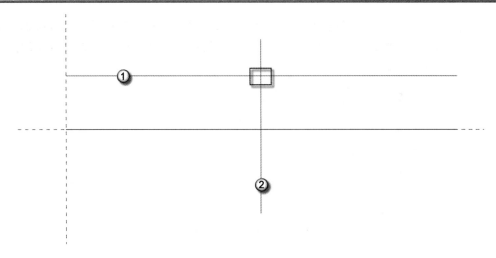

图 8.43　检查交点

图 8.44　载入注释族

（7）在屏幕中插入族。在"项目浏览器"面板中，选择"族"|"注释符号"|"请输入数值"|"请输入数值"选项，将其拖曳到屏幕中两条参照线的交点处，如图 8.45 所示。拖曳后要单击这个交点，如图 8.46 所示。

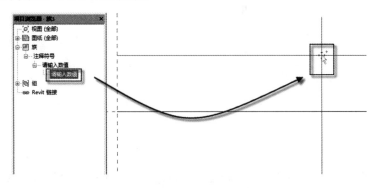

图 8.45　插入族

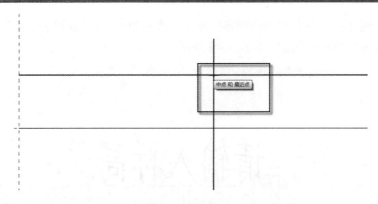

图 8.46　捕捉交点

（8）输入提示语。拖曳完成后，在两条参照线的交点处会出现一个"?"号，单击"?"号，输入"请输入标高"提示语，如图 8.47 所示。然后单击屏幕空白处完成操作，如图 8.48 所示。

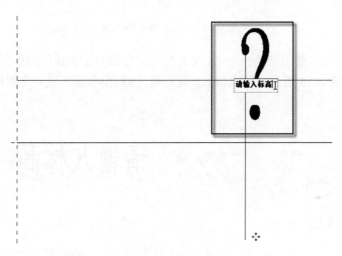

图 8.47　输入提示语

图 8.48　检查提示语

（9）绘制标头参照线 1。选择"创建"|"参照线"命令，在"偏移量"中输入"6"，

沿屏幕水平虚线任意一点向左侧绘制参照线（长度不限）。由于设置了偏移量为 6，所以生成的参照线有 6 个单位的间距，如图 8.49 所示。

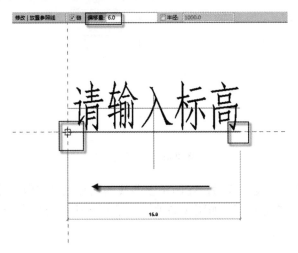

图 8.49　绘制标头参照线 1

（10）对齐标注。使用快捷命令 DI 对齐标注，分别对前面操作的参照线和水平方向虚线进行标注，如图 8.50 所示。这里的 6.0 就是第（9）步中输入的 6 个偏移量。

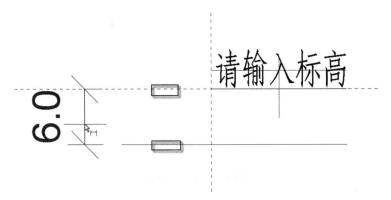

图 8.50　对齐标注

（11）关联标注。选择第（10）步的标注，单击"创建参数"按钮，在弹出的"参数属性"对话框中的"名称"中输入"引线长度"，然后选中"实例"单选按钮，单击"确定"按钮，如图 8.51 所示。

完成关联标注操作后，可以观察到原来的 6.0 标注变为"引线长度=6.0"，如图 8.52 所示。字样的变化表明操作成功。

（12）绘制直线。选择"创建"|"直线"命令，以两条虚线的交点为起点，向下绘制直线至垂直虚线与标头参照线 1 的交点处，如图 8.53 所。

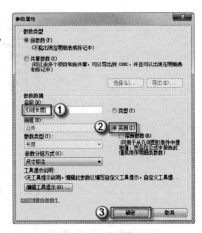

图 8.51　关联标注

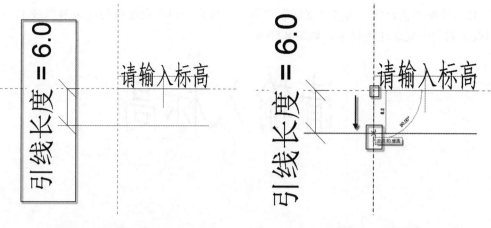

图 8.52　检查关联标注　　　　　　　　　　图 8.53　绘制直线

（13）锁定直线。单击第（12）步绘制直线的下端点，会出现一个打开的锁头，单击这个锁头直至其关闭，如图 8.54 所示。锁定后，这条长度就由参照线决定了。

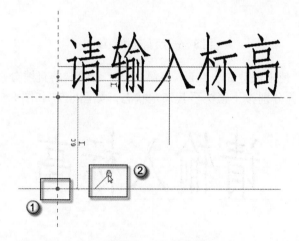

图 8.54　锁定直线

（14）绘制标头参照线 2。选择"创建"|"参照线"命令，在"偏移量"中输入"3"，沿屏幕水平虚线任意一点向左侧绘制参照线（长度不限）。由于设置了偏移量为 3，所以生成的参照线有 3 个单位的间距，如图 8.55 所示。

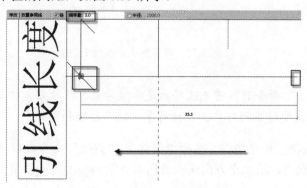

图 8.55　绘制标头参照线 2

（15）绘制连接直线。选择"创建"|"直线"命令，将垂直虚线与标头参照线 1、标头参照线 2 的两个交点连接起来，如图 8.56 所示。

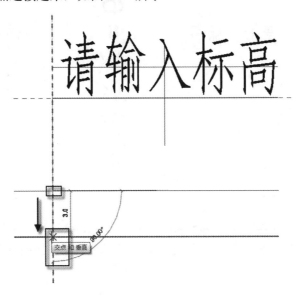

图 8.56　绘制连接直线

（16）对齐直线。使用快捷命令 AL，将第（15）步绘制的直线分别与标头参照线 1、标头参照线 2 对齐，并分别按下锁头至其锁定状态，如图 8.57 和图 8.58 所示。

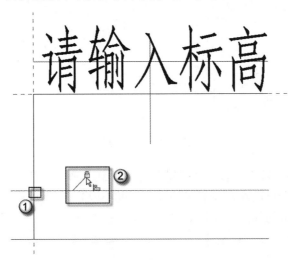

图 8.57　对齐标头参照线 1

注意：使用"对齐"命令时，首先选择的是参照对象、源对象（就是不动的对象），然后再选择需要对齐的对象、目标对象（就是要动的对象），不要选反了。

（17）绘制标头倒三角底边线。选择"创建"|"直线"命令，以垂直方向虚线与标头参照线 1 的交点为起点，沿水平方向向左及向右各绘制长度为 3 个单位的直线，如图 8.59 和图 8.60 所示。

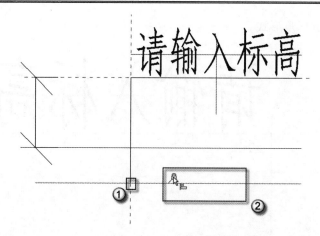

图 8.58　对齐标头参照线 2

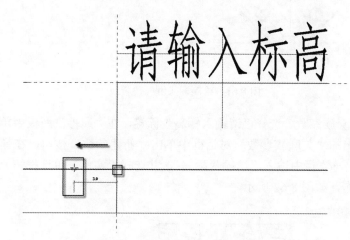

图 8.59　向左绘制 3 个单位的长直线

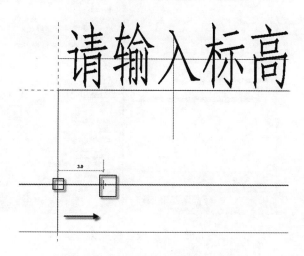

图 8.60　向右绘制 3 个单位的长直线

（18）绘制标头倒三角腰线。选择"创建"|"直线"命令，以第（17）步绘制的两条直线的两个端点为起点，分别向虚线与标头参照线 2 的交点连线，如图 8.61 所示。这样就

完成了标高标头的倒三角形式。

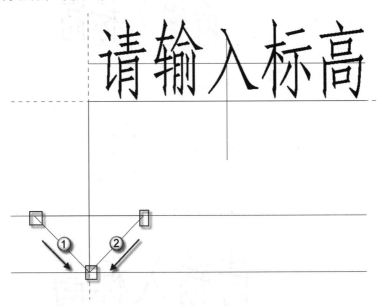

图 8.61　绘制标头倒三角腰线

（19）关联嵌套族参数。选择"请输入标高"标签，在"属性"面板中单击"关联族参数"按钮，在弹出的"关联族参数"对话框中单击"新建参数"按钮，在弹出的"参数属性"对话框的"名称"栏中输入"请输入标高"，并选择"实例"单选按钮，单击两次"确定"按钮完成操作，如图 8.62 所示。

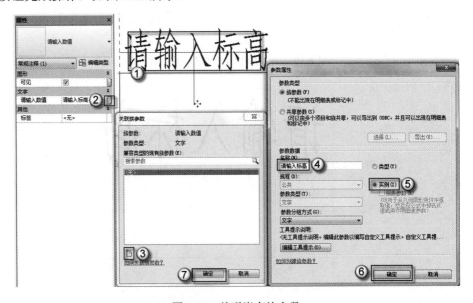

图 8.62　关联嵌套族参数

（20）检查参数和新建族类型。选择"创建"|"族类型"命令，在弹出的"族类型"对话框中检查是否有两个参数，然后单击"新建类型"按钮，在弹出的"名称"对话框中输入"带引线标高"，单击两次"确定"按钮，如图 8.63 所示。

（21）改变族类别。选择"创建"|"族类别和族参数"命令，在弹出的"族类别和族参数"对话框的"族类别"中选择"常规注释"选项，然后单击"确定"按钮，如图 8.64 所示。

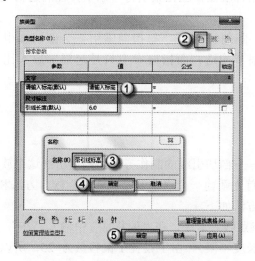

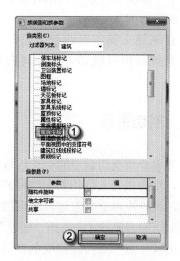

图 8.63　检查参数和新建族类型　　　　　　图 8.64　改变族类别

（22）另存为族文件。选择"程序"|"另存为"|"族"命令，在弹出的"另存为"对话框的"文件名"文本框中输入"带引线标高"字样，单击"保存"按钮，保存新族文件，如图 8.65 所示。

图 8.65　另存为族文件

8.2　索　　引

在施工图中，有时会因为图纸比例问题而无法清楚表达某一局部的细节，为方便施工，需另画详图（或叫大样图）。一般用索引符号注明画出详图的位置、详图的编号及详图所在的图纸编号。索引符号和详图符号内的详图编号与图纸编号两者对应一致。

根据规定，索引符号应以细实线绘制，圆直径为 8～10mm。引出线应对准圆心，圆内过圆心画一条水平线，上半圆中用阿拉伯数字注明该详图的编号，下半圆中用阿拉伯数字注明该详图所在图纸的图纸号。如果详图与被索引的图样在同一张图纸内，则在下半圆中间画一水平细实线。索引出的详图，如采用标准图，应在索引符号水平直径的延长线上加注该标准图册的编号。

在建筑施工图中有两种类型的索引，即剖切索引⌐⊙与指向索引ↄ⊙。剖切索引是需要对建筑进行虚拟剖切，看到其内容的细节构造；而指向索引只是起局部放大比例的作用。

8.2.1 剖切引线

本节中介绍剖切索引的一个组成部分——剖切引线的制作方法。剖切引线这个族制作完成后，将会嵌套入剖切索引注释族中。首先新建一个"公制常规注释"族，方法和 8.1 节一致，此处不再重复叙述。之后的操作方法如下。

（1）绘制参照线 1。选择"创建"|"参照线"命令，在"偏移量"中输入"25"，沿屏幕水平虚线任意一点向左侧绘制参照线（长度不限）。由于设置了偏移量为 25，所以生成的参照线有 25 个单位的间距，如图 8.66 所示。

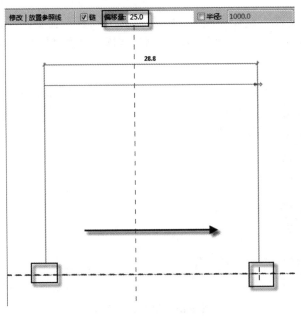

图 8.66　绘制参照线

（2）对齐标注。使用快捷键 DI 对齐标注，分别对第（1）步操作的参照线 1 和水平方向虚线进行标注，如图 8.67 所示。这里的 25.0 就是第（1）步中输入的 25。

（3）关联标注。选择第（2）步的标注，单击"创建参数"按钮，在弹出的"参数属性"对话框的"名称"中输入"引线长度"，然后选择"实例"单选按钮，单击"确定"按钮，如图 8.68 所示。

完成关联标注操作后，可以观察到原来 25.0 的标注变为"引线长度=25.0"的标注，如图 8.69 所示。字样的变化表明操作成功。

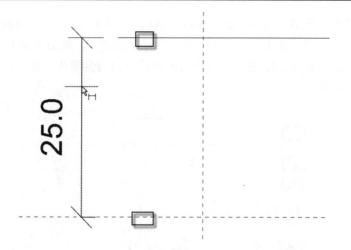

图 8.67　对齐标注

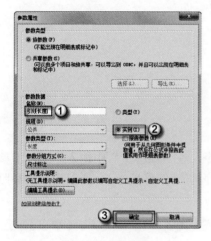

图 8.68　关联标注

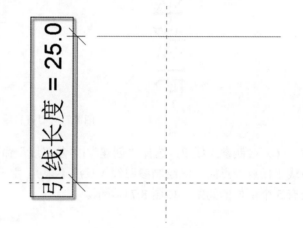

图 8.69　检查关联标注

（4）绘制直线。选择"创建"|"直线"命令，以屏幕中两条虚线的交点为起点，向上绘制到参照线 1 与垂直方向虚线的交点，如图 8.70 所示。

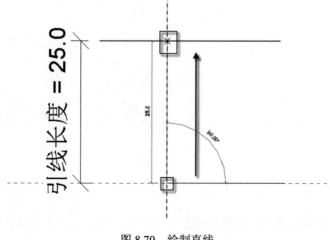

图 8.70　绘制直线

（5）对齐直线。使用"对齐"命令快捷键 AL，选择第（4）步绘制的直线，分别单击此直线的上侧顶点、参照线 1，此时将出现一个打开的锁头，如图 8.71 所示。单击锁头，直至其为关闭状态，如图 8.72 所示。锁头关闭表示直线与参照线 1 锁定，且直线的长度由参照线 1 的偏移决定。

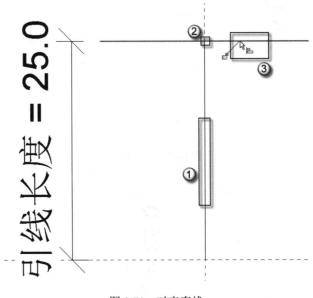

图 8.71　对齐直线

（6）绘制参照线 2。选择"创建"|"参照线"命令，在"偏移量"中输入"5"，沿参照线 1 任意一点向左侧绘制参照线（长度不限）。由于设置了偏移量为 5，所以生成的参照线有 5 个单位的间距，如图 8.73 所示。

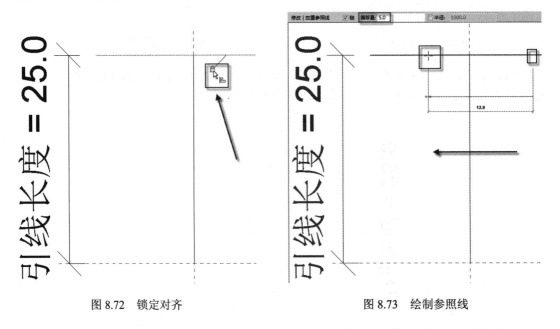

图 8.72　锁定对齐　　　　　　　　　　　图 8.73　绘制参照线

（7）绘制填充区域边界线。选择"创建"|"直线"命令，在"偏移量"中分别输入"0.8"

和 "1.6"，从上至下分别连接垂直方向虚线与参照线 1 和参照线 2 的交点，如图 8.74 和图 8.75 所示。

注意：Revit 与 AutoCAD 不一样，最小数值是 0.8 个系统单位，如小于 0.8 就不能绘制了，这就是此处输入 0.8 的原因。

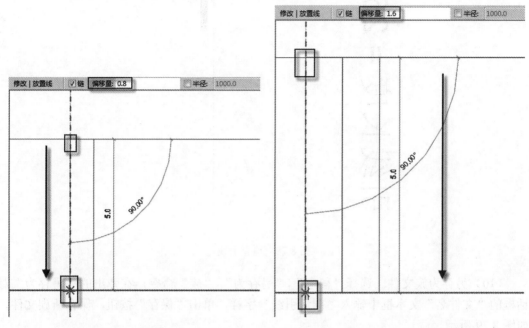

图 8.74　绘制填充区域边界线 1　　　　　图 8.75　绘制填充区域边界线 2

（8）创建填充区域。选择"创建"|"填充区域"命令，使用"矩形"工具，以两个对角点确定为填充区域，如图 8.76 所示。单击"√"按钮完成操作。

（9）锁定填充区域。完成第（8）步操作后，填充区域的 4 个边界线会出现 4 个开放的锁头，依次单击这 4 个开放的锁头直至其关闭状态，如图 8.77 所示。锁头关闭表示填充区域已经锁定，填充区域会随引线的变化而移动。

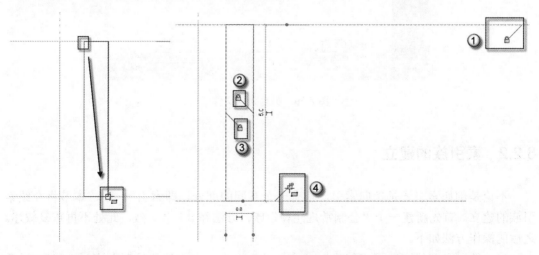

图 8.76　创建填充区域　　　　　　　　　图 8.77　锁定填充区域

剖切引线完成之后，如图 8.78 所示。这只是剖切索引的一个组成部分，这个族会嵌套入后面介绍的族中，作为剖切索引族的子集。

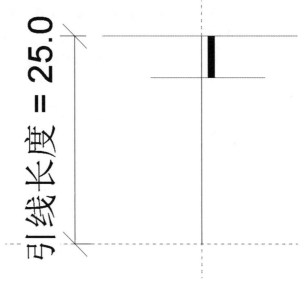

图 8.78　检查引线

（10）另存为族文件。选择"程序"|"另存为"|"族"命令，在弹出的"另存为"对话框的"文件名"文本框中输入"剖切引线"字样，单击"保存"按钮，保存新族文件，如图 8.79 所示。

图 8.79　另存为族文件

8.2.2　索引族的建立

不论是剖切索引还是指向索引，都有一个共同的部分，即索引——⊖，本节将介绍索引族的建立。首先新建一个"公制常规注释"族，方法和 8.1 节一致，此处不再重复叙述。之后的操作方法如下。

（1）绘制参照线。选择"创建"|"参照线"命令，在"偏移量"中输入"25"，沿垂

直方向虚线任意一点向下侧绘制参照线（长度不限）。由于设置了偏移量为 25，所以生成的参照线有 25 个单位的间距，如图 8.80 所示。

（2）对齐标注。使用对齐标注快捷键 DI，分别对第（1）步操作的参照线和垂直方向虚线进行标注，如图 8.81 所示。这里的 25.0 就是第（1）步中输入的 25。

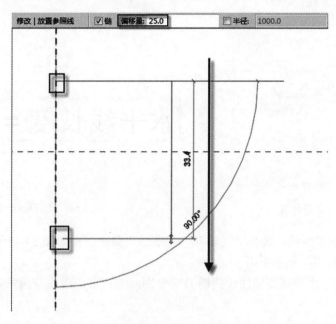

图 8.80　绘制参照线

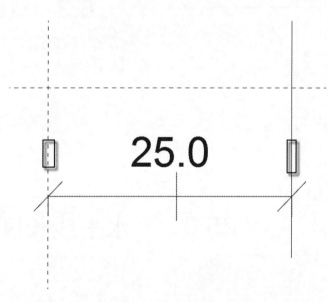

图 8.81　对齐标注

（3）关联标注。选择创建好的的标注，单击"创建参数"按钮，在弹出的"参数属性"对话框的"名称"中输入"水平线长度"，然后选择"实例"单选按钮，单击"确定"按钮，如图 8.82 所示。

完成关联标注操作后，可以观察到原来 25.0 的标注变为"水平线长度=25.0"的标注，如图 8.83 所示。字样的变化表明操作成功。

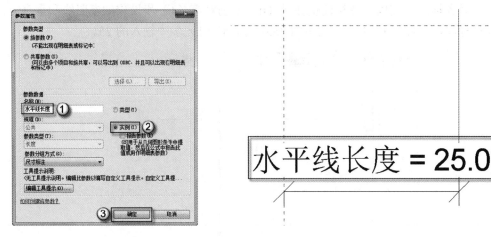

图 8.82　关联标注　　　　　　　　　　图 8.83　检查标注

（4）再次绘制参照线。选择"创建"|"参照线"命令，在如图 8.84 所示的位置绘制一条从向至下的参照线，长度不限。

（5）对齐标注。使用对齐标注快捷键 DI，分别对垂直方向虚线与两条参照线进行标注，如图 8.85 所示。

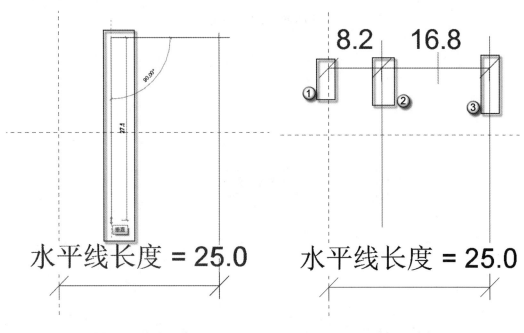

图 8.84　绘制参照线　　　　　　　　　　图 8.85　对齐标注

（6）标注等分。在完成第（5）步的标注后，在标注的上方有一个 EQ 按钮，如图 8.86 所示。单击 EQ 按钮，标注会等分，出现 EQ 字样，如图 8.87 所示。这样就利用标注等分功能，将后绘制的参照线放置在正中位置了。

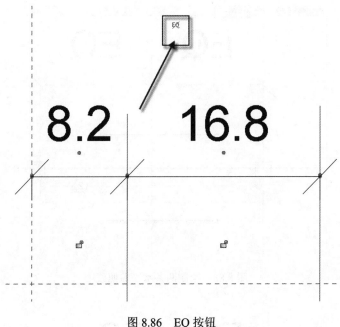

图 8.86　EQ 按钮

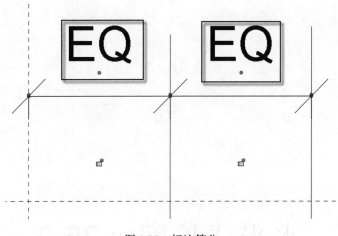

图 8.87　标注等分

注意： 只要是使用"对齐标注"命令标注成功后，在标注的上方都会有个 EQ 小按钮。EQ 就是英文 Equal 的简写，此处是等分的意思。单击 EQ 按钮后，标注中所有数值会变成 EQ 字样，表示将标注等分了。这个功能常用在 Revit 中平分对象，如楼梯的梯段、门窗分隔线等。

（7）绘制两条水平参照线。选择"创建"|"参照线"命令，在"偏移量"中输入"2"，沿图 8.88 中两个方框所示的交点，分别从左向右、从右向左各绘制两条水平参照线。由于设置了偏移量为 2，所以生成的参照线有 2 个单位的间距。完成绘制后，两条水平参照线与两条垂直参照线就有两个交点，这两个交点就是索引中线上文字、线下文字的对齐点，如图 8.89 所示。

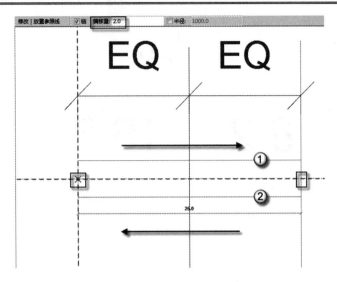

图 8.88　绘制两条水平参照线

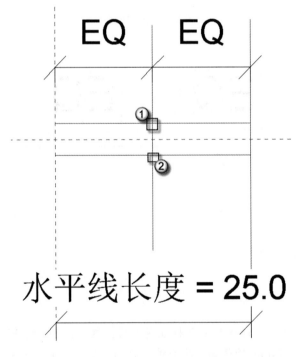

图 8.89　对齐两个点

（8）载入注释族。选择"插入" | "载入族"命令，在弹出的"载入族"对话框中，选择前面制作好的"请输入数值"族，然后单击"打开"按钮将其载入，如图 8.90 所示。

（9）在屏幕中插入族。在"项目浏览器"面板中，选择"族" | "注释符号" | "请输入数值" | "请输入数值"选项，将其拖曳到屏幕中如图 8.91 所示的交点处。拖曳后要单击这个交点，如图 8.92 所示。

图 8.90 载入注释族

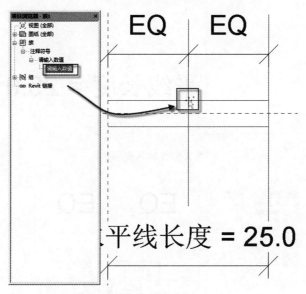

图 8.91 拖曳族

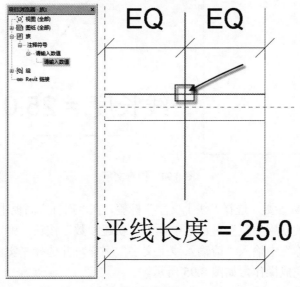

图 8.92 单击交点

（10）输入提示语。拖曳完成后，在两条参照线的交点处会出现一个"**?**"号，单击"**?**"号，输入"线上文字"提示语，如图 8.93 所示。然后单击屏幕空白处完成操作，如图 8.94 所示。

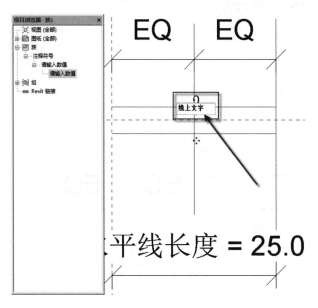

图 8.93　输入提示语

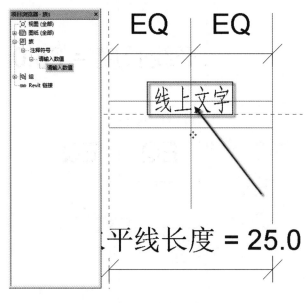

图 8.94　检查文字

（11）关联嵌套族参数。选择"线上文字"标签，在"属性"面板中单击"关联族参数"按钮，在弹出的"关联族参数"对话框中单击"新建参数"按钮，弹出"参数属性"对话框。在其中的"名称"中输入"请输入线上文字"字样，并选择"实例"单选按钮，单击两次"确定"按钮完成操作，如图 8.95 所示。

使用同样的方法，设置"线下文字"相关信息，完成后如图 8.96 所示。选择"创见"｜

"族类型"命令,在弹出的"族类型"对话框中,检查在"文字"栏下是否有两个相关参数,如图 8.97 所示。

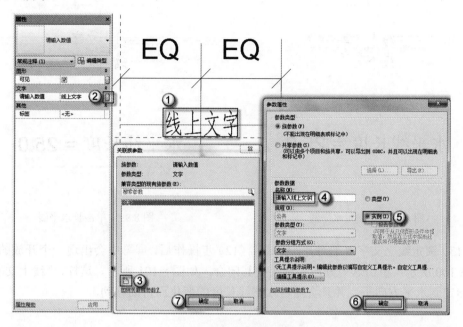

图 8.95　关联嵌套族参数

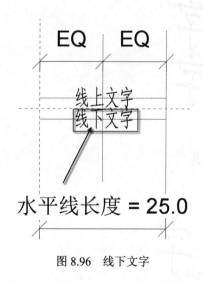

图 8.96　线下文字

图 8.97　检查参数

　　(12)线上文字水平方向对齐。选择"线上文字"标签嵌套族,使用对齐快捷键 AL,依次单击短水平线(即参照线)、长水平线(即嵌套族内部水平中线),如图 8.98 和图 8.99 所示。这样"线上文字"标签就对齐到水平方向了。

注意:这里可以对齐的长水平线,就是导入的嵌套族即 8.1.1 节中制作的标签族横向的那条虚线。这就是为什么不能直接在这里用"标签"功能,而一定要把标签用嵌套族的方式导入,因为嵌套族中有横、竖两条虚线(也就是这里用到的对齐线)。

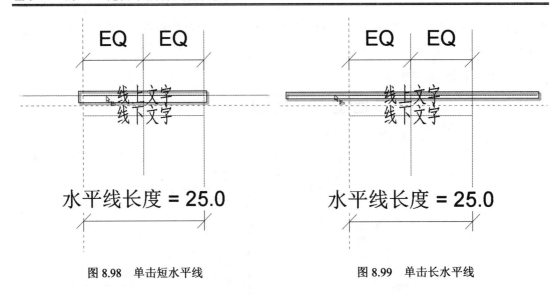

图 8.98　单击短水平线　　　　　　　　图 8.99　单击长水平线

（13）锁定线上文字水平对齐。完成第（12）步操作后，屏幕中会出现一个开放的锁头，如图 8.100 所示。单击这个开放的锁头使其闭合，如图 8.101 所示。这样，"线上文字"标签就锁定到水平方向了，并且会随着水平线长度的变化而自动移动。

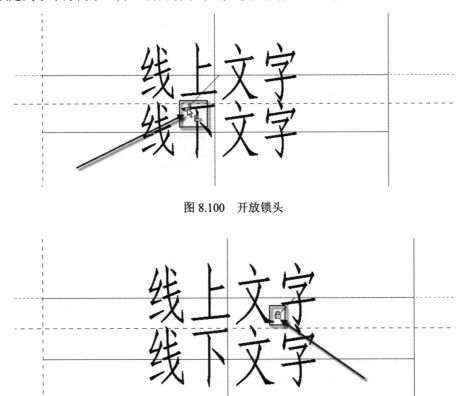

图 8.100　开放锁头

图 8.101　闭合锁头

（14）线上文字垂直方向对齐。选择"线上文字"标签嵌套族，使用对齐快捷键 AL，依次单击长垂直线（即参照线）、短垂直线（即嵌套族内部的垂直中线），如图 8.102 和图 8.103

所示。这样"线上文字"标签就对齐到垂直方向了。

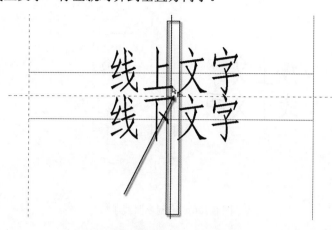

图 8.102　单击长水平线

图 8.103　单击短水平线

（15）锁定线上文字垂直对齐。完成第（14）步操作后，屏幕中会出现一个开放的锁头，如图 8.104 所示。单击这个开放的锁头使其闭合，如图 8.105 所示。这样，"线上文字"标签就锁定到垂直方向了，并且会随着水平线长度的变化而自动移动。

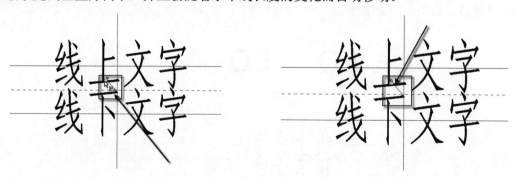

图 8.104　开放锁头　　　　　　　　　　　图 8.105　闭合锁头

（16）再绘制两条参照线。选择"创建"|"参照线"命令，在"偏移量"中分别输入"5.4"与"10.8"，从上至下分别绘制两条参照线，如图 8.106 和图 8.107 所示，对齐点为图中方框。由于设置了"偏移量"，因此生成的新参照线与绘制的位置有一定间距。

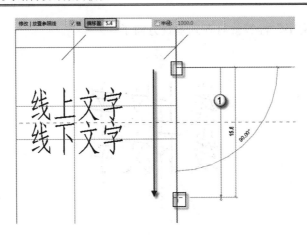

图 8.106　绘制参照线 1

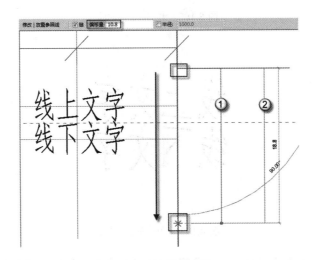

图 8.107　绘制参照线 2

（17）绘制文字线。选择"创建"|"直线"命令，连接图 8.108 中的 1、2 两个交点。这条连线就是索引中的文字线。

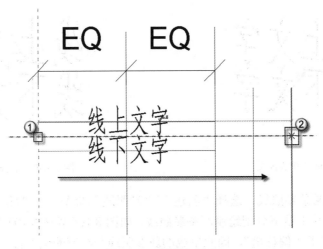

图 8.108　绘制文字线

（18）对齐文字线。选择第（17）步中绘制的文字线，使用对齐快捷键 AL，依次单击文字线右侧端点与最右侧的垂直方向参照线，如图 8.109 和图 8.110 所示。

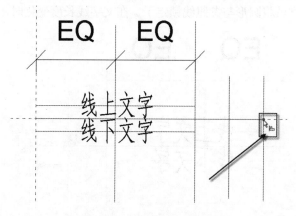

图 8.109　单击文字线端点

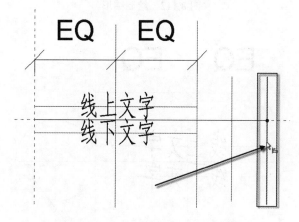

图 8.110　单击右侧垂直方向参照线

（19）锁定索外文字线。第（18）步操作完成后，屏幕中会出现一个开放的锁头，单击这个锁头，如图 8.111 所示，锁头将会变成闭合形式，表示索引文字线已经锁定，其长度由参照线决定。

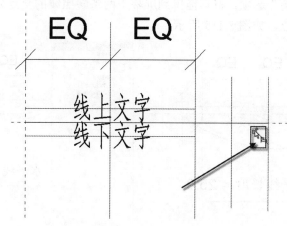

图 8.111　锁定索引文字

（20）绘制圆圈。选择"创建"|"直线"|"圆形"命令，以图 8.112 中的 1 点为圆心，向右侧拉出圆形，直到 2 点。完成操作后，圆形边会出现一个开放的锁头，单击锁头使其闭合，如图 8.113 所示。这样就将圆形与参照线锁定了，在文字线长度变化时，圆形会随之移动。

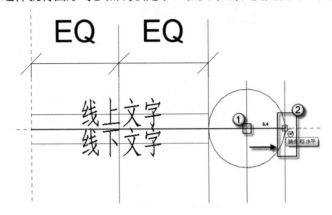

图 8.112　绘制圆形

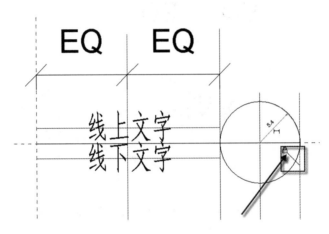

图 8.113　锁定圆形

（21）在屏幕中插入族。在"项目浏览器"面板中，选择"族"|"注释符号"|"请输入数值"|"请输入数值"选项，将其拖曳到屏幕中两条参照线的交点处，如图 8.114 所示。拖曳后要单击这个交点，如图 8.115 所示。

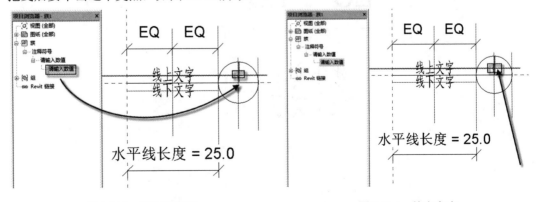

图 8.114　插入嵌套族　　　　　　　　　　图 8.115　单击交点

（22）输入提示语。拖曳完成后，在两条参照线的交点处会出现一个 "?" 号，单击?号，输入 UP 提示语，如图 8.116 所示。然后单击屏幕空白处完成操作。

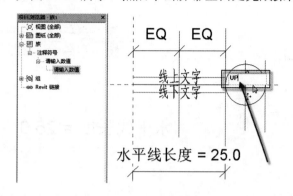

图 8.116　输入提示语

注意：圈中的上、下文字有数字、英语，但都是非中文。所以此处的提示语用 UP 表示圈上文字，用 DN 表示圈下文字。

（23）关联嵌套族参数。选择 UP 标签，在 "属性" 面板中单击 "关联族参数" 按钮，在弹出的 "关联族参数" 对话框中单击 "新建参数" 按钮，弹出 "参数属性" 对话框。在其中的 "名称" 栏中输入 "请输入圈上文字"，并选择 "实例" 单选按钮，单击两次 "确定" 按钮完成操作，如图 8.117 所示。使用同样的方法完成圈下文字——DN 标签的制作。

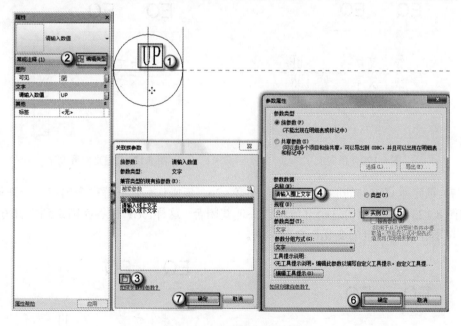

图 8.117　关联嵌套族属性

（24）水平对齐圈上文字。选择 UP 标签嵌套族，使用对齐快捷键 AL，依次单击短水平线（即参照线）、长水平线（即嵌套族内部水平中线），如图 8.118 和图 8.119 所示。这样，"线上文字" 标签就对齐到水平方向了。

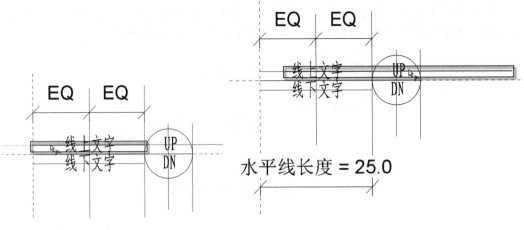

水平线长度 = 25.0

图 8.118　单击短水平线　　　　　　　　　图 8.119　单击长水平线

（25）锁定水平方向的圈上文字。完成第（24）步操作后，屏幕中会出现一个开放的锁头，如图 8.120 所示。单击这个开放的锁头使其闭合，这样，UP 标签就锁定到水平方向了，并且会随着水平线长度的变化而自动移动。

（26）垂直对齐圈上文字。选择 UP 标签嵌套族，使用对齐快捷键 AL，依次单击长垂直线（即参照线）、短垂直线（即嵌套族内部垂直中线），如图 8.121 和图 8.122 所示。这样，UP 标签就对齐到垂直方向了。

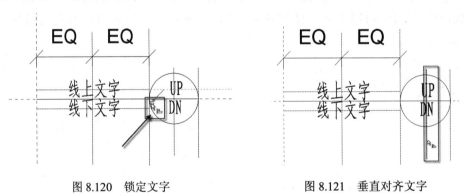

图 8.120　锁定文字　　　　　　　　　　　图 8.121　垂直对齐文字

（27）锁定垂直方向的圈上文字。完成第（26）步操作后，屏幕中会出现一个开放的锁头，如图 8.123 所示。单击这个开放的锁头使其闭合，这样，UP 标签就锁定到垂直方向了，并且会随着水平线长度的变化而自动移动。

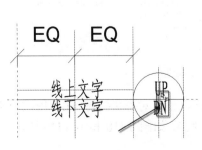

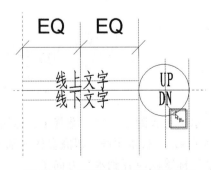

图 8.122　完成垂直对齐文字　　　　　　　图 8.123　锁定垂直方向上的文字

（28）另存为族文件。选择"程序"|"另存为"|"族"命令，在弹出的"另存为"对话框中的"文件名"文本框中输入"索引"，单击"保存"按钮，保存新族文件，如图 8.124 所示。

图 8.124　另存为族

8.2.3　剖切索引

在 8.2.2 节中完成了剖切索引、指向索引的共同部分——索引族的制作，本节中将介绍剖切索引的制作方法。首先打开 8.2.2 节中完成的"索引"族，之后的操作方法如下。

（1）载入"剖切引线"嵌套族。选择"插入"|"载入族"命令，在弹出的"载入族"对话框中选择前面制作完成的"剖切引线"族，单击"打开"按钮，将其嵌套进来，如图 8.125 所示。

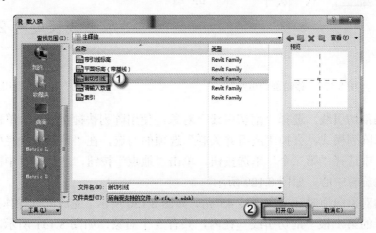

图 8.125　载入嵌套族

（2）在屏幕中插入嵌套族。在"项目浏览器"面板中，选择"族"|"注释符号"|"剖切引线"|"剖切引线"选项，将其拖曳到屏幕中任意位置，如图 8.126 所示。

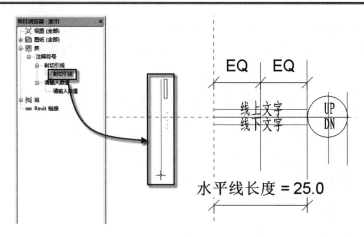

图 8.126　插入族

（3）移动嵌套族。选择插入的"剖切引线"嵌套族，使用移动快捷键 **MV**，将其底部的端点捕捉对齐到屏幕中两条虚线的交点处，如图 8.127 所示。对齐后，按 Esc 键退出即可观察到剖切索引操作基本完成，如图 8.128 所示。

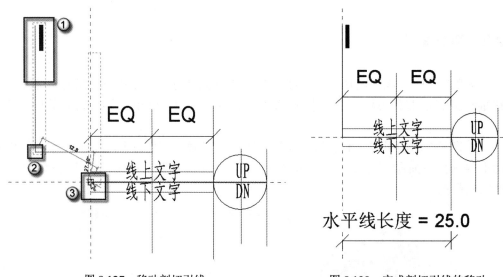

图 8.127　移动剖切引线　　　　　　　　图 8.128　完成剖切引线的移动

（4）阵列剖切引线。选择"剖切引线"对象，使用阵列快捷键 **AR**，单击"径向"按钮，改为环形阵列模式，去掉"成组并关联"选项的勾选，在"项目数"栏中输入"5"，在"移动到"中选择"第二个"单选按钮，单击"地点"按钮，选择屏幕中两条虚线交点为环形阵列的旋转中心，如图 8.129 所示。

将选择的对象向逆时针方向旋转 45°角，如图 8.130 所示。完成阵列操作后，可以观察到包括已选择的第 1 根"剖切引线"在内，共有 5 个对象，如图 8.131 所示，这就是"项目数"栏中输入"5"的原因。

🔔**注意**：Revit 与 AutoCAD 的阵列类似，也有两种，分别是"线性阵列"（与 CAD 中的矩形阵列类似）和"径向阵列"（与 CAD 中的环形阵列类似）。

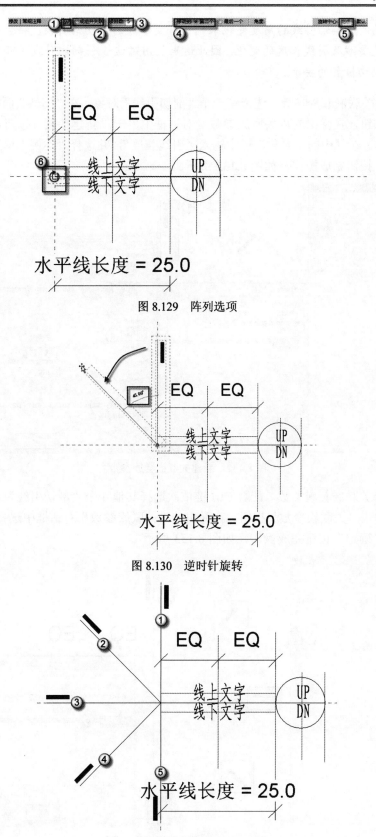

图 8.129 阵列选项

图 8.130 逆时针旋转

图 8.131 5 个对象

🔔**注意：** 如果使用剖切引线的角度变化来制作可变参数的剖切索引族，将会过于复杂。因为还要涉及引线长度的变化。因此这里使用对这 5 个剖切引线的可见性调整来达到剖切位置的要求。

（5）新建关联嵌套族参数。选择第一个"剖切引线"对象，在"属性"面板中单击"关联族参数"按钮，在弹出的"关联族参数"对话框中单击"新建参数"按钮，弹出"参数属性"对话框。在其中的"名称"栏中输入"引线长度"，并选择"实例"单选按钮，单击两次"确定"按钮完成操作，如图 8.132 所示。

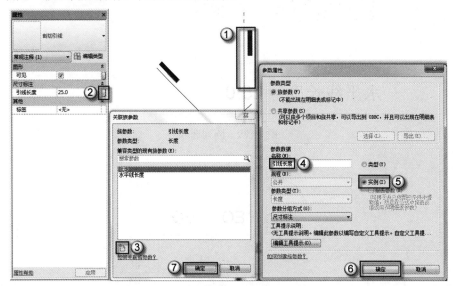

图 8.132　新建关联嵌套族参数

（6）选择关联嵌套族参数。配合 Ctrl 键依次选择其他 4 个"剖切引线"对象，在"属性"面板中单击"关联族参数"按钮，在弹出的"关联族参数"对话框中选择"引线长度"选项，单击"确定"按钮完成操作，如图 8.133 所示。

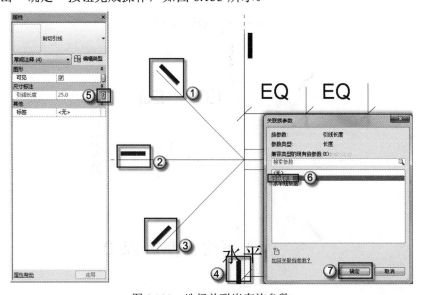

图 8.133　选择关联嵌套族参数

（7）90°引线。选择第 1 根剖切引线即 90°引线，在"属性"面板中单击"关联族参数"按钮，在弹出的"关联族参数"对话框中单击"新建参数"按钮，弹出"参数属性"对话框。在其中的"名称"栏中输入"90 度引线"字样，并选择"实例"单选按钮，单击两次"确定"按钮完成操作，如图 8.134 所示。

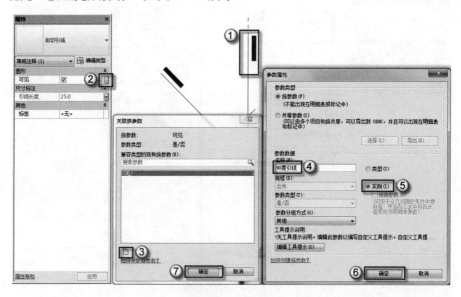

图 8.134　90°引线

（8）135°引线。选择第 2 根剖切引线即 135°引线，在"属性"面板中单击"关联族参数"按钮，在弹出的"关联族参数"对话框中单击"新建参数"按钮，弹出"参数属性"对话框。在其中的"名称"栏中输入"135 度引线"，并选择"实例"单选按钮，单击两次"确定"按钮完成操作，如图 8.135 所示。

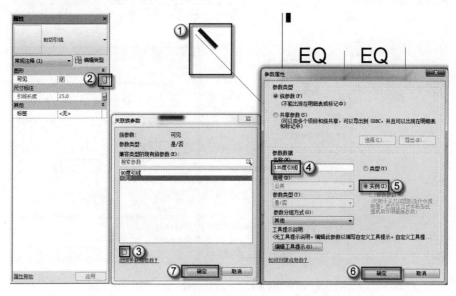

图 8.135　135°引线

（9）180°引线。选择第 3 根剖切引线即 180°引线，在"属性"面板中单击"关联族参数"按钮，在弹出的"关联族参数"对话框中单击"新建参数"按钮，弹出"参数属性"对话框。在其中的"名称"栏中输入"180 度引线"，并选择"实例"单选按钮，单击两次"确定"按钮完成操作，如图 8.136 所示。

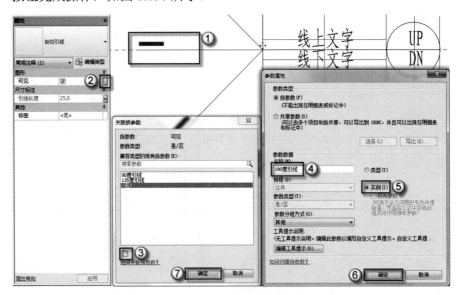

图 8.136　180°引线

（10）225°引线。选择第 4 根剖切引线即 225°引线，在"属性"面板中单击"关联族参数"按钮，在弹出的"关联族参数"对话框中单击"新建参数"按钮，弹出"参数属性"对话框。在其中的"名称"栏中输入"225 度引线"，并选择"实例"单选按钮，单击两次"确定"按钮完成操作，如图 8.137 所示。

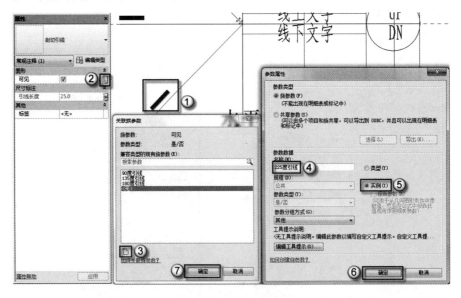

图 8.137　225°引线

（11）270°引线。选择第 5 根剖切引线即 270°引线，在"属性"面板中单击"关联族参数"按钮，在弹出的"关联族参数"对话框中单击"新建参数"按钮，弹出"参数属性"

对话框。在其中的"名称"栏中输入"270 度引线"，并选择"实例"单选按钮，单击两次"确定"按钮完成操作，如图 8.138 所示。

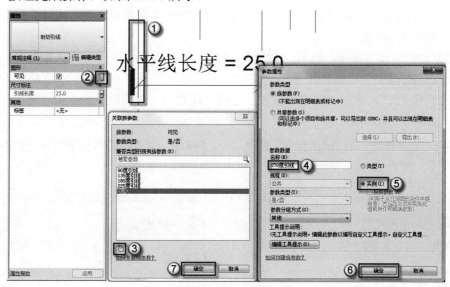

图 8.138　270°引线

（12）90°引线族类型。选择"创建"|"族类型"命令，在弹出的"族类型"对话框中，勾选"90 度引线（默认）"栏，单击"新建类型"按钮，在弹出的"名称"对话框中输入"90 度引线"，单击"确定"按钮，返回"族类型"对话框，再单击"应用"按钮完成操作，如图 8.139 所示。

（13）135°引线族类型。选择"创建"|"族类型"命令，在弹出的"族类型"对话框中，勾选"135 度引线（默认）"栏，单击"新建类型"按钮，在弹出的"名称"对话框中输入"135 度引线"，单击"确定"按钮，返回"族类型"对话框，再单击"应用"按钮完成操作，如图 8.140 所示。

图 8.139　90°引线族类型

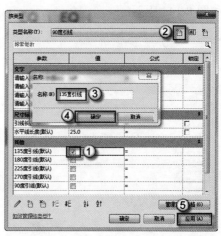

图 8.140　135°引线族类型

⌨注意：这样操作的好处就是，在将剖切索引族导入项目文字后，可以直接选择设计师需要的类型，如需要 90° 引线就只出现 90° 引线，需要 135° 引线就只出现 135° 引线。

（14）180°引线族类型。选择"创建"|"族类型"命令，在弹出的"族类型"对话框中，勾选"180 度引线（默认）"栏，单击"新建类型"按钮，在弹出的"名称"对话框中输入"180 度引线"，单击"确定"按钮，返回"族类型"对话框，再单击"应用"按钮完成操作，如图 8.141 所示。

（15）225°引线族类型。选择"创建"|"族类型"命令，在弹出的"族类型"对话框中，勾选"225 度引线（默认）"栏，单击"新建类型"按钮，在弹出的"名称"对话框中输入"225 度引线"，单击"确定"按钮，返回"族类型"对话框，再单击"应用"按钮完成操作，如图 8.142 所示。

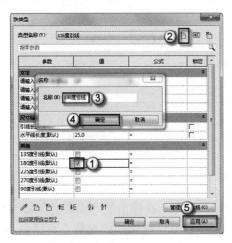
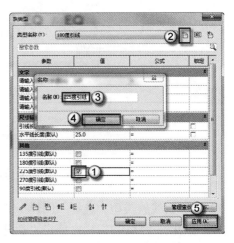

图 8.141　180°引线族类型　　　　　　图 8.142　225°引线族类型

（16）270°引线族类型。选择"创建"|"族类型"命令，在弹出的"族类型"对话框中，勾选"270 度引线（默认）"栏，单击"新建类型"按钮，在弹出的"名称"对话框中输入"270 度引线"，单击"确定"按钮，返回"族类型"对话框，再单击"应用"按钮，如图 8.143 所示。然后在"类型名称"中检查是否有 5 个类型，单击"确定"按钮完成操作，如图 8.144 所示。

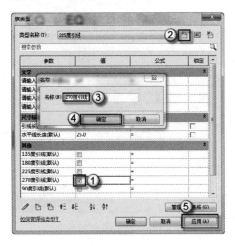

图 8.143　270°引线族类型　　　　　　图 8.144　检查类型

🔔**注意**：由于剖切索引族中的参数比较多，所以一定要单击"族类型"按钮，检查整个族的相关参数。

（17）另存为族文件。选择"程序"|"另存为"|"族"按钮，在弹出的"另存为"对话框的"文件名"文本框中输入"剖切索引"，单击"保存"按钮，保存新族文件，如图 8.145 所示。

图 8.145　另存为族

8.2.4　指向引线

本节中介绍指向索引的一个组成部分——指向引线的制作方法，指向引线族制作完成后，将会嵌套入指向索引注释族中。首先新建一个"公制常规注释"族，方法和前面一致，此处就不再重复叙述了。之后的操作方法如下。

（1）绘制参照线。选择"创建"|"参照线"命令，在"偏移量"栏中输入"20"，沿垂直方向虚线上任意一点向下侧绘制参照线（长度不限）。由于设置了偏移量为 20，所以生成的参照线有 20 个单位的间距，如图 8.146 所示。

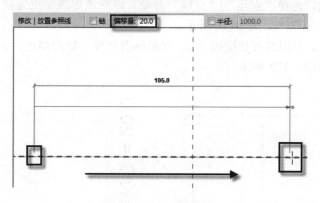

图 8.146　绘制参照线

（2）对齐标注。使用对齐标注快捷键 DI，分别对第（1）步操作的参照线和垂直方向虚线进行标注，如图 8.147 所示。这里的 20.0 就是第（1）步中输入的 20 个偏移量。

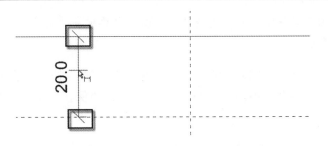

图 8.147 对齐标注

（3）关联标注。选择第（2）步的标注，单击"创建参数"按钮，在弹出的"参数属性"对话框的"名称"栏中输入"引线长度"，然后选择"实例"单选按钮，单击"确定"按钮，如图 8.148 所示。

完成关联标注操作后，可以观察到原来的标注 20.0 变为"水平线长度=20.0"，如图 8.149 所示。字样的变化表明操作成功。

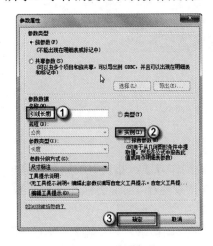

图 8.148 关联标注

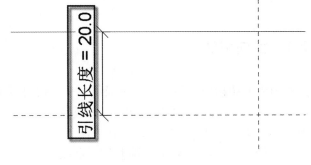

图 8.149 检查关联标注

（4）绘制直线。选择"创建"|"直线"命令，以两条虚线交点为起点，向上绘制直线到虚线与参照线的交点，如图 8.150 所示。

（5）对齐直线。使用对齐快捷键 AL，首先单击直线上侧的端点，如图 8.151 所示。然后单击参照线，如图 8.152 所示。

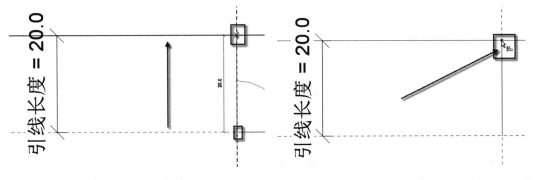

图 8.150 绘制直线

图 8.151 单击端点

（6）锁定直线。完成对齐命令之后，会出现一个开放的锁头，如图 8.153 所示。单击这个锁头，使其变为闭合状态，此时直线就被锁定。直线的长度就由参照线决定。

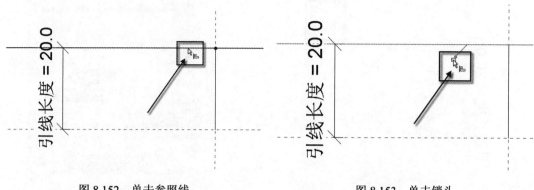

图 8.152　单击参照线　　　　　　　　　　　　图 8.153　单击锁头

（7）绘制指向圈。选择"创建"|"直线"|"圆形"命令，在屏幕空白处绘制一个半径为 7.5 个单位的圆，如图 8.154 所示。这个圆就是指向索引中的指向圈。

（8）将圆移动对齐。选择绘制好的圆，使用移动快捷键 MV，捕捉圆的下象限点到虚线与参照线的交点，如图 8.155 所示。

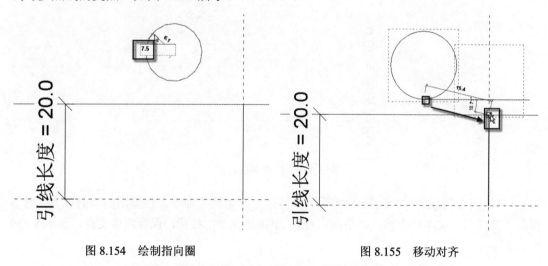

图 8.154　绘制指向圈　　　　　　　　　　　　图 8.155　移动对齐

注意：一定要选移动对齐圆圈，然后再对圆圈进行标注，否则圆圈不锁定，即不会随着引线长度变化而移动。

（9）半径标注。选择"创建"|"半径尺寸标注"命令，对前面绘制的圆进行半径标注，如图 8.156 所示。

（10）关联标注。选择第（9）步的半径标注，单击"创建参数"按钮，在弹出的"参数属性"对话框的"名称"栏中输入"指向圈半径"，然后选择"实例"单选按钮，单击"确定"按钮，如图 8.157 所示。

完成关联标注操作后，可以观察到原来的标注 7.5 变为"指向圈半径=7.5"，如图 8.158所示。字样的变化表明操作成功。

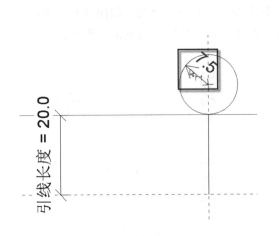

图 8.156　半径标注

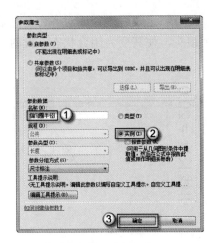

图 8.157　关联标注

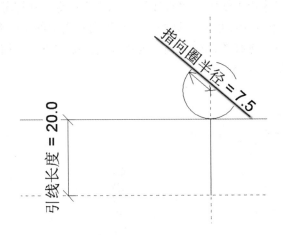

图 8.158　检查关联标注

（11）另存为族文件。选择"程序"|"另存为"|"族"命令，在弹出的"另存为"对话框的"文件名"文本框中输入"指向引线"，单击"保存"按钮，保存新族文件，如图 8.159 所示。

图 8.159　另存为族

8.2.5　指向索引

指向索引是由指向引线💧和索引——⊖这两部分组成。这两个族前面已经制作完成了，本节中只需要将二者结合起来，设置一定的信息就可以了。首先打开前面制作好的"索引"族，之后的操作如下。

（1）载入"指向引线"嵌套族。选择"插入"|"载入族"命令，在弹出的"载入族"对话框中选择前面制作完成的"指向引线"族，单击"打开"按钮，将其嵌套进来，如图 8.160 所示。

图 8.160　载入嵌套族

（2）在屏幕中插入嵌套族。在"项目浏览器"面板中，选择"族"|"注释符号"|"指向引线"|"指向引线"选项，将其拖曳到屏幕中两条虚线交点处，如图 8.161 所示。操作完成后，如图 8.162 所示，可以观察到，指向索引的图形形式已经大致完成了。

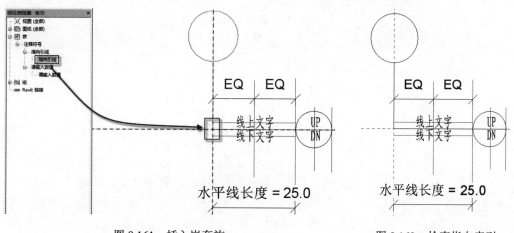

图 8.161　插入嵌套族　　　　　　图 8.162　检查指向索引

（3）阵列指向引线。选择"指向引线"对象，使用阵列快捷键 AR，单击"径向"按钮，改为环形阵列模式，去掉"成组并关联"选项的勾选，在"项目数"栏中输入"5"，单击"地点"按钮，选择屏幕中两条虚线交点为环形阵列的旋转中心，如图 8.163 所示。

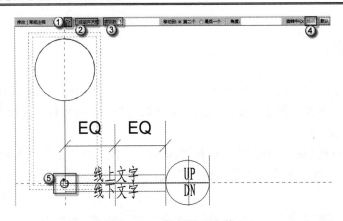

图 8.163 设置阵列参数

　　将选择的对象向逆时针方向旋转 45° 角，如图 8.164 所示。完成阵列操作后，可以观察到包括已选择的第 1 根"指向引线"在内，共有 5 个对象，如图 8.165 所示，这就是"项目数"栏中输入 5 的原因。

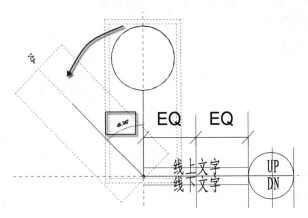

图 8.164 逆时针旋转

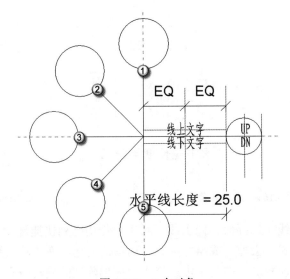

图 8.165 5 个对象

（4）新建"引线长度"关联族参数。配合 Ctrl 键，依次选择 5 个"指向引线"对象，在"属性"面板中单击"关联族参数"按钮，在弹出的"关联族参数"对话框中单击"新建参数"按钮，弹出"参数属性"对话框。在其中的"名称"栏中输入"引线长度"，并选择"实例"单选按钮，单击两次"确定"按钮完成操作，如图 8.166 所示。

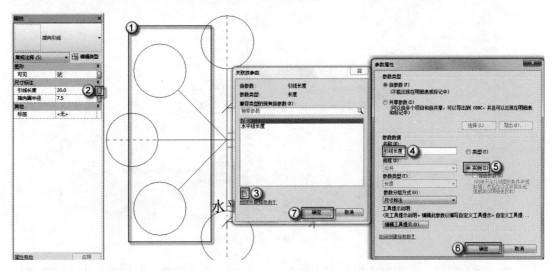

图 8.166　新建"引线长度"关联族参数

（5）新建"指向圈半径"关联族参数。配合 Ctrl 键，依次选择 5 个"指向引线"对象，在"属性"面板中单击"关联族参数"按钮，在弹出的"关联族参数"对话框中单击"新建参数"按钮，弹出"参数属性"对话框。在其中的"名称"栏中输入"指向圈半径"，并选择"实例"单选按钮，单击两次"确定"按钮完成操作，如图 8.167 所示。

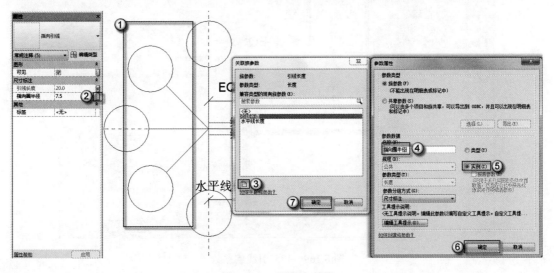

图 8.167　关联族参数

（6）90°引线。选择第 1 根指向引线即 90°引线，在"属性"面板中单击"关联族参数"按钮，在弹出的"关联族参数"对话框中单击"新建参数"按钮，弹出"参数属性"对话框。在其中的"名称"栏中输入"90 度引线"，并选择"实例"单选按钮，单击两次"确定"按钮完成操作,如图 8.168 所示。

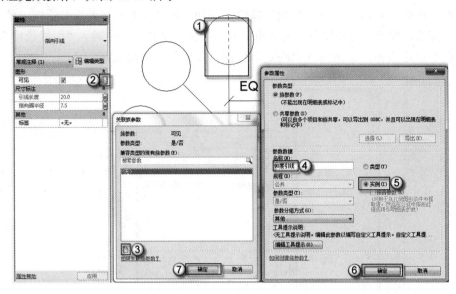

图 8.168 90°引线族参数

(7) 135°引线。选择第 2 根指向引线即 135°引线,在"属性"面板中单击"关联族参数"按钮,在弹出的"关联族参数"对话框中单击"新建参数"按钮,弹出"参数属性"对话框。在其中的"名称"栏中输入"135 度引线",并选择"实例"单选按钮,单击两次"确定"按钮完成操作,如图 8.169 所示。

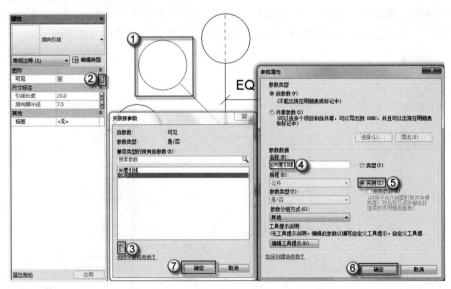

图 8.169 135°引线族参数

(8) 180°引线。选择第 3 根指向引线即 180°引线,在"属性"面板中单击"关联族参数"按钮,在弹出的"关联族参数"对话框中单击"新建参数"按钮,弹出"参数属性"对话框。在其中的"名称"栏中输入"180 度引线",并选择"实例"单选按钮,单击两次"确定"按钮完成操作,如图 8.170 所示。

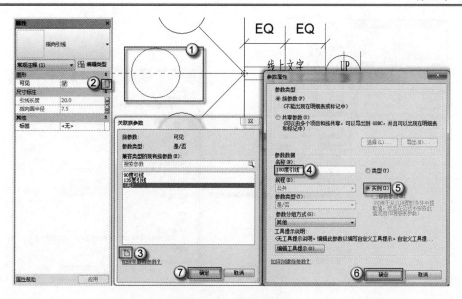

图 8.170　180°引线族参数

（9）225°引线。选择第 4 根指向引线即 225°引线，在"属性"面板中单击"关联族参数"按钮，在弹出的"关联族参数"对话框中单击"新建参数"按钮，弹出"参数属性"对话框。在其中的"名称"栏中输入"225 度引线"，并选择"实例"单选按钮，单击两次"确定"按钮完成操作，如图 8.171 所示。

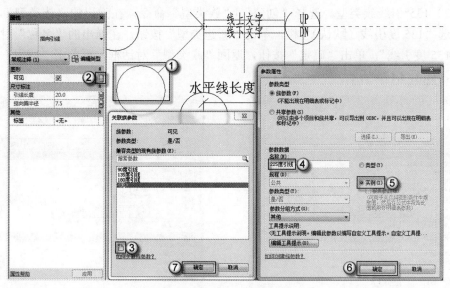

图 8.171　225°引线族参数

（10）270°引线。选择第 5 根指向引线即 270°引线，在"属性"面板中单击"关联族参数"按钮，在弹出的"关联族参数"对话框中单击"新建参数"按钮，弹出"参数属性"对话框。在其中的"名称"栏中输入"270 度引线"，并选择"实例"选项，单击两次"确定"按钮完成操作，如图 8.172 所示。

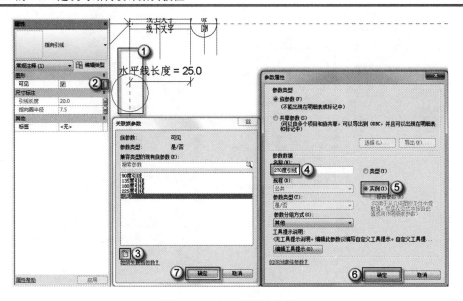

图 8.172　270°引线族参数

（11）90°引线族类型。选择"创建"|"族类型"命令，在弹出的"族类型"对话框中，勾选"90 度引线（默认）"栏，单击"新建类型"按钮，在弹出的"名称"对话框中输入"90 度引线"，单击"确定"按钮，返回"族类型"对话框，再单击"应用"按钮完成操作，如图 8.173 所示。

（12）135°引线族类型。选择"创建"|"族类型"命令，在弹出的"族类型"对话框中，勾选"135 度引线（默认）"栏，单击"新建类型"按钮，在弹出的"名称"对话框中输入"135 度引线"，单击"确定"按钮，返回"族类型"对话框，再单击"应用"按钮完成操作，如图 8.174 所示。

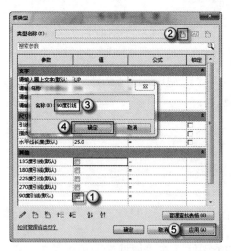

图 8.173　90°引线族类型

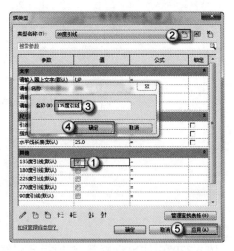

图 8.174　135°引线族类型

（13）180°引线族类型。选择"创建"|"族类型"命令，在弹出的"族类型"对话框中，勾选"180 度引线（默认）"栏，单击"新建类型"按钮，在弹出的"名称"对话框中输入"180 度引线"，单击"确定"按钮，返回"族类型"对话框，再单击"应用"按钮完

成操作，如图 8.175 所示。

（14）225°引线族类型。选择"创建"|"族类型"命令，在弹出的"族类型"对话框中，勾选"225 度引线（默认）"栏，单击"新建类型"按钮，在弹出的"名称"对话框中输入"225 度引线"字样，单击"确定"按钮，返回"族类型"对话框，再单击"应用"按钮完成操作，如图 8.176 所示。

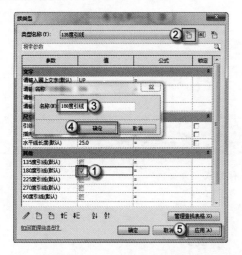

图 8.175　180°引线族类型　　　　　　图 8.176　225°引线族类型

（15）270°引线族类型。选择"创建"|"族类型"命令，在弹出的"族类型"对话框中，勾选"270 度引线（默认）"栏，单击"新建类型"按钮，在弹出的"名称"对话框中输入"270 度引线"，单击"确定"按钮，返回"族类型"对话框，再单击"应用"按钮，如图 8.177 所示。然后在"类型名称"栏中检查是否有 5 个类型，单击"确定"按钮完成操作，如图 8.178 所示。

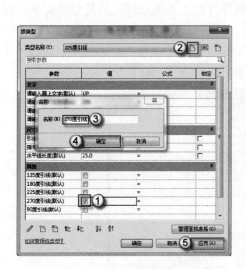

图 8.177　270°引线族类型　　　　　　图 8.178　检查引线族类型

（16）另存为族文件。选择"程序"|"另存为"|"族"命令，在弹出的"另存为"对话框的"文件名"文本框中输入"指向索引"，单击"保存"按钮，保存新族文件，如图 8.179 所示。

图 8.179　另存为族

8.3　标　　记

标记是注释族的一个类别。标记可以自动识别图元的属性，然后自动进行标注，十分方便。在建筑施工图中，最常用的是门、窗、幕墙的编号，这些就要使用注释族中的"标记"制作。本节将介绍门、窗标记族的制作与使用。本例中的幕墙采用窗嵌板制作，因此幕墙也可以进行标记。

8.3.1　门、窗标记族

门、窗标记族的制作不仅简单，而且二者在制作方法上基本一样，只是使用的族样板文件和族命名不一样。具体操作如下。

（1）选择"族"|"打开"命令，在弹出的"新族-选择样板文件"对话框中，选择"注释"|"公制窗标记"族样板文件，单击"打开"按钮，如图 8.180 所示。

图 8.180　公制窗标记族样板

（2）选择"创建"|"标签"命令，再单击屏幕中两条虚线的交点，如图 8.181 所示。这个交点就是标记族的几何中心，插入标记族后，也是以这个点为中心点插入的。

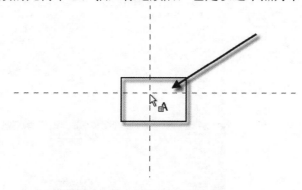

图 8.181　单击交点

（3）编辑标签。在弹出的"编辑标签"对话框中，选择"类型名称"选项，再单击"将参数添加到标签"按钮，将"类型名称"添加到"标签参数"列表中，单击"确定"按钮完成操作，如图 8.182 所示。此时可以观察到在屏幕中心（也就是两条虚线的交点处）有"类型名称"的字样，如图 8.183 所示，表明编辑标签操作已经成功。

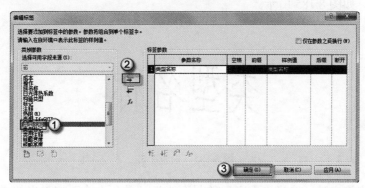

图 8.182　编辑标签

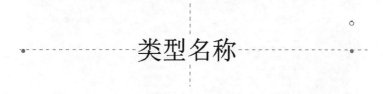

图 8.183　检查标签

（4）编辑字体。虽然标签已经编辑成功，但是标签的字体不符合建筑施工图出图的要求。选择"类型名称"标签，在"属性"面板中单击"编辑类型"按钮，在弹出的"类型属性"对话框中，调整"背景"栏为"透明"选项、"文字字体"栏为"仿宋_GB2312"字体、"宽度系数"栏为"0.700000"，单击"确定"按钮完成操作，如图 8.184 所示。

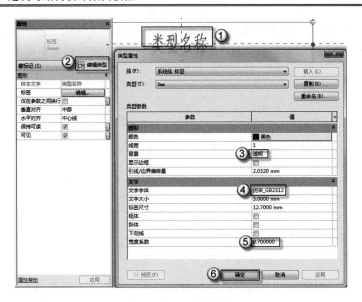

图 8.184　编辑字体

完成编辑字体的操作之后，可以观察到文本标签变为长仿宋字，这种字体符合建筑制图规范的要求，如图 8.185 所示。

图 8.185　检查字体

（5）另存为族文件。选择"程序"|"另存为"|"族"命令，在弹出的"另存为"对话框的"文件名"中输入"窗标记"，单击"保存"按钮，保存新族文件，如图 8.186 所示。

图 8.186　另存为族

（6）制作"门标记"族。"门标记"族与"窗标记"族有两处不一样，分别是第一步的选择族样板文件,如图 8.187 所示,以及最后一步的族命名,如图 8.188 所示。其余操作步骤与"窗标记"一样。

图 8.187　选择族样板文件

图 8.188　另存为族

8.3.2　使用门、窗标记

在 Revit 中,门、窗名称的标注是由标记族自动生成的。比起传统的 CAD 制图,这种模式体现了建筑信息化模型的优势。具体操作如下。

(1)选择"插入"|"载入族"命令,配合键盘的 Ctrl 键,在弹出的"载入族"对话框中,依次选择"窗标记"和"门标记"两个族文件,如图 8.189 所示,将这两个文件载入项目中,随时使用。

(2)标记门。使用按类别标记快捷键 TG,选择"水平"选项,去掉"引线"选项的勾选,然后单击需要标记的门,如图 8.190 所示。

图 8.189　载入标记

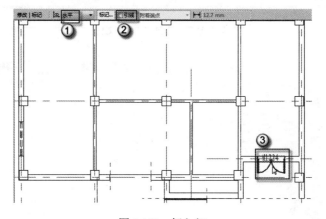

图 8.190　标入门

（3）移动门标记。由于门标记与平面图中的门相交，影响图面表达，因此需要移动门标记。单击门标记，将其直接向上拖曳到空白处，如图 8.191 所示。

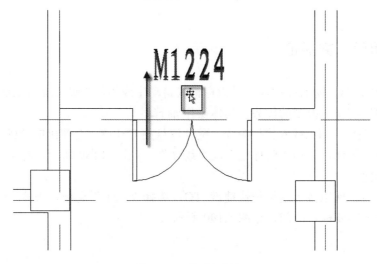

图 8.191　移动门标记

（4）标记窗。使用按类别标记快捷键 TG，选择"垂直"选项，去掉"引线"选项的勾选，然后单击需要标记的窗，如图 8.192 所示。

（5）移动窗标记。由于窗标记与平面图中的窗相交，影响图面表达，因此需要移动窗标记。单击窗标记，将其直接向右拖曳到空白处，如图 8.193 所示。

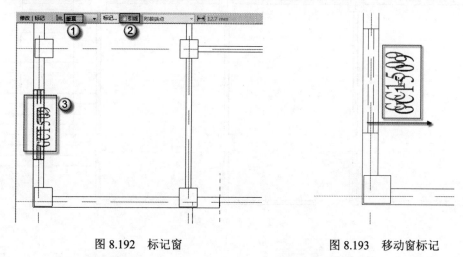

图 8.192 标记窗   图 8.193 移动窗标记

完成一层楼的门层标记后，如图 8.194 所示。注意，"门洞"也是使用门标记，如本例中的 MD1826。本例二层有两个幕墙，分别是 MQ2229 与 MQ9829，由于这两者都是使窗嵌板制作的，因此其名称也是用窗标记进行标注，如图 8.195 所示。

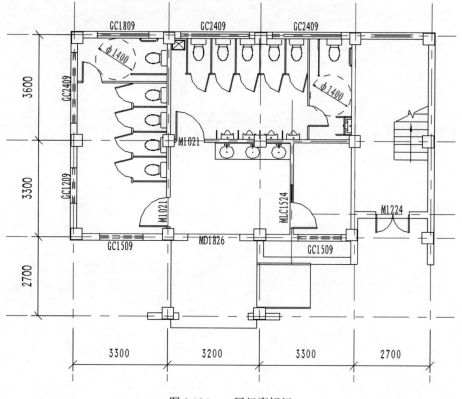

图 8.194 一层门窗标记

⚠️**注意**：有些幕墙不是用门嵌板或窗嵌板制作的，那么就不能使用门、窗标记进行名称的标注，而只能以文字输入的方法进行标注。

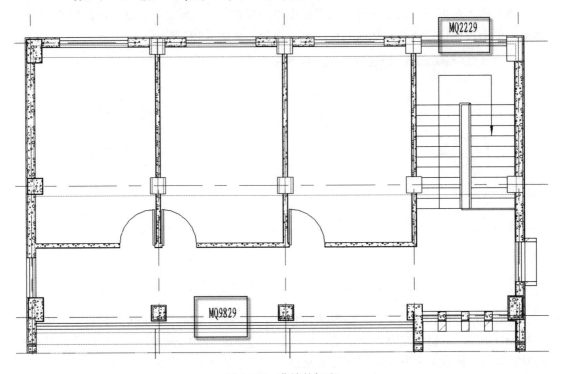

图 8.195　幕墙的标注

第9章 基础部分的结构设计

建筑物最下面与土层直接接触的结构构件叫基础。地基是基础下面的土层，不是建筑物的组成部分，其作用是承受基础传来的荷载。基础承受建筑的全部荷载，并将荷载传给下面的土层——地基。

9.1 杯口式独立基础

当建筑物上部采用框架结构承重时，其基础最常见的就是单独基础，也叫独立基础。独立基础一般是上部偏小，下部偏大。下部基础底面面积变大时，使得地基承载能力大于基础底面的压强，这样才能保证建筑不下沉或倾斜。

本例采用一种外形似一个杯口的独立基础，称为"杯口式独立基础"。这种基础形式在多层框架承重体系中经常用到。

9.1.1 基础族

在 Revit 中有独立基础的族，但是没有杯口式独立基础的族，因此在结构设计时应新建杯口式独立基础族。具体操作如下。

（1）新建族样板。选择"打开"命令，在弹出的"新族-选择样板文件"对话框中，选择"公制结构基础.rft"族样板，然后单击"打开"按钮，如图9.1所示。打开之后，Revit 的屏幕界面如图9.2所示。

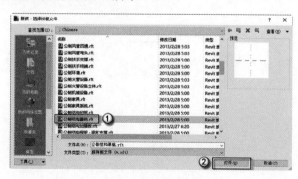

图9.1 新建族样板

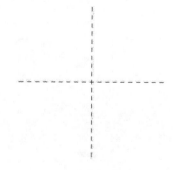

图9.2 基础样板

杯口式基础由3部分组成，分别是四棱台、长方体和混凝土垫层，如图9.3所示。下面介绍如何分别设计这3部分，以及将这3部分组合起来。

（2）绘制参照平面。使用快捷键RP，在"偏移量"中输入"250"，沿着纵向的已有参照平面，从上至下绘制一条新的参照平面，如图 9.4 所示。

（3）镜像参照平面。选择刚绘制的参照平面，使用快捷键 MM，选择默认纵向的参照平面，对其进行镜像，完成后如图 9.5 所示。使用同样的方法，在"偏移量"中输入"300"，绘制出如图 9.6 所示的另外两条参照平面，并使用快捷键 DI，对其进行标注。

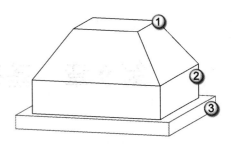

图 9.3　杯口式基础的组成

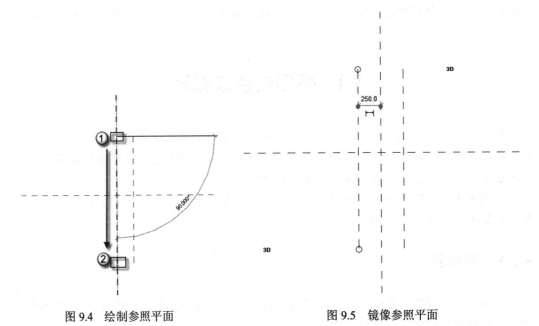

图 9.4　绘制参照平面　　　　　　　　图 9.5　镜像参照平面

（4）等分参照平面。使用快捷键 DI，继续对两条参照平面进行标注，如图 9.7 所示，并且单击 EQ 按钮进行等分标注。使用同样的方法对水平方向的参照平面进行等分标注，完成后如图 9.8 所示。

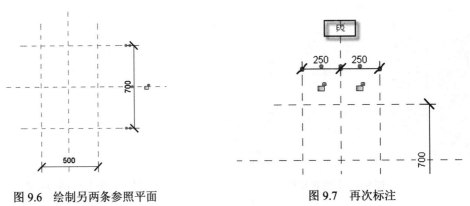

图 9.6　绘制另两条参照平面　　　　　　图 9.7　再次标注

🔔注意：在 Revit 建族的过程中，EQ 是等分的意思。此处使用 EQ 功能，可以让两条参照平面在后面的操作中以中轴线为中点，沿两侧平分展开。

（5）参照平面的标注。选择水平方向为 500 的标注，在"标签"栏中选择"长度"选项，如图 9.9 所示。使用同样的方法，将另一侧标注关联为宽度，如图 9.10 所示。完成后，选择"创建"|"族类型"按钮，在弹出的"族类型"对话框中，可以观察到长度、宽度选项，如图 9.11 所示。

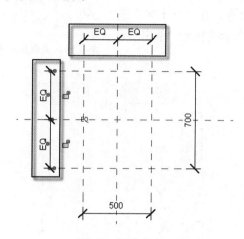

图 9.8 标注的 EQ

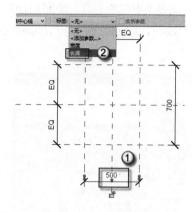

图 9.9 选择长度参数

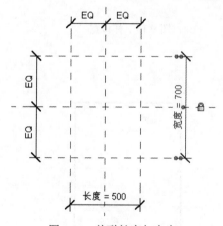

图 9.10 关联长度与宽度

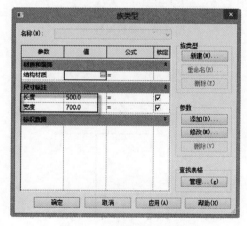

图 9.11 "族类型"对话框

注意：在 Revit 中建族时，这一步操作非常关键，原因是这样操作之后，就将标注与可变族关联起来了，也就是由固定族变成了可变族。在插入族时，就是这样输入"长度"和"宽度"的参数，以生成设计需要的构件形式。

（6）绘制外圈参照平面。使用快捷键 RP，在"偏移量"中输入"250"，沿着已有参照平面，绘制一圈新的参照平面，并使用快捷键 DI 进行标注，如图 9.12 所示。

（7）关联标注参数。选择任意一个 250 的标注，

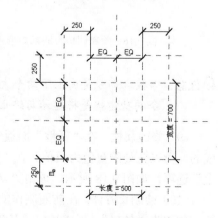

图 9.12 绘制参照平面

在"标签"栏中选择"添加参数"选项，如图 9.13 所示。在弹出的"参数属性"对话框的"名称"栏中输入"杯口宽"，单击"确定"按钮，完成操作，如图 9.14 所示。使用同样的方法，对其他 3 个数值为 250 的标注进行"杯口宽"的关联，如图 9.15 所示。

（8）融合操作。选择"创建"|"融合"命令，在"√|×"选项板中，选择"矩形"工具，绘制出如图 9.16 所示的矩形。单击"编辑顶部"按钮，绘制如图 9.17 所示的矩形。

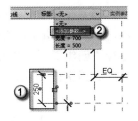

图 9.13　关联标注参数

图 9.14　参数属性

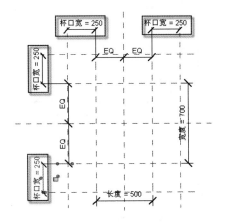

图 9.15　杯口宽

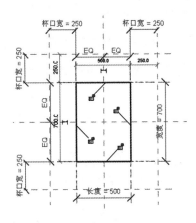

图 9.16　绘制四棱台底部矩形

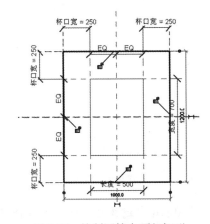

图 9.17　绘制四棱台顶部矩形

△注意：四棱台部分是由上下两个大小不等的矩形组成，应采用"融合"命令制作。该命令的功能就是将起始与终止的两个截图图形沿长度融合生成一个三维对象。

（9）修改属性。在"属性"面板中的"第二端点"中输入"−400"，因为基础是向下生成的，所以此处的数值为负值。在"可见"中勾选"√"选项，在"材质"中选择"混凝土"选项，如图 9.18 所示。单击"√"按钮，退出"融合"操作。

（10）绘制长方体。在前面制作的四棱台下面还有一个长方体的形体，四棱台加上这个长方体称为"杯口"，形成杯口式基础的主体。选择"创建"|"拉伸"按钮，在"√|×"

选项板中，选择"矩形"工具，绘制出如图 9.19 所示的矩形。在"属性"面板的"拉伸终点"中输入"-700"。在"拉伸起点"中输入"-400"。因为基础是向下生成的，此步骤绘制的长方体在四棱台下方，长方体的高度为 300 个单位，所以此处的拉伸起点是从上述操作中四棱台的底部开始的。使用同样的方法进行属性修改，单击"√"按钮，退出"拉伸"操作。

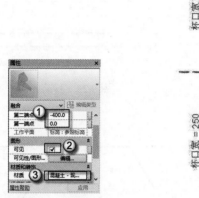

图 9.18 属性

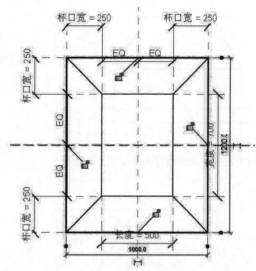

图 9.19 绘制顶部矩形

（11）绘制垫层。选择"创建" | "拉伸"命令，在"√ | ×"选项板中，选择"矩形"工具，在"偏移量"中输入"100"，绘制出如图 9.20 所示的矩形。在"属性"面板的"拉伸终点"中输入"-800"，在"拉伸起点"中输入"-700"。因为基础是向下生成的，此步骤绘制的混凝土垫层在长方体的下方，垫层的高度为 100，所以此处的拉伸起点是从上述操作中长方体的底部开始的。在"可见"中不勾选"√"选项，单击"√"按钮，退出"拉伸"操作。在"立面"视图中可观察到如图 9.21 所示。

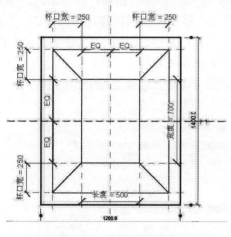

图 9.20 绘制垫层矩形

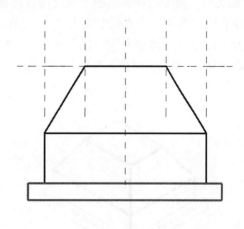

图 9.21 立面（前）视图

（12）标注基础高度及修改。使用快捷键 DI 对基础高进行标注并关联标注参数，如

图 9.22 所示。选择长方体，将顶部向下拉，离开四棱台底部，如图 9.23 所示。单击"修改"按钮，选择杯口基础顶部→矩形基础底部，如图 9.24 所示。单击如图 9.25 所示的锁头，这样可以将上下两个部分锁在一起，保证上部分在移动的过程中，下部分随之变换。使用同样的方法操作垫层厚及长方体。

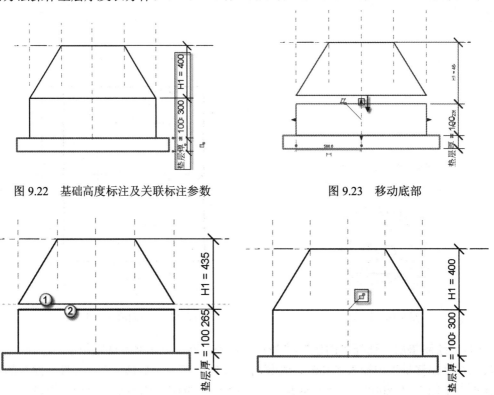

图 9.22　基础高度标注及关联标注参数　　　　　图 9.23　移动底部

图 9.24　对齐操作 1　　　　　　　　　　图 9.25　对齐操作 2

（13）族类型创建及保存。按 F4 键，可观察到如图 9.26 所示的三维模型。选择"创建"｜"族类型"命令，在弹出的"族类型"对话框中，单击"新建"按钮，在弹出的"名称"对话框的"名称"文本框中输入"J1"，单击"确定"按钮，完成操作，如图 9.27 所示。选择"程序"｜"另存为"｜"族"命令，在弹出的"另存为"对话框的"文件名"文本框中输入"J1"，单击"保存"按钮，完成操作，如图 9.28 所示。

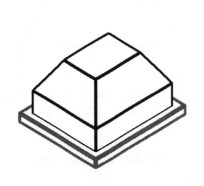

图 9.26　三维模型

图 9.27　族类型设置

图 9.28　保存文件

9.1.2　插入基础族

在制作完成杯口式基础族之后，可以将这个族插入到结构专业的结构平面图中，调整好相应的标高后，即完成了基础设计图，具体操作如下。

（1）编辑及插入基础族。选择"插入"|"载入族"命令，找到对应的"杯口式基础"族的文件位置，选中"J1"，单击"打开"按钮，如图 9.29 所示。选择"结构平面"下的"基础"面，根据设计要求，在相应的轴网上插入基础族，如图 9.30 所示。

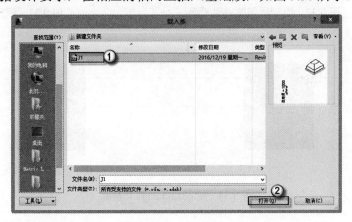

图 9.29　载入基础族

（2）绘制边缘的基础族的参照平面。使用快捷键 RP，在"偏移量"中输入"400"，沿着纵向的 1 号轴网，从下至上绘制一条参照平面，如图 9.31 所示。运用此步骤绘制出所需的参照平面如图 9.32 所示。选择一条画好的参照平面，捕捉参照平面端部的夹点，拖动鼠标使参照平面相交，如图 9.33 所示。将其他参照平面均按同样的方法调整好。

（3）绘制边缘的独立基础。选择"结构"|"独立基础"命令，在相应的轴网上插入族，选择已完成的独立基础，配合 Ctrl 键将其他边缘的独立基础选上，使用快捷键 MV，捕捉移动点→对齐点，如图 9.34 所示。根据上述步骤绘制出其他边缘的独立基础，绘制好的独立基础如图 9.35 所示。

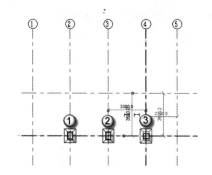

图 9.30　插入基础族的相应位置

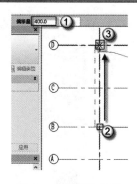

图 9.31　编辑偏移量

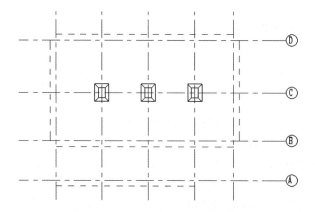

图 9.32　绘制所需的参照平面

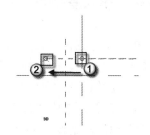

图 9.33　调整参照平面

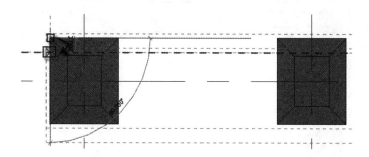

图 9.34　绘制边缘的独立基础

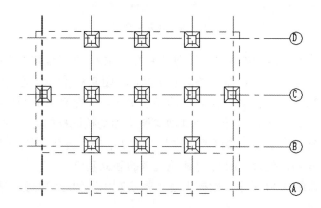

图 9.35　绘制好的独立基础 J1

（4）编辑及绘制独立基础 J2。单击"结构"|"独立基础"|"编辑类型"按钮，在弹出的"类型属性"对话框中单击"复制"按钮，在弹出的"名称"对话框中输入"J2"，单击"确定"按钮，返回"类型属性"对话框，在宽度、L、H2、H1 栏中分别输入"500""1000""200""300"，单击"确定"按钮，如图 9.36 所示。根据上述绘制独立基础 J1 的方法，将独立基础 J2 绘制出来，如图 9.37 所示。

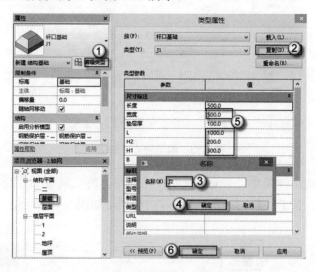

图 9.36　编辑独立基础 J2

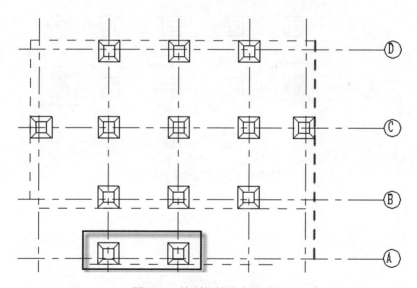

图 9.37　绘制好的独立基础 J2

（5）编辑及绘制独立基础 J3。单击"结构"|"独立基础"|"编辑类型"按钮，在弹出的"类型属性"对话框中单击"复制"按钮，在弹出对话框的"名称"文本框中输入"J3"，单击"确定"按钮，返回"类型属性"对话框。在 H2 和 H1 栏中分别输入"250""350"，单击"确定"按钮，如图 9.38 所示。根据上述绘制独立基础 J1 的方法，将独立基础 J3 绘制出来，如图 9.39 所示。

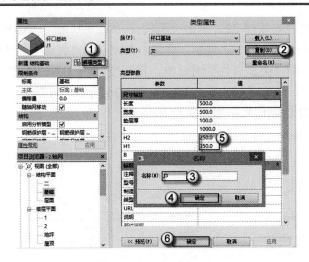

图 9.38　编辑独立基础 J3

本例的建筑形式比较简单，平面也只是一个矩形，所以只有 J1、J2、J3 这 3 个类型的基础。完成操作后，按 F4 键，检查独立基础的模型，如图 9.40 所示。

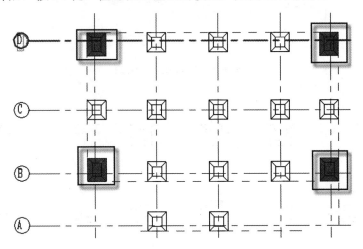

图 9.39　绘制好的独立基础 J3

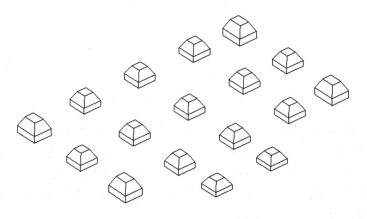

图 9.40　独立基础的三维视图

9.2 基 础 梁

框架结构中，基础梁（在结构设计图纸中符号为 JL）作为基础的一部分，主要起到独立基础间联系的作用，使基础形成较稳定的结构，也有部分抗弯的作用，当独立基础之间不均匀沉降时也会起到抗剪的作用。

9.2.1 X 向基础梁

在绘制基础梁时，一般将 X 方向、Y 方向的梁分开绘制，这样可以方便对梁进行编号，也方便梁的施工。具体操作如下。

（1）载入基础梁族。选择"插入"|"载入族"选择，在弹出的"载入族"对话框中，在文件夹"结构"→"框架"→"混凝土"中选择"混凝土-矩形梁"族，单击"打开"按钮，如图 9.41 所示。

注：这一步骤所插入的"混凝土-矩形梁"的族是 Rveit 系统中的族。Revit 在默认情况下，只有钢梁，没有混凝土梁，这是因为外国建筑使用钢结构偏多的原因。

图 9.41 载入基础梁族

（2）编辑基础梁。单击"结构"|"梁"|"编辑类型"按钮，在弹出的"类型属性"对话框中单击"复制"按钮，在弹出对话框的"名称"文本框中输入"JL1"，单击"确定"按钮，返回"类型属性"对话框。根据设计要求，在 b 和 h 栏中输入"250"和"300"，单击"确定"按钮，如图 9.42 所示。按同样步骤编辑出其他的基础梁，基础梁 JL2、JL3 尺寸与 JL1 相同，基础梁 JL4 的 b 和 h 尺寸分别为 200 和 300 个单位。

注意：根据设计要求，可用此方法编辑设计所需的不同尺寸的基础梁。在重新编辑基础梁时一定要先进行复制，这时就重新建立了一个基础梁。

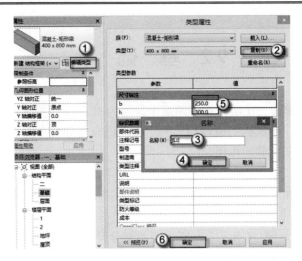

图 9.42　编辑基础梁

（3）绘制边缘的 X 向基础梁。先做一条偏移量为 100 的参照平面，如图 9.43 所示。根据设计要求在相应位置绘制基础梁，捕捉基础梁的起始点，拖动鼠标指针到下一点，如图 9.44 所示。选择已画好的基础梁，使用快捷键 MV，捕捉移动点→对齐点，如图 9.45 所示。根据上述步骤将 B 轴网的基础梁 JL3 绘制出来，如图 9.46 所示。中间的 C 轴网的基础梁 JL2 可直接画出不需要进行移动对齐，根据上述步骤将 A 轴的基础梁 JL4 绘制出来。

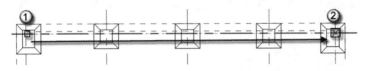

图 9.43　绘制参照平面

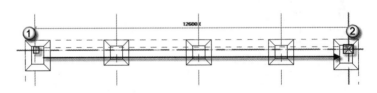

图 9.44　绘制 X 向基础梁

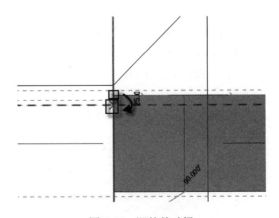

图 9.45　调整基础梁

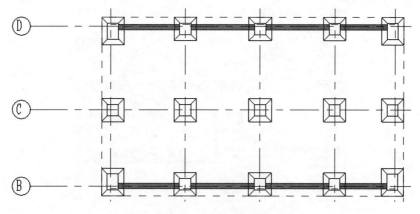

图 9.46　B 轴网的梁

完成操作之后，按 F4 键，检查绘制好的 X 向基础梁的三维模型，如图 9.47 所示。

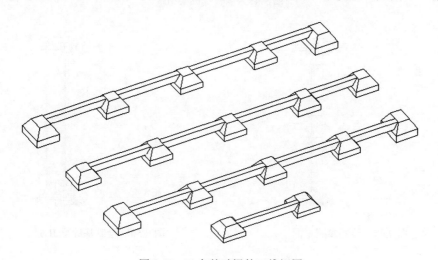

图 9.47　X 向基础梁的三维视图

9.2.2　Y 向基础梁

9.2.1 节中完成了 X 方向基础梁的绘制，本节中将对 Y 方向的基础梁进行操作，由于已经载入了"混凝土-矩形梁"的族，此处直接调用就可以了。具体操作如下。

（1）编辑基础梁。单击"结构"|"梁"|"编辑类型"按钮，在弹出的"类型属性"对话框中单击"复制"按钮，在弹出对话框的"名称"文本框中输入"JL5"，单击"确定"按钮，返回"类型属性"对话框。根据设计要求，在 b 和 h 栏中分别输入"250""300"，单击"确定"按钮，如图 9.48 所示。

（2）绘制边缘的 Y 向基础梁。先做一条偏移量为 100 的参照平面，如图 9.49 所示。根据设计要求在相应位置绘制基础梁，捕捉基础梁的起始点，拖动鼠标指针到下一点，如图 9.50 所示。选择已画好的基础梁，使用 MV 快捷键，捕捉移动点→对齐点，如图 9.51 所示。根据上述步骤，将 5 号轴网的基础梁绘制出来，如图 9.52 所示。

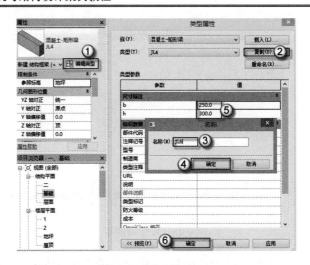

图 9.48　编辑基础梁 JL5

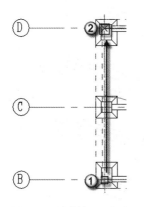

图 9.49　绘制参照平面

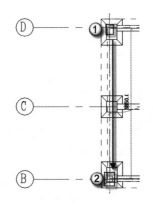

图 9.50　绘制基础梁 JL5

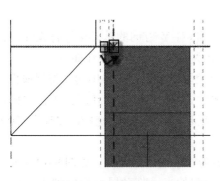

图 9.51　调整基础梁

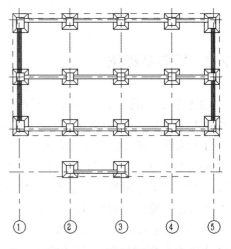

图 9.52　5 号轴网的基础梁

（3）绘制中间的 Y 向基础梁。中间的 2 号、3 号和 4 号轴网的基础梁可直接画出，不需要进行移动对齐，如图 9.53 所示。根据上述步骤将 3 号与 4 号轴网之间的基础梁绘制出来，使用 GR 快捷键命令，绘制一条相对于 4 号轴线偏移量为 2100 的轴线，如图 9.54 所示。使用 BM 快捷键命令将基础梁绘制出来，如图 9.55 所示。按 F4 键，查看绘制好的 Y 向基础梁的三维视图，如图 9.56 所示。

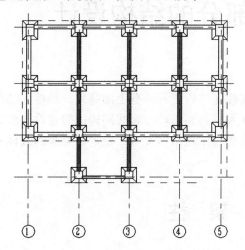

图 9.53　中间的 Y 向基础梁

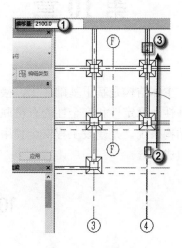

图 9.54　绘制轴线

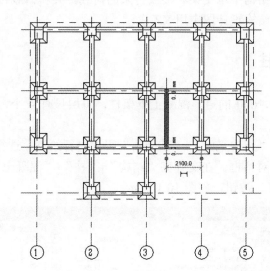

图 9.55　3 号与 4 号轴线之间的 Y 向基础梁

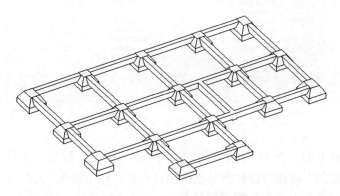

图 9.56　Y 向基础梁的三维视图

第 10 章　主体部分的结构设计

主体结构是基于基础之上，接受、承担和传递建设工程所有上部荷载，维持上部结构整体性、稳定性和安全性的有机联系的系统体系，其和基础一起共同构成的建设工程完整的结构系统，是建设工程安全使用的基础，是建设工程结构安全、稳定、可靠的载体和重要组成部分。

10.1　框　架　柱

框架柱就是在框架结构中承受梁和楼板传来的荷载，并将荷载传给基础，是主要的竖向支撑结构。框架柱在结构设计图中用 KZ 表示。

10.1.1　KZ1 框架柱

KZ1 是截面为 400×600 的矩形混凝土框架柱，每层只有 4 个，分别位于主体的四个角上。具体操作如下。

（1）载入柱族。在"结构平面"|"基础顶"平面进行绘制。选择"插入"|"载入族"命令，弹出"载入族"对话框。在文件夹"结构"|"柱"|"混凝土"中选择"混凝土-矩形-柱"族，单击"打开"按钮，如图 10.1 所示。

图 10.1　载入柱族

（2）编辑框柱 KZ1。单击"结构"|"柱"|"编辑类型"按钮，在弹出的"类型属性"对话框中单击"复制"按钮，在弹出对话框的"名称"栏中输入"KZ1"，单击"确定"按钮，返回"类型属性"对话框。根据设计要求，在 b 和 h 栏中分别输入"400"和"600"，

单击"确定"按钮，如图10.2所示。

注：根据设计要求，可用此方法编辑设计所需的不同尺寸的柱。在重新编辑柱时一定要先进行复制，这时就重新建立了一个柱。

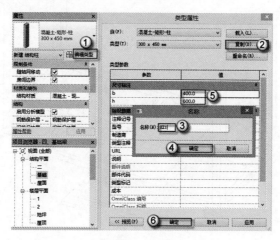

图10.2　编辑框柱

（3）绘制框柱KZ1。选择"结构"|"柱"命令，选择"高度"选项和"屋面"层，根据设计要求在相应位置绘制框柱，如图10.3所示。

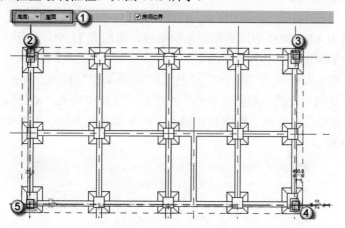

图10.3　绘制框柱

（4）调整框柱 KZ1。选择一个画好的框柱，使用MV 快捷键，捕捉移动点→对齐点，如图10.4所示。根据此步骤，将其他 3 个框柱 KZ1 调整好，之后按F4 键，查看三维视图，如图 10.5 所示。

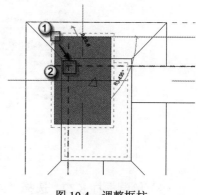

图10.4　调整框柱

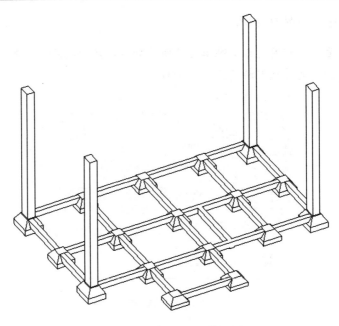

图 10.5　框柱 KZ1 三维视图

10.1.2　KZ2 框架柱

KZ2 是截面为 400×400 的矩形混凝土框架柱，每层有 11 个，位于主体的中部，其标高是从基础顶面至屋面。具体操作如下。

（1）编辑框柱 KZ2。单击"结构"|"柱"|"编辑类型"按钮，在弹出的"类型属性"对话框中单击"复制"按钮，弹出"名称"对话框，在其中输入"KZ2"，单击"确定"按钮，返回"类型属性"对话框。根据设计要求，在 b 和 h 栏中均输入"400"，单击"确定"按钮，如图 10.6 所示。

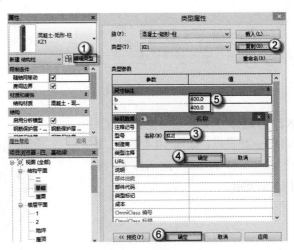

图 10.6　编辑框柱 KZ2

（2）绘制框柱 KZ2。选择"结构"|"柱"命令，选择"高度"选项和"屋面"层，根

据设计要求在相应位置绘制框柱，如图 10.7 所示。

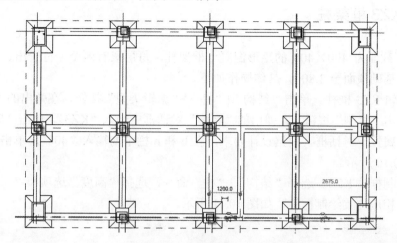

图 10.7 绘制框柱 KZ2

（3）调整框柱 KZ2。选择一个画好的边缘的框柱，使用 MV 快捷键，捕捉移动点→对齐点，如图 10.8 所示。根据此步骤将其他边缘的框柱 KZ2 调整好，按 F4 键，查看框柱 KZ2 三维视图，如图 10.9 所示。

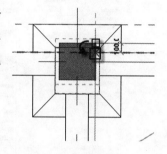

图 10.8 调整框柱 KZ2

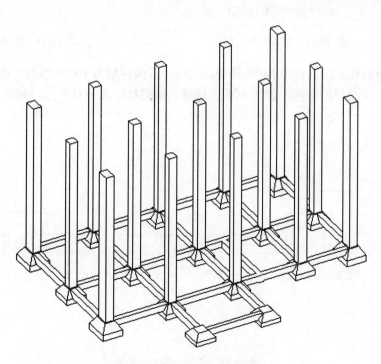

图 10.9 框柱 KZ2 三维视图

10.1.3   KZ3 框架柱

KZ3 是截面为 400×400 的矩形混凝土框架柱，每层只有两个，位于出、入口附近，其标高是从基础顶面至 3.800。具体操作如下。

（1）编辑 KZ3 框柱。单击"结构"|"柱"|"编辑类型"按钮，在弹出的"类型属性"对话框中单击"复制"按钮，在弹出的"名称"对话框中输入"KZ3"，单击"确定"按钮，返回"类型属性"对话框。根据设计要求，在 b 和 h 栏中均输入"400"，单击"确定"按钮，如图 10.10 所示。

（2）绘制框柱 KZ3。选择"结构"|"柱"命令，选择"高度"选项和"二"层，根据设计要求在相应位置绘制框柱，如图 10.11 所示。

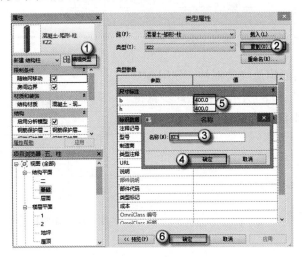

图 10.10   编辑框柱 KZ3

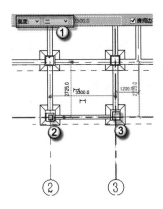

图 10.11   绘制 KZ3

（3）调整框柱 KZ3。使用 RP 快捷键，绘制一条偏移量为 100 的参照平面，如图 10.12 所示。选择一个画好的框柱，使用 MV 快捷键，捕捉移动点→对齐点，如图 10.13 所示。

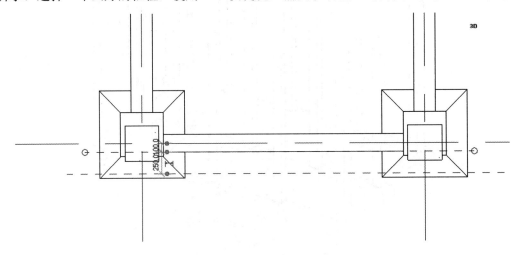

图 10.12   绘制一条参照平面

（4）框柱 KZ3 的标高调整。按 F4 键，配合 Ctrl 键，将绘制好的 KZ3 全部选上，在"属性"面板的"顶部偏移"中输入"300"，如图 10.14 所示。最后全部完成的框架柱如图 10.15 所示。

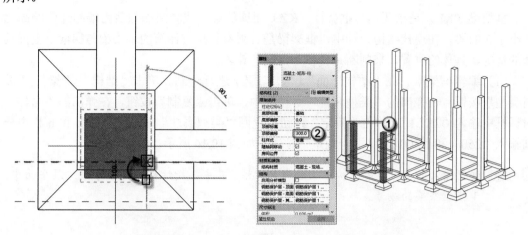

图 10.13　调整框柱 KZ3　　　　　　　　　　　图 10.14　调整标高

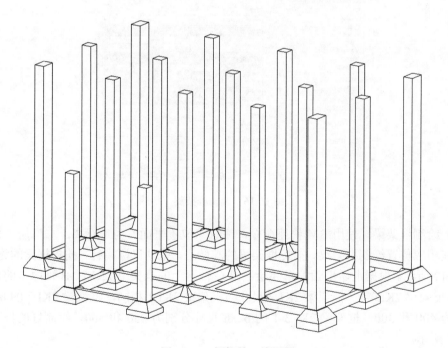

图 10.15　框柱的三维视图

10.2　梁

在框架结构体系中，梁是受弯构件，梁的跨度与高度要计算跨高比，满足相应规范的要求。本例中的梁分为 3 类，分别是框架梁（KL）、次梁（L）、梯梁（TL）。

10.2.1　框架梁 KL

框架梁（KL）是指两端与框架柱（KZ）相连的梁，或者两端与剪力墙相连但跨高比不小于 5 的梁。在现代结构设计中，框架梁是必须参与抗震计算的。次梁与梯梁要根据具体的情况、具体的位置，来判断是否参与抗震计算。

（1）编辑框架梁。在"结构平面"|"二"层下进行绘制。单击"结构"|"梁"|"编辑类型"按钮，在弹出的"类型属性"对话框中，单击"复制"按钮，在弹出的"名称"对话框中输入"2KL1"，单击"确定"按钮，返回"类型属性"对话框。在 b 和 h 栏中分别输入"250"和"300"，单击"确定"按钮，如图 10.16 所示。

注意：这里输入的 2KL1 是结构中梁的命名方法。其中 2 指结构构件位于第二层平面中，1 指框架梁的编号。

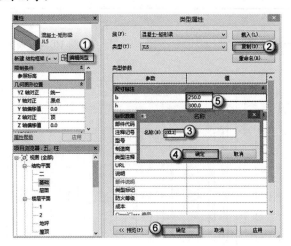

图 10.16　编辑框架梁

（2）绘制框架梁。使用 BM 快捷命令，注意"放置平面"为"标高：二"层，根据设计要求在相应位置绘制框架梁，捕捉框架梁的起始点，拖动鼠标指针，捕捉框梁的终止点，如图 10.17 所示。根据上述步骤编辑并绘制出 C 轴网上的框架梁 2KL2、B 轴网上的框架梁 2KL3 和框架梁 2KL3-1，框架梁 2KL2 尺寸与框架梁 2KL1 相同，框架梁 2KL3 的 b、h 尺寸分别为 400 和 300，框架梁 2KL3-1 的 b、h 尺寸分别为 250 和 300，绘制好的框架梁如图 10.18 所示。

注意：绘制框架梁时可以直接从起始点画到终止点，这样 Revit 中会自动连接框架梁与框柱从而形成一个框架整体。

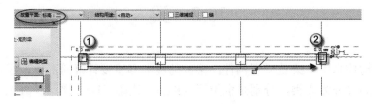

图 10.17　绘制框架梁

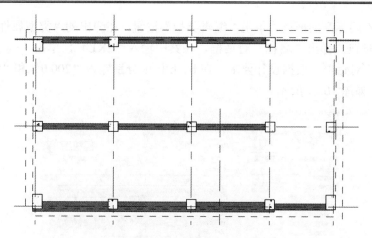

图 10.18　绘制好的框架梁 2KL2 和 2KL3

（3）调整框架梁。选择已画的框架梁 2KL1，使用快捷键 MV，捕捉移动点→对齐点，如图 10.19 所示。根据上述步骤，使用 RP 快捷键画一条相对于 B 轴网偏移量为 300 的参照平面，将 B 轴网的框架梁 2KL3 和框架梁 2KL3-1 调整好，如图 10.20 所示。

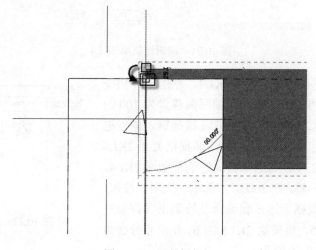

图 10.19　调整框架梁

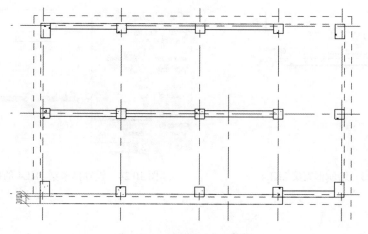

图 10.20　调整好的框架梁

（4）编辑不同标高的框梁。单击"编辑类型"按钮，在弹出的"类型属性"对话框中，单击"复制"按钮，弹出"名称"对话框，在其中输入"2KL4"，单击"确定"按钮，返回"类型属性"对话框。根据设计要求，在 b、h 栏中分别输入"200.0"和"950.0"，单击"确定"按钮，如图 10.21 所示。

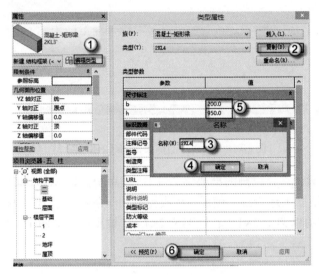

图 10.21　编辑框架梁 2KL4

（5）绘制不同标高的框架梁 2KL4。使用 RP 快捷键，分别绘制两条相对 2 号和 3 号轴网偏移量为 700 的参照平面，如图 10.22 所示。使用 BM 快捷键，捕捉框架梁 2KL4 的起始点，拖动鼠标指针，捕捉框架梁 2KL4 的终止点，如图 10.23 所示。选择已画好的框架梁 2KL4，在"Z 轴偏移值"中输入"300.0"，单击"应用"按钮，如图 10.24 所示。根据上述步骤编辑及绘制出并调整好 Y 向的框架梁 2KL5，框架梁 2KL5 的 b、h 尺寸分别为 250 和 350，如图 10.25 所示。

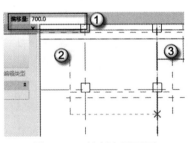

图 10.22　绘制参照平面

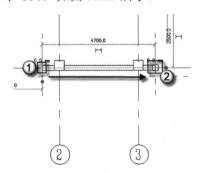

图 10.23　绘制框架梁 2KL4

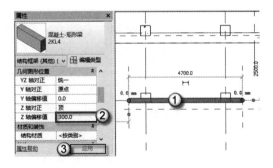

图 10.24　设置框架梁 2KL4 的标高

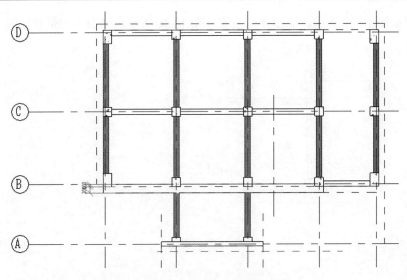

图 10.25　绘制好的 Y 向框架梁 2KL5

10.2.2　次梁 L

次梁是指梁的两端与梁相连，而不是与框架柱相连的梁。在是否参与抗震计算这个问题上，次梁比较难判断，但是在设防烈度为七度以上区，必须参加计算。

（1）绘制参照平面。使用 RP 快捷键，绘制出相对于 C 轴网偏移 720 和 1500 的两条参照平面，相对于 B 轴网偏移 900 的一条参照平面，如图 10.26 所示。

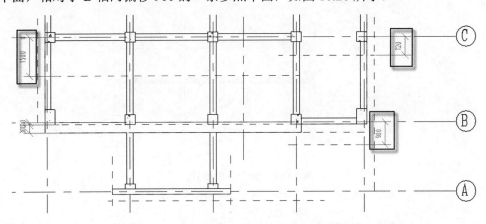

图 10.26　绘制参照平面

（2）编辑不在轴网上的梁。根据上述方法编辑出梁 2L1 的 b、h 尺寸分别为 200 和 250；梁 2L2 的 b、h 尺寸分别为 200 和 220；梁 2L3 的 b、h 尺寸分别为 250 和 300；梁 2L4 的 b、h 尺寸分别为 250 和 350；梁 2L5 的 b、h 尺寸分别为 200 和 220。

（3）绘制不在轴网上的梁。使用 BM 快捷键，选择梁 2L1，在梁 2L1 相应的位置进行绘制，如图 10.27 所示。使用 BM 快捷键，选择梁 2L2，在梁 2L2 的相应位置进行绘制，再使用 MV 快捷键，调整梁的位置，如图 10.28 所示。根据上述步骤绘制出梁 2L3 和梁 2L4，梁

2L3 的位置如图 10.29 所示。梁 2L4 的位置如图 10.30 所示。梁 2L5 的位置如图 10.31 所示。

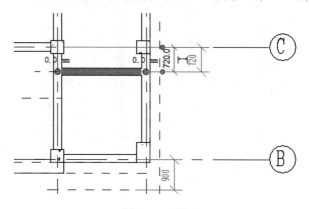

图 10.27　梁 2L1

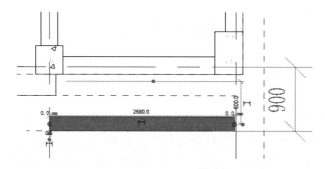

图 10.28　梁 2L2 的位置

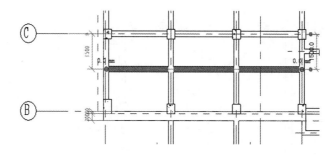

图 10.29　梁 2L3 的位置

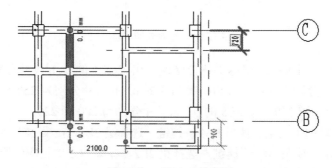

图 10.30　梁 2L4 的位置

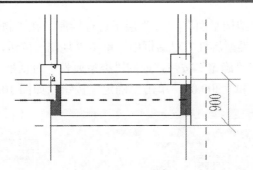

图 10.31　梁 2L5 的位置

（4）调整梁 2L2 和梁 2L5 的标高。配合 Ctrl 键，将梁 2L2 和梁 2L5 全部选择上，在"Z 轴偏移量"栏中输入"-450"，单击"应用"按钮，如图 10.32 所示。按 F4 键，查看三维视图，如图 10.33 所示。

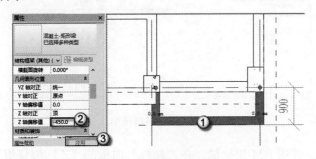

图 10.32　调整梁的标高

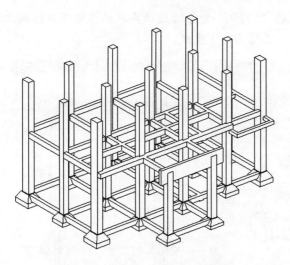

图 10.33　框架梁及次梁的三维视图

10.2.3　梯梁 TL

梯梁顾名思义就是构建楼梯的梁。其一般功能是支撑楼梯的梯段或楼梯平台板的梁。在高层建筑中，梯梁也要参加抗震计算。

（1）编辑梯梁。在"结构平面"|"二"层下进行绘制。在"属性"面板中单击"编辑类型"按钮，在弹出的"类型属性"对话框中，单击"复制"按钮，弹出"名称"对话框。在其中输入"TL1"，单击"确定"按钮，返回"类型属性"对话框。根据设计要求，在 b、h 栏中分别输入"250.0"和"300.0"，单击"确定"按钮，如图 10.34 所示。

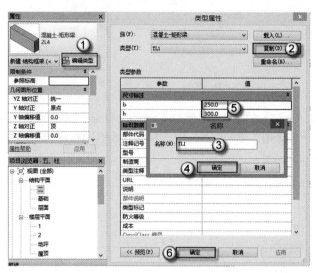

图 10.34　编辑梯梁

（2）绘制梯梁。使用 BM 快捷键，在"属性"面板的"Z 轴偏移值"中输入"1750"，勾选"链"选项，在梯梁 TL1 相应的位置上绘制，如图 10.35 所示。

注：这一步中输入的"-1750"为根据设计要求的梯梁距离结构二层平面的深度，负值为向下生成，正值为向上生成。

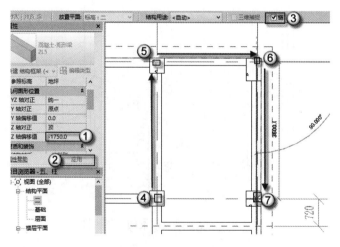

图 10.35　绘制梯梁

（3）绘制其他梯梁。根据上述方法编辑梯梁 TL2，b、h 尺寸分别为 200 和 250。使用 RP 快捷键，绘制一条相对于 D 轴网偏移 1520 个单位的参照平面，如图 10.36 所示。使用 BM 快捷键，在梯梁 TL2 的相应位置上绘制，如图 10.37 所示。TL2 的"Z 轴偏移值"为

"-1750"。按 F4 键，查看三维视图，如图 10.38 所示。根据本节所述步骤可将屋面的框架梁、梁及梯梁绘制出来。

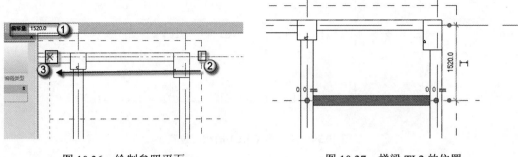

图 10.36　绘制参照平面　　　　　　图 10.37　梯梁 TL2 的位置

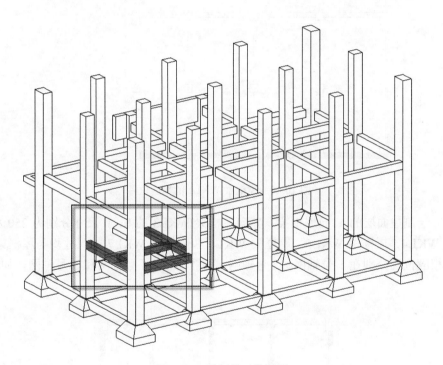

图 10.38　梯梁的三维视图

10.2.4　屋框梁

位于屋面的框架梁被称为屋框梁，其位于整个结构顶面，主要作用是承受屋架的自重和屋面活荷载。活荷载按上人屋面一般取值 2.0kN/m²；不上人屋面一般取 0.5kN/m²。不上人屋面一般指屋面上的雪荷载、积灰荷载等。与框架梁不一样，屋框梁强调锚固要求较高。

（1）绘制屋面层的 X 向框梁。根据本节所述步骤可将屋面的框架梁绘制出来，编辑并绘制屋框梁 WKL1 的 b、h 尺寸分别为 250 和 300，相应位置如图 10.39 所示。屋框梁 WKL2 的 b、h 尺寸分别为 250 和 300，相应位置如图 10.40 所示。

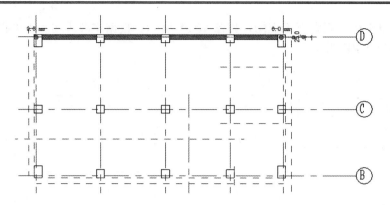

图 10.39　屋框梁 WKL1 的相应位置

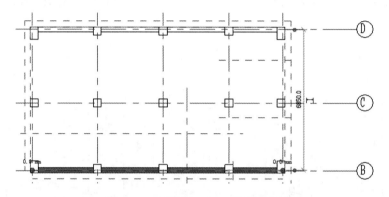

图 10.40　屋框梁 WKL2 的相应位置

（2）绘制屋面层的 Y 向屋框梁。Y 向屋框梁 WKL3 的 b、h 尺寸分别为 250 和 200，屋框梁 WKL4、屋框梁 WKL5、屋框梁 WKL6 和屋框梁 WKL7 的尺寸均与屋框梁 WKL3 相同，相应位置分别在 1 号轴网、2 号轴网、3 号轴网、4 号轴网和 5 号轴网，如图 10.41 所示。

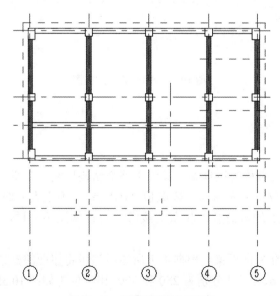

图 10.41　屋框梁的相应位置

（3）绘制屋面层的梁。根据本节所述步骤可将屋面的梁绘制出来，编辑并绘制屋梁 WL1 的 b、h 尺寸分别为 250 和 300，相应位置如图 10.42 所示。

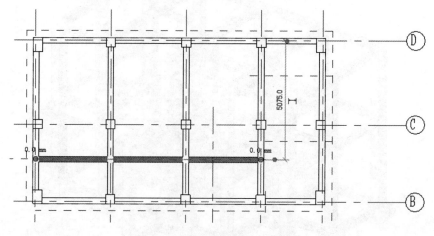

图 10.42　屋梁 WL1 相应位置

（4）绘制屋面层的层下梁。根据本节所述步骤可将屋面的层下梁绘制出来，编辑并绘制屋框梁 WKL8 的 b、h 尺寸分别为 250 和 200，"Z 轴偏移值"为-1900，如图 10.43 所示。按 F4 键，相应位置如图 10.44 所示。

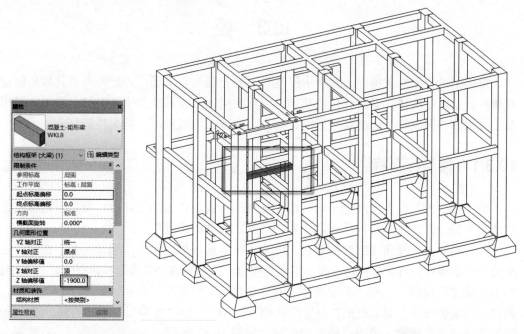

图 10.43　层下梁 Z 轴偏移值　　　　图 10.44　屋框梁 WKL8 相应位置

完成操作后要检查模型，选择"视觉样式"|"着色"命令，如图 10.45 所示，此时模型会以"着色"方式显示。切换至三维视图中，检查模型是否有问题，如图 10.46 所示。

图 10.45　择视图样式

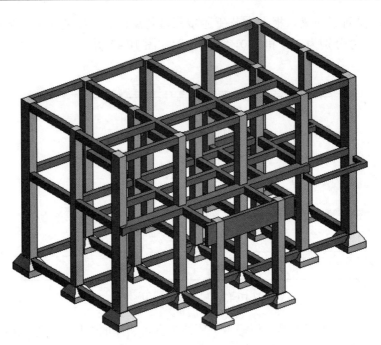

图 10.46　所有梁的三维视图

10.3　板

板是一种分隔承重构件。其将房屋垂直方向分隔为若干层，并把人和家具等竖向荷载及楼板自重通过墙体、梁或柱传给基础。当前应用比较普遍的是钢筋混凝土楼板，采用混凝土与钢筋共同制作。这种楼板坚固、耐久，刚度大，强度高，防火性能好。

10.3.1　楼层标高板

楼层标高板是板面标高等于结构楼层标高的楼板。在结构设计中，梁、板的标高在很多情况下都一样，且与结构楼标高一致，俗称"板顶齐梁顶"。

（1）编辑板。使用 SB 快捷键进入"√｜×"选项板，单击"编辑类型"按钮，在弹出的"类型属性"对话框中，单击"复制"按钮，在弹出的"名称"对话框中输入"2B1"，单击"确定"按钮，返回"类型属性"对话框，单击"编辑"按钮，如图 10.47 所示。在弹出的"编辑部件"对话框的"厚度"栏输入"100"，将"涂膜层"下的防潮、沙、场地-碎等其他材质都删除，单击"确定"按钮，如图 10.48 所示。

（2）绘制板。在"√｜×"选项板中，单击"边界线"的"线"按钮，勾选"链"选项，捕捉板边界的起始点如图 10.49 中 2 号点的位置，拖动鼠标指针画出板的边界，如图 10.49 所示。绘制板时必须画出闭合的线，在遇到柱子时要按照柱子的边界画，如图 10.50 所示。绘制好闭合的线后按下"√"按钮，退出板的绘制。根据上述步骤，将其余的板 2B1 绘制出来，按 F4 键，查看板的三维视图，如图 10.51 所示。

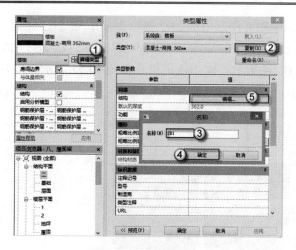

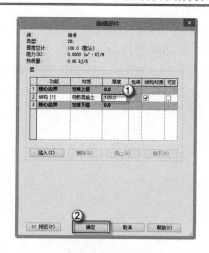

图 10.47　编辑板

图 10.48　编辑板的厚度

注：在绘制板时，必须在一块板画好后即退出"√｜×"选项板，然后再使用 SB 快捷
命令，进入"√｜×"选项板，绘制下一块板。

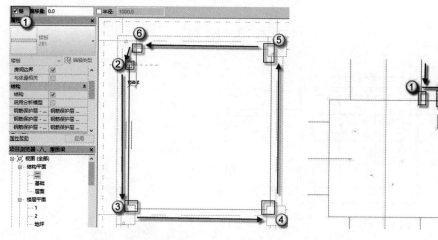

图 10.49　板的绘制

图 10.50　画出柱子的边界

图 10.51　查看板的三维视图

（3）其他板的绘制。根据上述步骤，编辑并绘制出板 2B2 厚度为 90，板 2B3 厚度为 90，板 2B4 厚度为 100，板 2B5 厚度为 100，板 2B2 的位置如图 10.52 所示，板 2B3 的位置如图 10.53 所示，板 2B4 的位置如图 10.54 所示，板 2B5 的位置如图 10.55 所示。按 F4 键，查看板的三维视图，如图 10.56 所示。

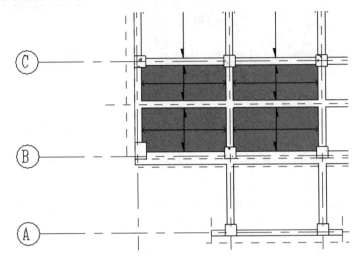

图 10.52　板 2B2 的位置

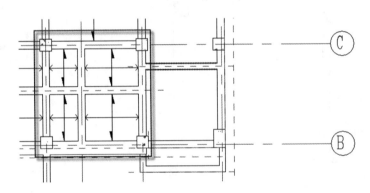

图 10.53　板 2B3 的位置

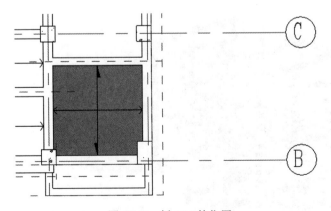

图 10.54　板 2B4 的位置

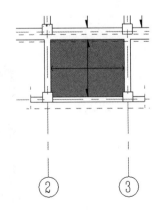

图 10.55　板 2B5 的位置

图 10.56　板的三维视图

10.3.2　降板

降板是指楼板的标高在本层结构标高之下的楼板。这种楼板常用在防止雨水倒灌的区域，如阳台、露台、出入口等。

（1）绘制板 2B5。使用 SB 快捷键，进入"√│×"选项板，选择板 2B5，在"自标高的高度偏移"中输入"-570"，单击"应用"按钮，绘制在板 2B5 的相应位置，如图 10.57 所示。

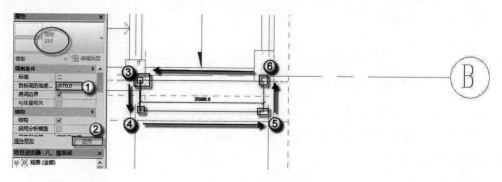

图 10.57　绘制降板

此处绘制的降板是一种比较特别的楼板，其楼板底部的标高与周围梁底部标高一致，俗称"板底齐梁底"，如图 10.58 所示。

（2）编辑板 TB1。使用 SB 快捷键进入"√│×"选项板，单击"编辑类型"按钮，在弹出的"类型属性"对话框中，单击"复制"按钮，在弹出的"名称"对话框中输入"TB1"，单击"确定"按钮，返回"类型属性"对话框，单击"编辑"按钮，如图 10.59 所示。在弹出的"编辑部件"对话框的"厚度"栏输入"80"，将"涂膜层"下的防潮、沙和场地-碎等其他材质都删除，单击"确定"按钮，如图 10.60 所示。

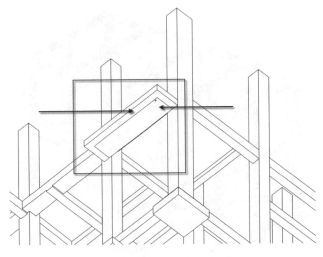

图 10.58　板底齐梁底

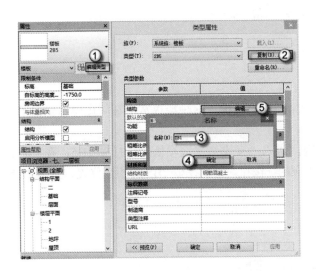

图 10.59　编辑板 TB1

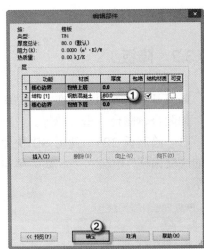

图 10.60　编辑板 TB1 尺寸

（3）绘制板 TB1。使用 SB 快捷键，在"自标高的高度偏移"栏中输入"−1750"，单击"应用"按钮，在板 TB1 的相应位置上绘制，如图 10.61 所示。

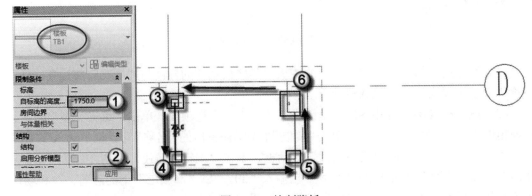

图 10.61　绘制降板

按 F4 键，查看板的三维视图，如图 10.62 所示。

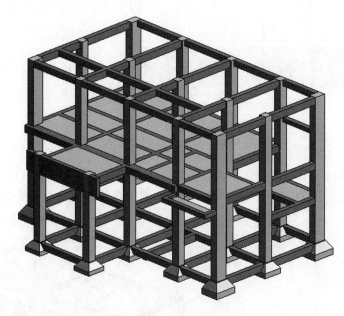

图 10.62　板的三维视图

10.3.3　屋面板

屋面板与楼面板的区别有两点：一是屋面板要厚一些；二是层面板的分布筋要密集一些。具体操作如下。

（1）绘制屋面板 WB1。根据前面所述方法编辑并绘制出屋面板 WB1。屋面板 WB1 的厚度为 120，其相应位置如图 10.63 所示。

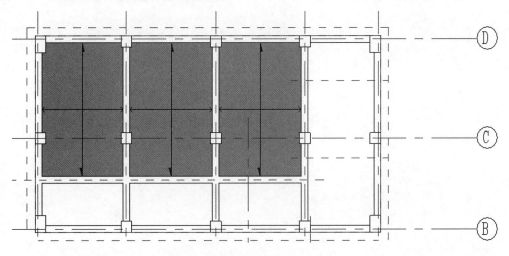

图 10.63　屋面板 WB1 的位置

（2）绘制屋面板 WB2。根据前面所述方法编辑并绘制出屋面板 WB2，屋面板 WB2 的厚度为 110，其相应位置如图 10.64 所示。

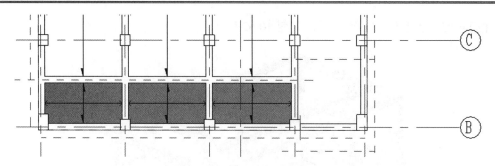

图 10.64　屋面板 WB2 的位置

（3）绘制屋面板 WB3。根据前面所述方法编辑并绘制出屋面板 WB3，屋面板 WB3 的厚度为 110，其相应位置如图 10.65 所示。按 F4 键，查看屋面板的三维视图，如图 10.66 所示。

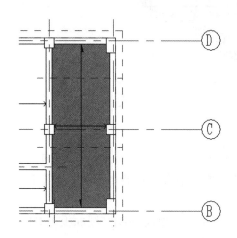

图 10.65　屋面板 WB3 的位置

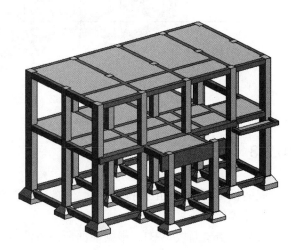

图 10.66　屋面板的整体三维视图

第11章　生成结构施工图

建完结构专业的模型并不是最终的目的，还需要用 Revit 的 RVT 文件出图，因此需要对其进行标注，生成结构施工图。Revit 自带的二维注释族不能满足我国制图规范的要求，因此需要根据实际情况自建族。前面建立的建筑专业的注释族，因为侧重点不同，在此处也不能使用。

11.1　标记与标注

在 Revit 中的注释有两类：标记与标注。标记的功能比较智能，可以自动读取构件的常规信息，并自动标注；而标注则需要手工将构件的内容输入计算机中。当然，如果能够使用标记最好，但目前受软件开发的限制，还是有一些对象或对象的局部信息要使用标注。

11.1.1　基础标记

在建立了基础标记族之后，可以用"按类别标记"命令，对项目文件中的基础对象进行智能标记。这个命令可以自动读取基础族下面的类型名称，并标记到基础附近。下面介绍具体操作。

（1）修改基础标记族。在 Revit 主操作界面下单击"打开"按钮，在弹出的"打开"对话框中，选择"注释"｜"标记"｜"结构"｜"标记_结构基础.rfa"族，然后单击"打开"按钮，如图 11.1 所示。

图 11.1　修改基础标记族

（2）编辑基础标记族。选中基础标记，在"属性"面板中，单击"编辑类型"按钮，在弹出的"类型属性"对话框中设置"背景"为"透明"选项，"文字字体"选择"仿宋_GB2312"选项，在宽度系数"中输入"0.7"，如图 11.2 所示。

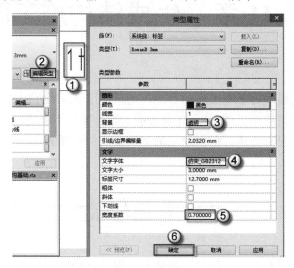

图 11.2　编辑基础标记族

（3）保存基础标记族。选择"程序"｜"另存为"｜"族"命令，在弹出的"另存为"对话框中选择要保存的文件夹，在"文件名"文本框中输入"基础标记"，单击"保存"按钮，完成操作，如图 11.3 所示。

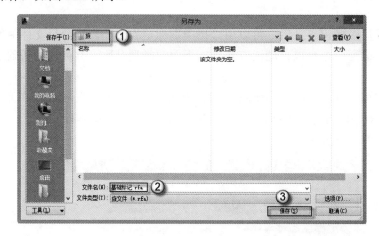

图 11.3　保存族

（4）插入基础标记族。打开已绘制好的结构模型，在"项目浏览器"面板中选择"结构平面"｜"基础"视图，选择"插入"｜"载入族"命令，在弹出的"载入族"对话框中选择之前编辑好的"基础标记.rfa"族，单击"打开"按钮，如图 11.4 所示。

（5）进行基础标记并调整。使用快捷键 TG，不勾选"引线"复选框，选择要标记的基础，如图 11.5 所示。选中"J3"字样，将其拖动到合适的位置，如图 11.6 所示。根据上述步骤，标记其他基础并调整好位置，如图 11.7 所示。

图 11.4 打开基础标记族

图 11.5 基础标记   图 11.6 移动基础标记的位置

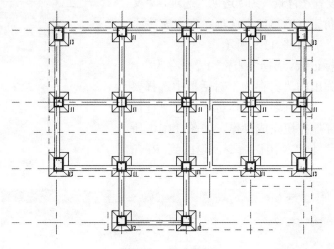

图 11.7 基础标记

注意：施工图中的标记与标注的原则都是文字和数字对象不能与图形对象有交错，否则会使字体不清楚，不能满足出图的要求。

11.1.2 柱标记

在建立了柱标记族之后，可以用"按类别标记"命令，对项目文件中的柱对象进行智能标记。这个命令可以自动读取柱族下面的类型名称，并标记到柱附近。下面介绍具体操作。

（1）修改柱标记族。在 Revit 主操作界面下单击"打开"按钮，在弹出的"打开"对话框中选择"注释"｜"标记"｜"结构"｜"标记_结构柱.rfa"族，然后单击"打开"按钮，如图 11.8 所示。

图 11.8　打开柱标记族

（2）编辑柱标记族。选中柱标记，在"属性"面板中，单击"编辑类型"按钮，在弹出的"类型属性"对话框中设置"背景"为"透明"选项，"文字字体"选择"仿宋_GB2312"选项，在"宽度系数"中输入"0.7"，如图 11.9 所示。

（3）保存柱标记族。选择"程序"｜"另存为"｜"族"命令，在弹出的"另存为"对话框中选择要保存的文件夹，在"文件名"文本框中输入"柱标记"，单击"保存"按钮完成操作，如图 11.10 所示。选择"程序"｜"关闭"命令，返回到 Revit 主操作界面。

图 11.9　编辑柱标记

图 11.10　保存柱标记

（4）插入柱标记族。打开已绘制好的结构模型，在"项目浏览器"面板中选择"结构平面" ｜ "二"视图，选择"插入" ｜ "载入族"命令，在弹出的"载入族"对话框中选择之前编辑好的"柱标记.rfa"族，单击"打开"按钮，如图 11.11 所示。

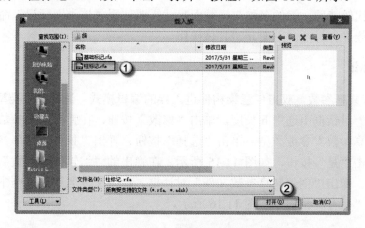

图 11.11　插入柱标记族

（5）进行柱标记并调整。使用快捷键 TG，不勾选"引线"复选框，选择要标记的柱，如图 11.12 所示。选中"KZ1"字样，拖动其到合适的位置，如图 11.13 所示。根据上述步骤，标记其他柱并调整好位置，如图 11.14 所示。

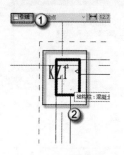

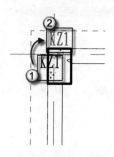

图 11.12　柱标记　　　　　　　　　　图 11.13　调整柱标记的位置

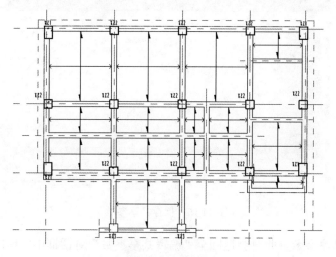

图 11.14　柱标记

11.1.3 梁的标记与标注

梁的情况比较特殊，梁的名称与横截面尺寸需要使用"按类别标记"命令，但梁的标高要使用注释族进行标注。下面介绍具体操作。

1. 梁的标记

（1）设置共享参数。双击任意梁构件进入族的编辑模式。选择"族类型"命令，在弹出的"族类型"对话框中选中 b 长度，单击"修改"按钮，在弹出的"参数属性"对话框中，选择"共享参数"参数类型，单击"选择"按钮，弹出"找不到共享参数文件"对话框，在其中单击"是"按钮，如图 11.15 所示。在弹出的"编辑共享参数"对话框中单击"创建"按钮，弹出"创建共享参数文件"对话框。在"文件名"文本框中输入"公共卫生间"，单击"保存"按钮，如图 11.16 所示。

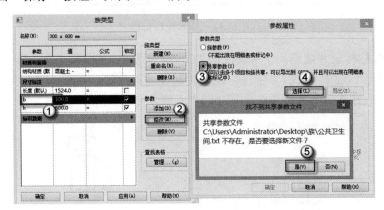

图 11.15　选择共享参数

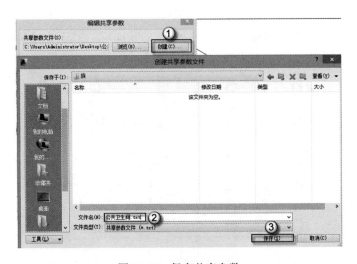

图 11.16　保存共享参数

（2）编辑共享参数。此时会返回至"编辑共享参数"对话框中，单击"组"下的"新建"按钮，在弹出的"新参数组"对话框的"名称"文本框中输入"梁"，单击"确定"

按钮，如图 11.17 所示。在"编辑共享参数"对话框中，单击"参数"下的"新建"按钮，在弹出的"参数属性"对话框的"名称"文本框中输入"梁-b"，单击""确定"按钮，如图 11.18 所示。根据同样的方法再新建一个"梁-h"参数。选中"梁-b"参数后，依次单击"确定"按钮，关闭对话框。

图 11.17　新建组

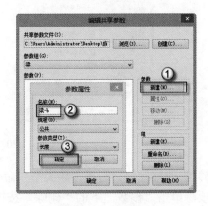

图 11.18　新建参数

（3）共享参数替换。选择"族类型"命令，在弹出的"族类型"的对话框中选中 h 长度，单击"修改"按钮，在弹出的"参数属性"对话框中选择"共享参数"参数类型，单击"选择"按钮，在弹出的"共享参数"对话框中，选择"梁-h"参数后，依次单击"确定"按钮关闭对话框，如图 11.19 所示。选择"载入到项目中"命令，在弹出的"族已存在"对话框中选择"覆盖现有版本及参数值"选项。选择"保存"｜"关闭"命令，返回至 Revit 主操作界面。

🔔注意：在"族类型"对话框中，就是要用梁类型中的"梁-h"和"梁-b"这两个共享参数，分别代替 h 和 b 两个族参数，这样才能自动生成标记。

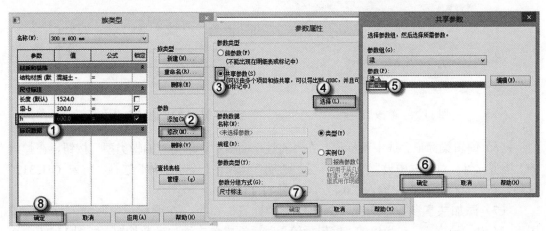

图 11.19　替换共享参数

（4）打开梁标记族。在 Revit 主界面中"族"菜单栏下单击"打开"按钮，弹出"打开"对话框。在其中选择"注释"｜""标记"｜"结构"｜"标记_结构梁.rfa"族，然后单击"打开"按钮，如图 11.20 所示。

图 11.20　打开梁标记族

（5）修改梁标记。选择"族类型"命令，在弹出的"族类型"对话框中选中"框可见性"选项，单击"参数"下的"删除"按钮，在弹出的 Revit 对话框中单击"是"按钮，回到"族类型"对话框中，单机"确定"按钮，如图 11.21 所示。然后在屏幕中选中不需要的框线，并按 Delete 键将其删除，如图 11.22 所示。

💬**注意**：在标注数字与文字外侧有一个框是国外结构施工图的画法，不符合我国相应制图
　　规范的要求，必须将其删除。

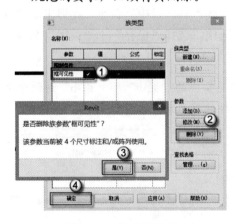

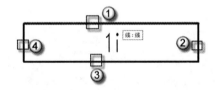

图 11.21　修改族类型　　　　　　　图 11.22　删除多余的线

（6）编辑梁标记。选中梁标记，在"属性"面板中，单击"编辑类型"按钮，在弹出的"类型属性"对话框中设置"背景"为"透明"选项，"文字字体"选择"仿宋_GB2312"选项，在"宽度系数"中输入"0.7"，如图 11.23 所示。

（7）添加共享参数。选择"创建"｜"标签"命令，在梁标记中间插入标签，即图 11.24 中①号位置。在弹出的"编辑标签"对话框中单击添加参数按钮，即图 11.24 中②号标注按钮，弹出"参数属性"对话框，在该对话框中单击"选择"按钮，弹出"共享参数"对话框，在其中选中"梁-b"参数，然后依次单击"确定"按钮关闭对话框。根据同样的方法添加"梁-h"参数。

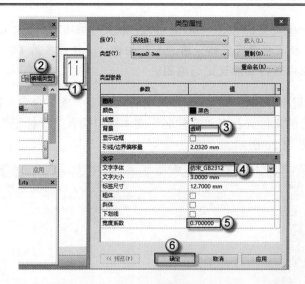

图 11.23　编辑梁标记

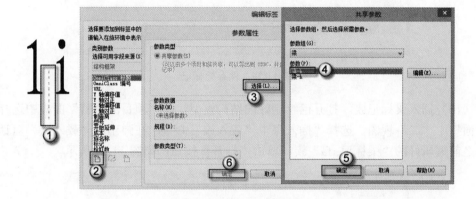

图 11.24　添加共享参数

（8）编辑标签。分别选中"梁-b"和"梁-h"，单击"将添加到标签"按钮，即图 11.25 中的②号标注按钮，在"梁-b"的"后缀"栏中输入"×"，在"梁-h"的"空格"栏中输入"0"，如图 11.25 所示。

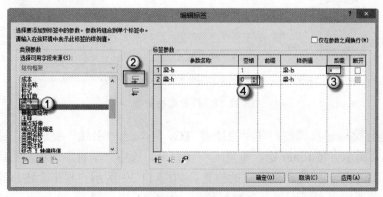

图 11.25　编辑标签

注意：梁的标注一般是类似 200×600 的形式，就是"梁-b"×"梁-h"。"梁-b"与"梁-h"两个参数之间没有空格，用"×"相连。这就是在第（8）步中的"后缀"与"空格"栏中进行相应设定的原因。

（9）保存梁标记族。选择"程序" | "另存为" | "族"命令，在弹出的"另存为"对话框中选择要保存的文件夹，在"文件名"文本框中输入"梁标记"，单击"保存"按钮，完成操作，如图 11.26 所示。

图 11.26　保存梁标记

（10）插入梁标记族。打开已绘制好的结构模型，在"项目浏览器"面板中选择"结构平面" | "二"视图，选择"插入" | "载入族"命令，在弹出的"载入族"对话框中选择之前编辑好的"梁标记.rfa"族，单击"打开"按钮，如图 11.27 所示。

图 11.27　打开梁标记族

（11）进行梁标记及调整。使用快捷键 TG，不勾选"引线"复选框，选择要标记的梁，如图 11.28 所示。按 Enter 键，重复上一步命令，选中"垂直"选项，然后选择要标记垂直向的梁，选中标记并拖动到合适的位置，如图 11.29 所示。根据上述步骤，标记二层的其他梁、基础顶层梁和屋面梁并调整好位置，如图 11.30～图 11.32 所示。选择"保存" | "关闭"命令，返回到 Revit 主操作界面中。

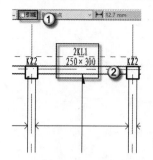

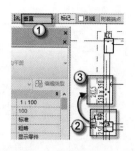

图 11.28　梁标记　　　　　　　　图 11.29　垂直梁标记及调整

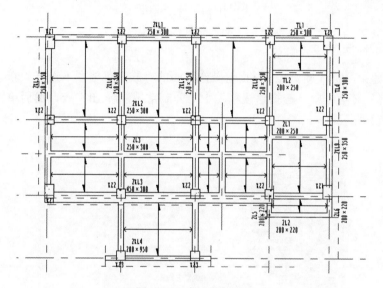

图 11.30　标记二层梁

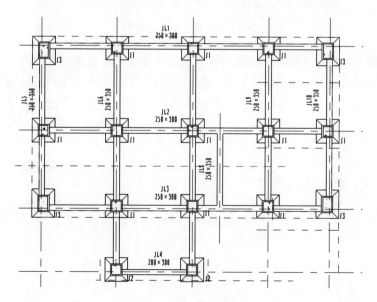

图 11.31　标记基础顶层梁

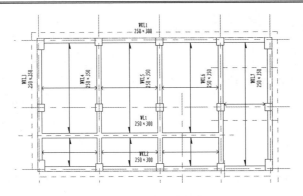

图 11.32　标记屋面梁

2．梁高的标注

（1）新建梁高标注族。在 Revit 主操作界面的"族"菜单栏下选择"新建"命令，在弹出的"打开"对话框中，选择"注释"｜"公制常规注释.rft"族，然后单击"打开"按钮，如图 11.33 所示。

图 11.33　新建梁高标注族

（2）添加编辑标签。选择"创建"｜"标签"命令，选择屏幕中心的位置，在弹出的"编辑标签"对话框中单击"添加参数"按钮，即图 11.34 中的①号标注按钮，在弹出的"参数属性"对话框中的"参数类型"下拉列表框中选择"文字"选项，在"名称"文本框中输入"请输入标高"，然后选中"实例"单选按钮，单击"确定"按钮，如图 11.34 所示。

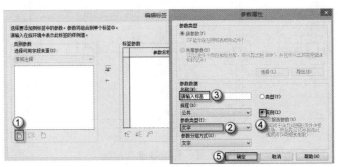

图 11.34　添加编辑标签

（3）编辑标签。选中"请输入标高"字样，单击将参数添加到标签按钮，即图 11.35 中的①号标注按钮，在"请输入标高"的"前缀"栏中输入"D="，单击"确定"按钮，如图 11.35 所示。

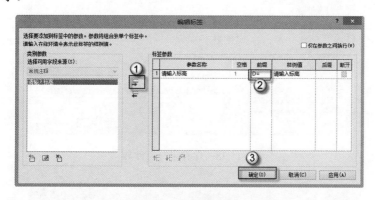

图 11.35　编辑标签

（4）编辑梁高标注族。选中梁高标注，在"属性"面板中，单击"编辑类型"按钮，在弹出的"类型属性"对话框中，设置"背景"为"透明"选项，"文字字体"选择"仿宋_GB2312"选项，在"宽度系数"栏中输入"0.7"，单击"确定"按钮，如图 11.36 所示。选择"族类型"命令，在弹出的"族类型"对话框中的"值"栏输入"标高"，如图 11.37 所示。

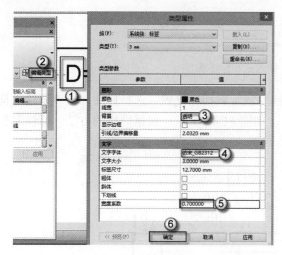

图 11.36　编辑梁高标注

图 11.37　编辑梁高标注族类型

（5）保存梁高标注族。选择"程序"｜"另存为"｜"族"命令，在弹出的"另存为"对话框中选择要保存的文件夹，在"文件名"文本框中输入"梁高标注"，单击"保存"按钮，完成操作，如图 11.38 所示。选择"程序"｜"关闭"命令，返回到 Revit 主操作界面中。

（6）插入梁高标注族。打开已绘制好的结构模型，在"项目浏览器"面板中选择"结构平面"｜"二"视图，选择"插入"｜"载入族"命令，在弹出的"载入族"对话框中选择之前编辑好的"梁高标注"族，单击"打开"按钮，如图 11.39 所示。

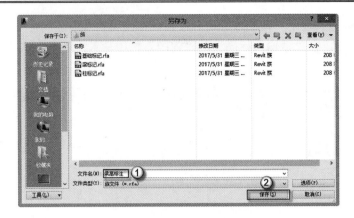

图 11.38　保存梁高标注族

图 11.39　插入梁高标注族

（7）梁高标注。使用快捷键 SY，将标注放置到相应位置。选择标注，在"请输入标高"栏中输入"1.8"，单击"应用"按钮，如图 11.40 所示。根据同样的方法，标注其他梁高。

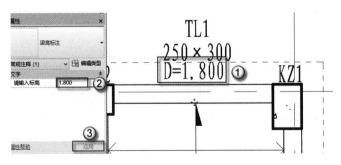

图 11.40　梁高标注

（8）调整梁高标注。选中"D=3.100"标注，使用快捷键 CO，将"D=3.100"标注复制到空余地方，在使用快捷键 RO，将复制的"D=3.100"标注旋转成竖直方向，如图 11.41所示。然后将其余梁高标注调整到相应位置，如图 11.42 所示。单击"保存"｜"关闭"按钮，返回到 Revit 主操作界面。

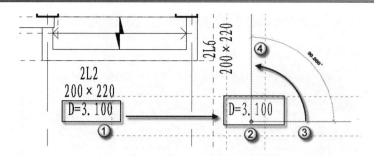

图 11.41 调整竖直方向的梁高标注

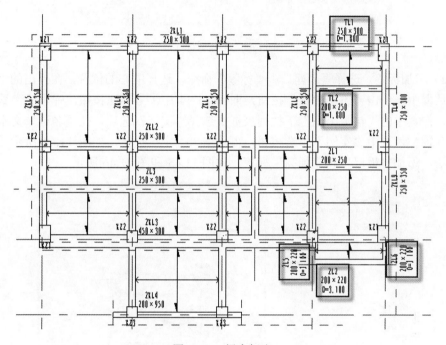

图 11.42 梁高标注

⚲注意：大部分梁是不标注梁高的，因为其标高就是本层的标高 3.55。但是本层中"2L2"
"2L5""2L6""TL1""TL2"这几道梁的标高不同，因此需要进行梁高标注，
具体的标高数值，详见附录中的结构施工图。

11.1.4 板的标注

结构板是系统族，而且这个族无法修改、无法添加其他的参数，因此不能使用标记功
能。因此板必须使用标注功能，将板的信息手工输入计算机。下面介绍具体操作。

（1）新建板标注族。在"族"菜单栏下单击"新建"按钮，在弹出的"新族-选择样
板文件"对话框中，选择"注释"｜"公制常规注释.rft"族，然后单击"打开"按钮，如
图 11.43 所示。

图 11.43　新建板标注族

（2）添加标签。选择"创建"｜"标签"命令，选择中心的位置，在弹出的"编辑标签"对话框中，单击"添加参数"按钮，即图 11.44 中①号标注按钮，弹出"参数属性"对话框，在其中的"参数类型"下拉列表框中选择"文字"选项，在"名称"文本框中输入"板名称"，选中"实例"单选按钮，再单击"确定"按钮，如图 11.44 所示。根据同样的方法，添加"板厚"和"标高"标签，如图 11.45 和图 11.46 所示。

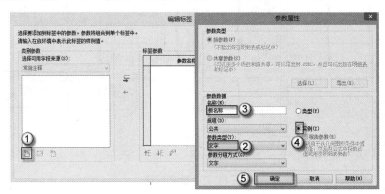

图 11.44　添加"板名称"标签

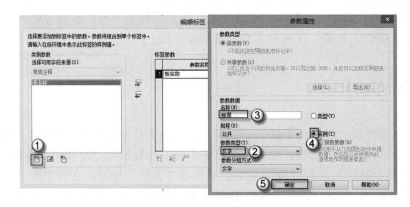

图 11.45　添加"板厚"标签

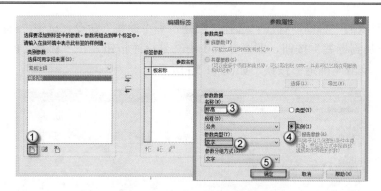

图 11.46　添加"标高"标签

（3）编辑标签。依次选中"板名称"和"板厚"选项，单击"将参数添加到标签"按钮，即图 11.47 中②号标注按钮。在"板厚"的"空格"栏中输入"0"，在"前缀"栏中输入"，板厚"，单击"确定"按钮，如图 11.47 所示。

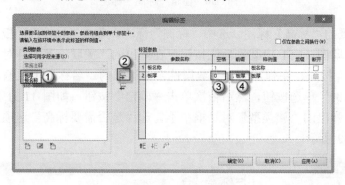

图 11.47　编辑标签

（4）编辑板标注族。选中"板"标注，在"属性"面板中，单击"编辑类型"按钮，在弹出的"类型属性"对话框中设置"背景"为"透明"选项，"文字字体"选择"仿宋_GB2312"选项，在"宽度系数"中输入"0.7"，单击"确定"按钮，如图 11.48 所示。选择"族类型"命令，在弹出的"族类型"对话框的"标高（默认）"栏中输入"3"，在"板名称（默认）"栏中输入"2B1"，在"板厚（默认）"栏中输入"100"，单击"确定"按钮，如图 11.49 所示。

图 11.48　编辑板标注

图 11.49　编辑族类型

（5）编辑板的"标高"标注。选择"创建"｜"标签"命令，选中"标高"选项，单击"将参数添加到标签"按钮，即图 11.50 中②号标注按钮。在"标高"的"前缀"栏中输入"D="，单击"确定"按钮，如图 11.50 所示。

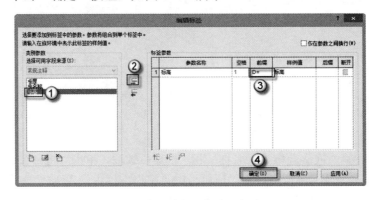

图 11.50　编辑"标高"标注

（6）修改板的"标高"标注。选中"标高"标注，单击"属性"面板中"可见"栏右侧的方形按钮，即图 11.51 中②号标注按钮，在弹出的"关联族参数"对话框中单击"添加参数（D）…"按钮，在弹出的"参数属性"对话框的"名称"中栏输入"是否需要标高"，选中"实例"单选按钮，然后依次单击"确定"按钮，如图 11.51 所示。选择"族类型"命令，在弹出的"族类型"对话框中不勾选"是否需要标高"选项，单击"确定"按钮，如图 11.52 所示。

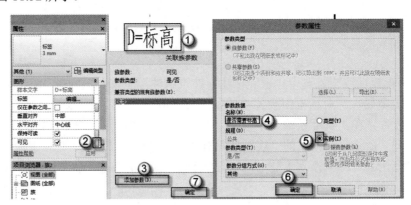

图 11.51　修改"标高"标注

（7）保存板标注族。选择"程序"｜"另存为"｜"族"命令，在弹出的"另存为"对话框中选择要保存的文件夹，在"文件名"文本框中输入"板标注"，单击"保存"按钮完成操作，如图 11.53 所示。最后，选择"程序"｜"关闭"命令，返回到 Revit 主操作界面中。

（8）添加楼板对角线。打开已绘制好的结构模型，在"项目浏览器"面板中选择"结构平面"｜"二"视图，选择"管理"｜"对象样式"命令，弹出"对象样式"对话框，在其中选择"楼板"｜"新建"按钮，在弹出的"新建子类别"对话框的"名称"文本框中输入"楼板对角线"，依次单击"确定"按钮，如图 11.54 所示。

图 11.52 编辑族类型

图 11.53 保存板标注族

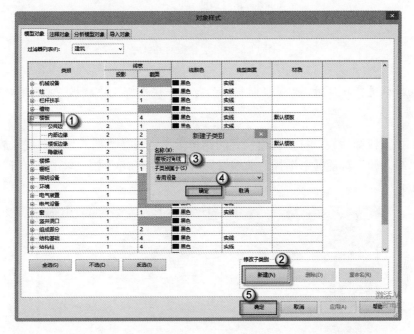

图 11.54 添加对象样式

（9）绘制楼板对角线。选择"注释"｜"详图线"命令，在"线样式"栏中选择上一步建立的"楼板对角线"线样式，根据设计要求，绘制出楼板对角线的位置，如图 11.55 所示。然后再根据设计要求，将其他楼板对角线绘制出来，如图 11.56 所示。

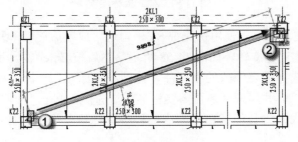

图 11.55 绘制楼板对角线

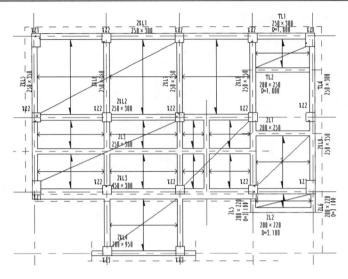

图 11.56　二层楼板对角线

🔔**注意**：在对板进行标注时，为了说明标注的是哪一块或哪几块楼板，需要用对角线表示，然后将标注文字或数字放在对角线上。

（10）插入板标注族。打开已绘制好的结构模型，选择"插入"｜"载入族"命令，在弹出的"载入族"对话框中选择之前编辑好的"板标注.rfa"族，单击"打开"按钮，如图 11.57 所示。

图 11.57　插入板标注族

（11）板的标注及修改。使用快捷键 SY，勾选"放置后旋转"复选框，选择板标注的位置，然后将标注进行旋转，如图 11.58 所示。然后按 Enter 键，重复上一步命令，进行其他板的标注。选择需要修改的板标注，分别在"标高""板名称""板厚"栏中输入"1.8、TB1 和 80"，并勾选"是否需要标高"复选框，单击"应用"按钮，如图 11.59 所示。根据设计要求，将其他板和屋面层的板进行标注及修改，如图 11.60 和 图 11.61 所示。

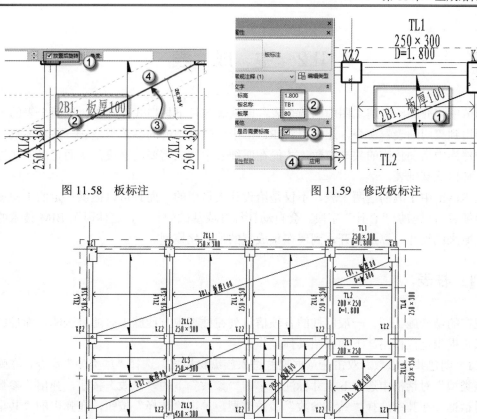

图 11.58　板标注　　　　　　　　　　　图 11.59　修改板标注

图 11.60　二层板标注

注意：楼板与梁类似，也是在板标高与楼层标高一致时，不标注板高。但只要有降板则必须标注板高，因此才会设置一个"是否需要标高"的参数选项。

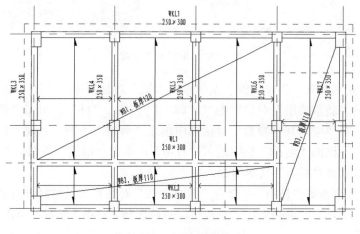

图 11.61　屋面层板标注

11.2　生　成　表

本节中将介绍结构施工图中的两个表：即柱表与柱下杯口式基础表。这两个表的生成不仅要用到"明细表"命令，还要用到 Revit 中比较难理解的参数类型——共享参数。只有在构件族中增加相应的共享参数，才能在明细表中生成需要的字段，从而正确创建柱表与柱下杯口式基础表。

在 Revit 中生成的这两个表，不仅是给设计人员用的，而且可以提供一定的工程量。因为明细表可以增加"合计"字段，会自动计算柱或基础的数量，这体现了 BIM 技术的优势，从原来的设计、算量分开，到现在集成型的信息化模型。

11.2.1　柱表

现在的结构施工图，一般将柱的各项信息列在柱表中方便施工时随时查阅，而柱的平面图只是提供定位作用。下面介绍具体操作。

（1）创建共享参数。双击任意框架柱进入族编辑模式，选择"族类型"命令，在弹出的"族类型"对话框中选中 b 尺寸标注，单击"参数"下的"修改"按钮，弹出"参数属性"对话框。在其中选择"共享参数"参数类型，单击"选择"按钮，在弹出的"共享参数"对话框中单击"编辑"按钮，如图 11.62 所示。

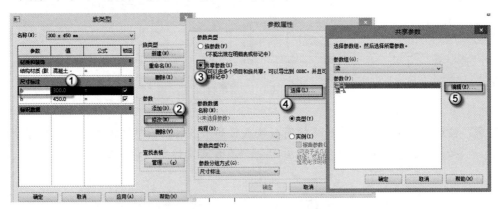

图 11.62　编辑共享参数

（2）编辑共享参数。在弹出的"编辑共享参数"对话框中，单击"组"下的"新建"按钮，在弹出的"新参数组"对话框的"名称"栏中输入"柱"，单击"确定"按钮，如图 11.63 所示。在"编辑共享参数"对话框中单击"参数"下的"新建"按钮，在弹出的"参数属性"对话框的"名称"栏中输入"柱-b"，单击"确定"按钮，如图 11.64 所示。使用同样的方法新建"柱-h"共享参数。

（3）替换共享参数"柱-b"。打开"共享参数"对话框（具体打开方式，参见前面的步骤，这里不再赘述），选择"柱"参数组，然后选择"柱-b"参数，单击"确定"按钮，如图 11.65 所示。

图 11.63　新建组

图 11.64　新建参数

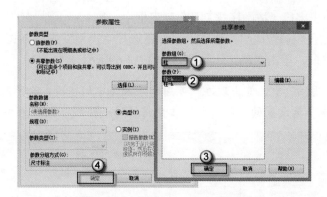
图 11.65　替换"柱-b"共享参数

（4）替换共享参数"柱-h"。在"族类型"对话框中选择 h 尺寸标注，单击"参数"下的"修改"按钮，在弹出的"参数属性"对话框中选择"共享参数"参数类型，单击"选择"按钮，弹出"共享参数"对话框，在其中的"参数组"下拉列表框中选择"柱"组，在"参数"列表框中选择"柱-h"参数，然后依次单击"确定"按钮，如图 11.66 所示。

用共享参数替代族参数后，单击"载入到项目中"命令，在弹出的"族已存在"对话框中单击"覆盖现有版本及其参数"按钮。

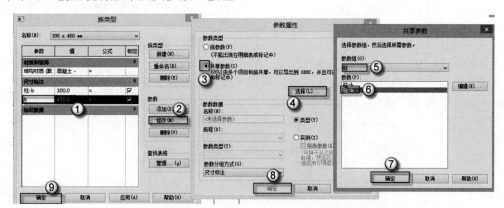
图 11.66　替换"柱-h"共享参数

⚲**注意：**在"族类型"对话框中，就是要用柱类型中的"柱-h"和"柱-b"这两个共享参数分别代替 h 和 b 两个族参数，这样才能自动生成柱表。

（5）新建明细表。选择"视图"｜"明细表"｜"明细表/数量"命令，在弹出的"新建明细表"对话框中，在"过滤器列表"下拉列表框中选择"结构"选项，选择"结构柱"类别，在"名称"文本框中输入"柱表"，单击"确定"按钮，如图 11.67 所示。

（6）生成明细表。在弹出的"明细表属性"对话框中，依次将"可用的字段"列表框中的"类型""顶部标高""底部标高""顶部偏移""柱-b""柱-h""合计"字段添加到"明细表字段（按顺序排列）"列表框中，如

图 11.67　新建明细表

图 11.68 所示。选择"排序/成组"选项卡，然后选择"类型"排序方式，不勾选"逐项列举每个实例"复选框，单击"确定"按钮，如图 11.69 所示。

⚲**注意：**在 Revit 明细表中，能出现在"可用的字段"中的字段，除了系统自带的字段外，就是共享参数设置的名称，所以才会将柱的一些族参数改为共享参数。

图 11.68　添加字段

图 11.69　编辑成组

（7）导出柱表。将"柱-b"和"柱-h"改为"b（数字轴）"和"h（字母轴）"，生成的柱表如图 11.70 所示。选择"程序"｜"导出"｜"报告"｜"明细表"命令，在弹出的"导出明细表"对话框中修改文件名，单击"保存"按钮，在弹出的"导出明细表"中单击"确定"按钮，如图 11.71 所示。

图 11.70　柱表

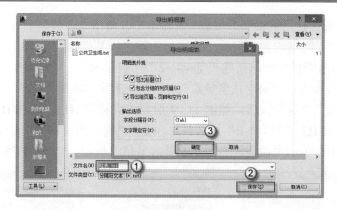

图 11.71　导出明细表

注意：此步骤中的改名，主要是为了与施工图接轨。在 Revit 中为了方便查找，一般会使用"类型-X"形式的命名，如"柱-b"；而在施工图中，为了施工方便，会直接写成"b（数字轴）"形式，表明"b"是沿着数字轴方向。

11.2.2　柱下杯口式基础表

现在的结构施工图，一般将基础的各项信息列在基础表中，方便施工时随时查阅，而基础的平面图只是提供定位作用。下面介绍具体操作。

（1）创建参数组。在"项目浏览器"面板中选择"结构平面"｜"基础"视图，双击基础视图的任意位置，进入族编辑模式。选择"族类型"命令，在弹出的"族类型"对话框中选中 L 尺寸标注，单击"参数"下的"修改"按钮，在弹出的"参数属性"对话框中选择"共享参数"类型，单击"选择"按钮，弹出"共享参数"对话框。在其中单击"编辑"按钮，在弹出的"编辑共享参数"对话框中单击"新建"按钮，在弹出的"新参数组"对话框的"名称"文本框中输入"基础"字样，单击"确定"按钮，如图 11.72 所示。

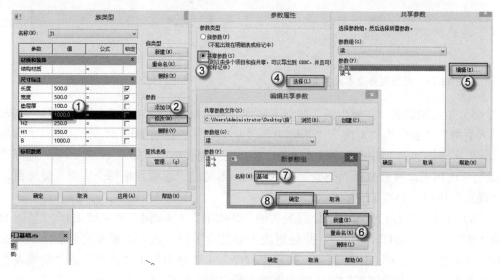

图 11.72　新建参数组

（2）新建参数。在"编辑共享参数"对话框中，单击"参数"下的"新建"按钮，在弹出的"参数属性"对话框的"名称"文本框中输入"基础-L"，单击"确定"按钮，如图 11.73 所示。按照同样的方法新建"基础-H2""基础-H1""基础-B"参数。

（3）替换共享参数。打开"共享参数"对话框，在其中选择"基础"参数组，选择"基础-L"参数，单击"确定"按钮，如图 11.74 所示。同样将 H1、H2 和 B 的族参数替换为"基础-H1""基础-H2""基础-B"共享参数。选择"载入到项目中"命令，在弹出的"族已存在"对话框中，单击"覆盖现有版本及其参数值"按钮，如图 11.75 所示。

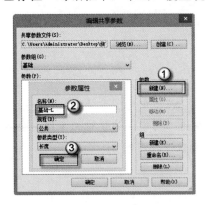 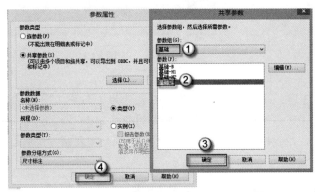

图 11.73　新建参数　　　　　　　　　　图 11.74　替换共享参数

（4）新建明细表。选择"视图"|"明细表"|"明细表/数量"命令，在弹出的"新建明细表"对话框中选择"结构基础"类别，在"名称"文本框中输入"柱下杯口式基础表"，单击"确定"按钮，如图 11.76 所示。

图 11.75　覆盖现有版本及其参数　　　　　图 11.76　新建明细表

（5）生成明细表。在弹出的"明细表属性"对话框中，分别将"可用的字段"列表框中的"类型""长度""宽度""基础-B""基础-L""基础-H1""基础-H2""标高""合计"字段添加到"明细表字段（按顺序排列）"列表框中，如图 11.77 所示。选择"排序/成组"选项卡，然后选择"类型"排序方式，不勾选"逐项列举每个实例"复选框，单击"确定"按钮，如图 11.78 所示。

（6）导出柱下杯口式基础表。将表头的"基础-B""基础-L""基础-H1""基础-H2"改为"B""L""H1""H2"，此处更改主要是为了符合施工图制表的要求，生成的柱下杯口式基础表，如图 11.79 所示。选择"程序"|"导出"|"报告"|"明细表"命令，在弹出的"导出明细表"对话框中修改文件名后，单击"保存"按钮，在弹出的"导

出明细表"中单击"确定"按钮，如图 11.80 所示。

图 11.77 添加字段

图 11.78 编辑成组

			<柱下杯口式基础表>					
A	B	C	D	E	F	G	H	I
类型	长度	宽度	B	L	H1	H2	标高	合计
J1	500	500	1000	1000	350	250	基础	11
J2	500	500	1000	1000	300	200	基础	2
J3	500	700	1000	1200	400	300	基础	4

图 11.79 柱下杯口式基础表

图 11.80 导出柱下杯口式基础表

附录 A　Revit 常用快捷键

在使用 Revit 进行建筑、结构、设备三大专业设计绘图时，都需要使用快捷键进行操作，从而提高设计、建模、作图和修改的效率。与 AutoCAD 中不确定位数的字母快捷键不同，也与 3ds Max 的 Ctrl、Shift、Alt+字母的组合式快捷键不同，Revit 的快捷键都是两个字母。如轴网命令 G+R 的操作，就是依次快速按键盘上的 G 和 R 键，而不是同时按 G 和 R 键不放。

请读者朋友们注意从本书中学习笔者用快捷键操作 Revit 的习惯。表 A.1 中给出了 Revit 常用的快捷键使用方式，以方便读者查阅。

表A.1　Revit常用快捷键

类　　别	快　捷　键	命　令　名　称	备　　注
建筑	W+A	墙	
	D+R	门	
	W+N	窗	
	L+L	标高	
	G+R	轴网	
结构	B+M	梁	
	S+B	楼板	
	C+L	柱	
共用	R+P	参照平面	
	T+L	细线	
	D+I	对齐尺寸标注	
	T+G	按类别标记	
	S+Y	符号	需要自定义
	T+X	文字	
编辑	A+L	对齐	
	M+V	移动	
	C+O	复制	
	R+O	旋转	
	M+M	有轴镜像	
	D+M	无轴镜像	
	T+R	修剪/延伸为角	
	S+L	拆分图元	
	P+N	解锁	

（续）

类　　别	快　捷　键	命　令　名　称	备　　注
编辑	U+P	锁定	
	G+P	创建组	
	O+F	偏移	
	R+E	缩放	
	A+R	阵列	
	D+E	删除	
	M+A	类型属性匹配	
视图	F4	默认三维视图	需要自定义
	F8	视图控制盘	
	V+V	可见性/图形	
视觉样式	W+F	线框	
	H+L	隐藏线	
	S+D	着色	
	G+D	图形显示选项	
临时隐藏/隔离	H+H	临时隐藏图元	
	H+C	临时隐藏类别	
	H+I	临时隔离图元	
	I+C	临时隔离类别	
	H+R	重设临时隐藏/隔离	
视图隐藏	E+H	在视图中隐藏图元	
	V+H	在视图中隐藏类别	
	R+H	显示隐藏的图元	

自定义快捷键的方法是：选择"程序"|"选项"命令，在弹出的"选项"对话框中，选择"用户界面"选项卡，单击"快捷键"后的"自定义"按钮，在弹出的"快捷键"对话框中找到需要自定义快捷键的命令，单击"确定"按钮，返回"选项"对话框，再单击"确定"按钮，如图 A.1 所示。

图 A.1　自定义快捷键 1

或者直接使用快捷键 K+S，在弹出的"快捷键"对话框中找到需要定义快捷键的命令，然后在"按新键"中输入相应快捷键，单击"确定"按钮完成操作，如图 A.2 所示。

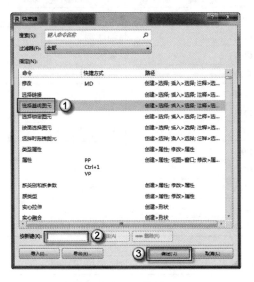

图 A.2　自定义快捷键 2

附录 B　建筑设计图纸

建筑设计图纸目录

图 纸 编 号	图 纸 名 称	图 纸 比 例	备　注
建施01	一层平面图	1:100	
建施02	二层平面图	1:100	
建施03	屋顶平面图	1:100	
建施04	①~⑤轴立面图	1:100	
建施05	其他轴立面图	1:100	
建施06	1-1剖面图	1:100	
建施07	卫生间放大平面图	1:50、1:25	
建施08	楼梯间放大平面图	1:50	
建施09	墙身大样图	1:10	
建施10	楼地面、屋面大样图	1:10	
建施11	竖向装饰条、窗框大样图	1:20	
建施12	卫生间隔板大样图	1:10、1:25	
建施13	门窗大样图	1:50	
建施14	门窗表	/	
建施15	门窗样板族左视图	/	

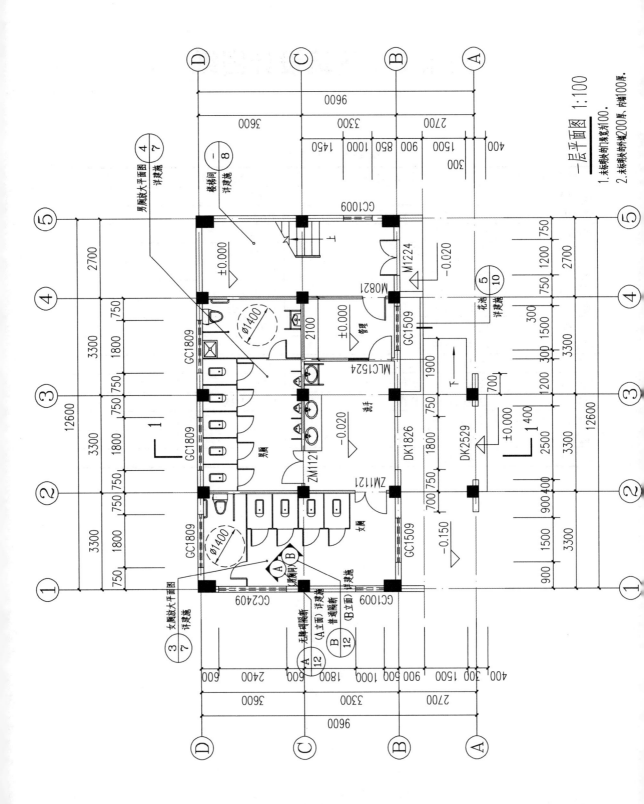

一层平面图 1:100

1. 未标梁柱的板缝复对100。
2. 标梁柱的外缘200厚, 内墙100厚。

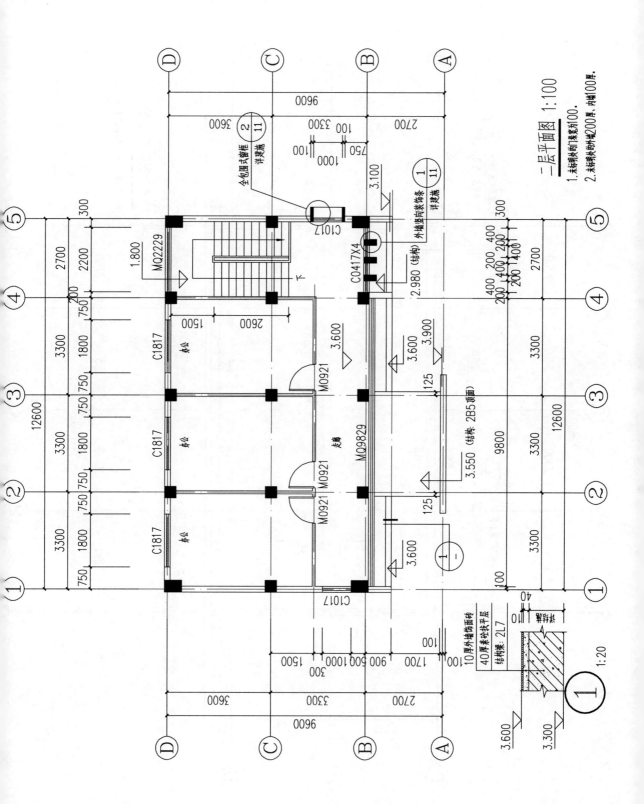

一层平面图 1:100

1. 未标明墙的门表复对100。
2. 未标明墙的外墙200厚, 内墙100厚。

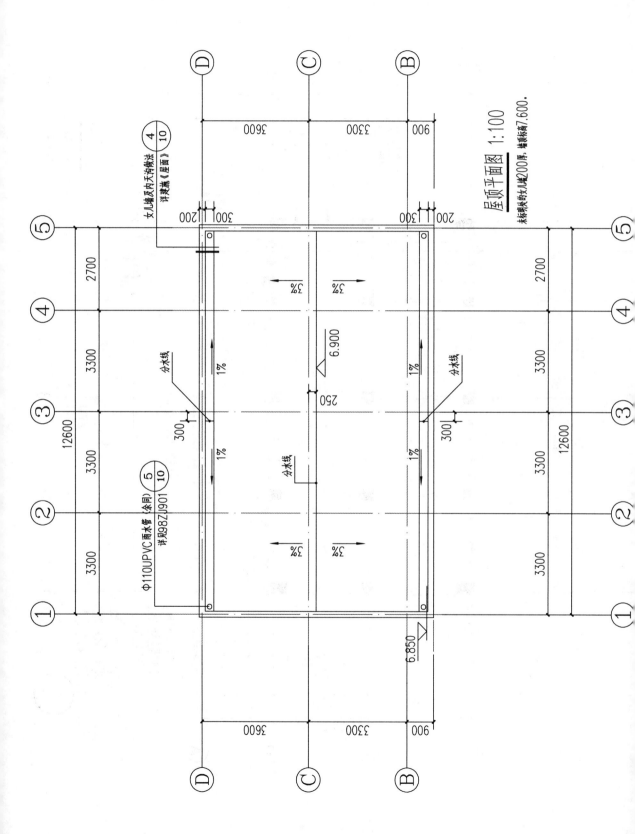

屋顶平面图 1:100

女儿墙及内天沟做法 ④/⑩ 详测《屋面》

Φ110UPVC雨水管（详同）⑤/⑩ 详测98ZJ901

未标明的女儿墙200厚，墙顶标高7.600.

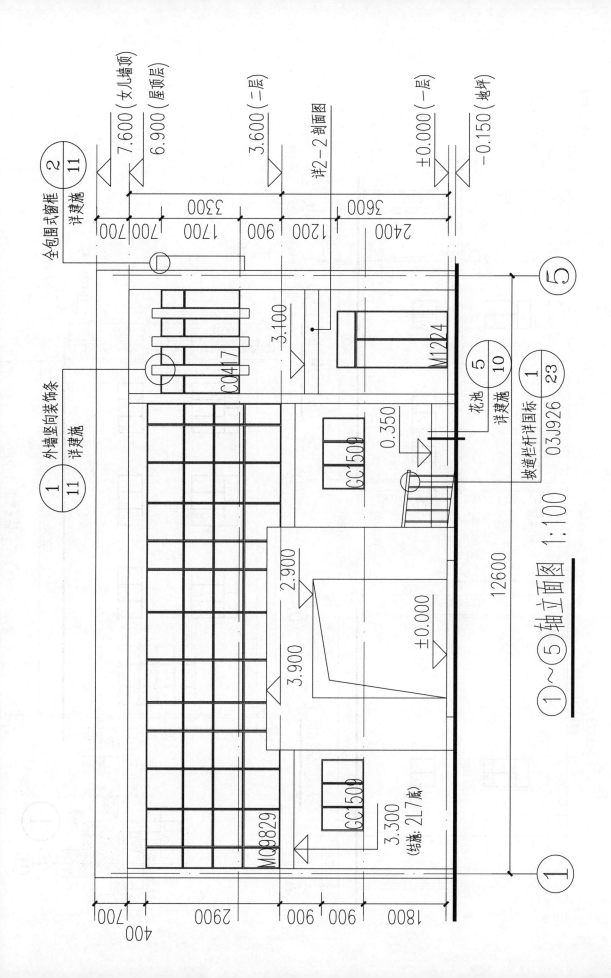

全包围式窗框
详建施 ②/11

7.600（女儿墙顶）
6.900（屋顶层）

3.300

外墙竖向装饰条
详建施 ①/11

3.100

C0417

3.600（二层）

详2－2剖面图

0.350

花池 ⑤/10
详建施

坡道栏杆详国标 ①/23
03J926

M1224

±0.000（一层）
－0.150（地坪）

2.900
3.900

±0.000

GC1509

3.300

GC1509

MQ9829

（结施：2L7底）

12600

①～⑤轴立面图 1:100

7001700 900 12002400 3600

1800 900 900 2900 700400

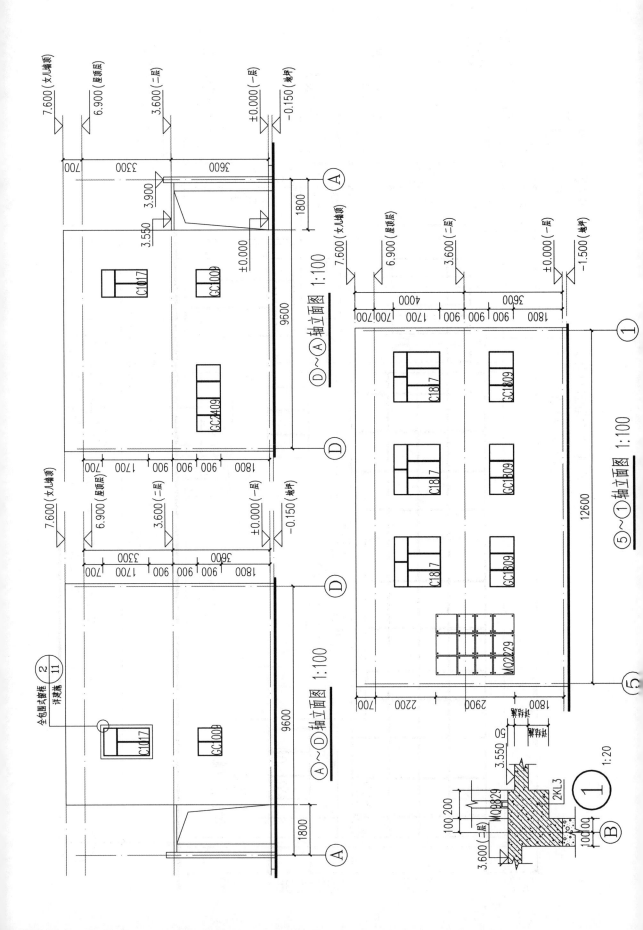

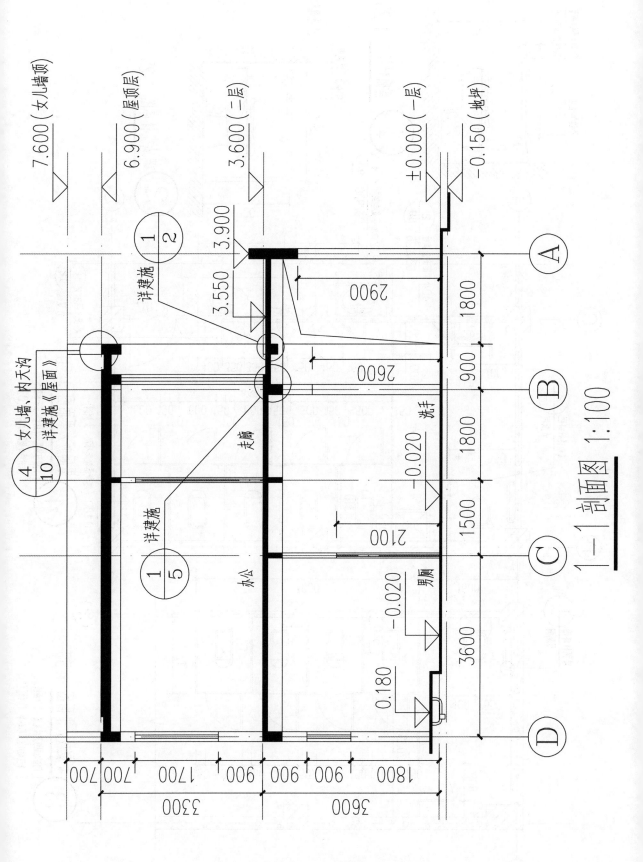

1—1 剖面图 1:100

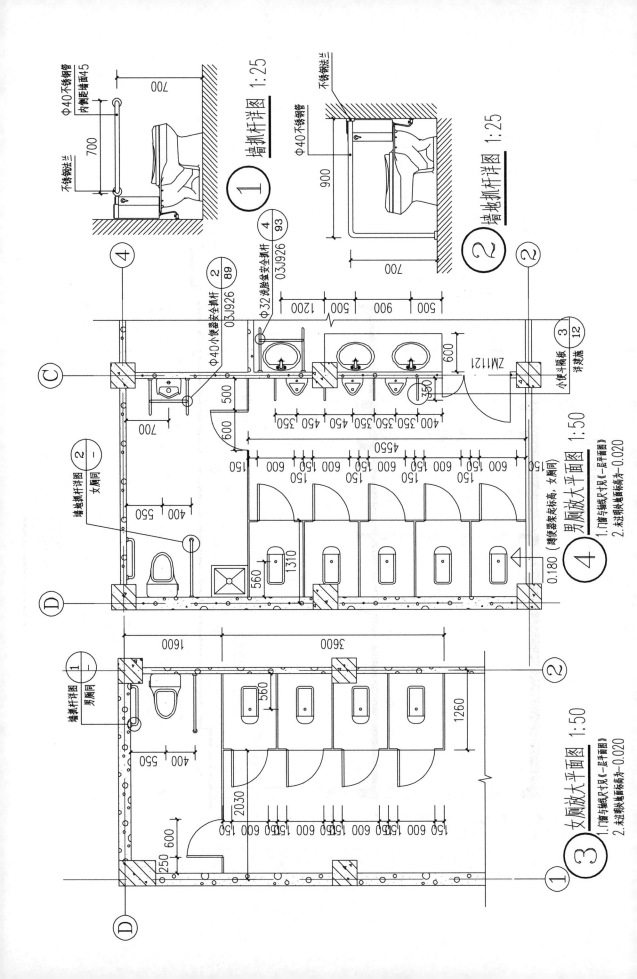

墙抓杆详图 1:25 ①

Φ40不锈钢管 内侧距墙面45

不锈钢法兰

墙地抓杆详图 1:25 ②

不锈钢管

Φ40不锈钢管

Φ32洗脸盆安全抓杆 03J926 ②⑧

Φ40小便器安全抓杆 03J926 ④⑨

小便斗隔板详清 ZM1121 ③⑫

墙抓杆详图 ①—（男厕同）

墙地抓杆详图 ②—（女厕同）

男厕放大平面图 1:50 ④
（蹲便器架空起高，女厕同）
1.门窗与轴线尺寸见《一层平面图》
2.未注明处地面标高为-0.020

女厕放大平面图 1:50 ③
1.门窗与轴线尺寸见《一层平面图》
2.未注明处地面标高为-0.020

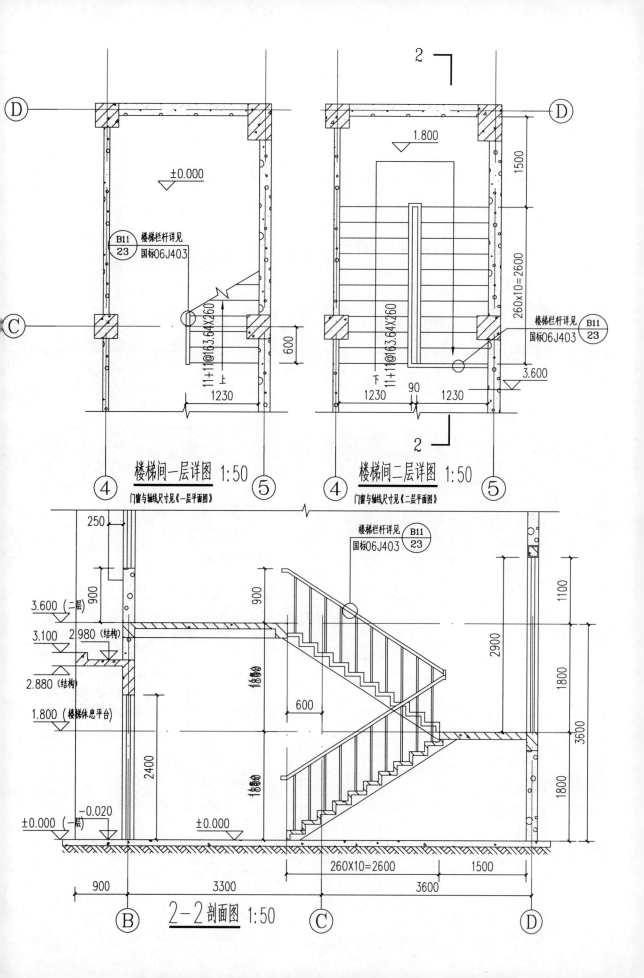

楼梯间一层详图 1:50
门窗与轴线尺寸见《一层平面图》

楼梯间二层详图 1:50
门窗与轴线尺寸见《二层平面图》

B11
23
楼梯栏杆详见
国标06J403

±0.000

600

11+11@163.64X260

1230

1.800

260x10=2600

1500

楼梯栏杆详见
国标06J403
B11
23

3.600

下 11+11@163.64X260

90

1230

1230

2

2

楼梯栏杆详见
国标06J403
B11
23

250

3.600（二层）

3.100 2.980（结构）

2.880（结构）

1.800（楼梯休息平台）

900

900

18级

18级

600

2400

±0.000（一层）

−0.020

±0.000

260X10=2600

1500

1100

2900

1800

3600

1800

900

3300

3600

B

C

D

2−2 剖面图 1:50

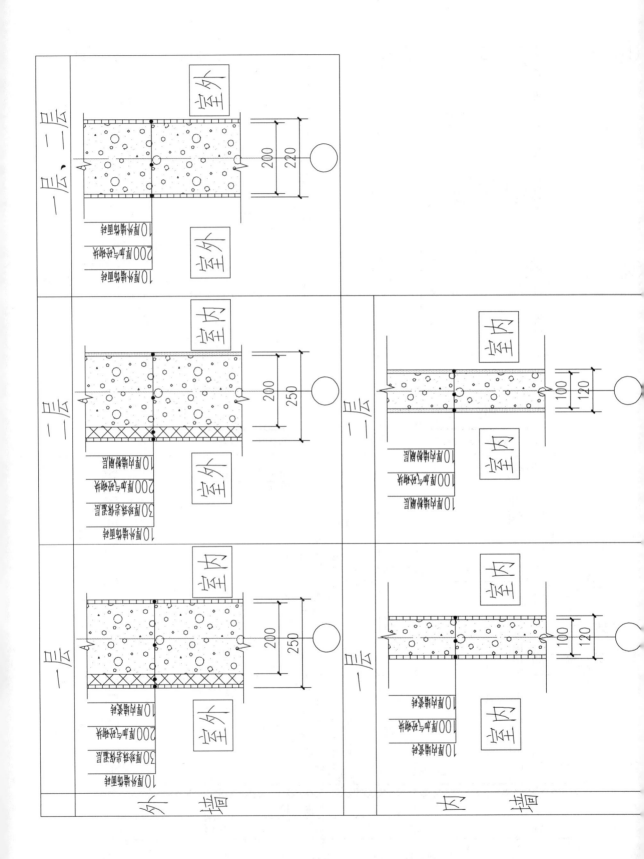

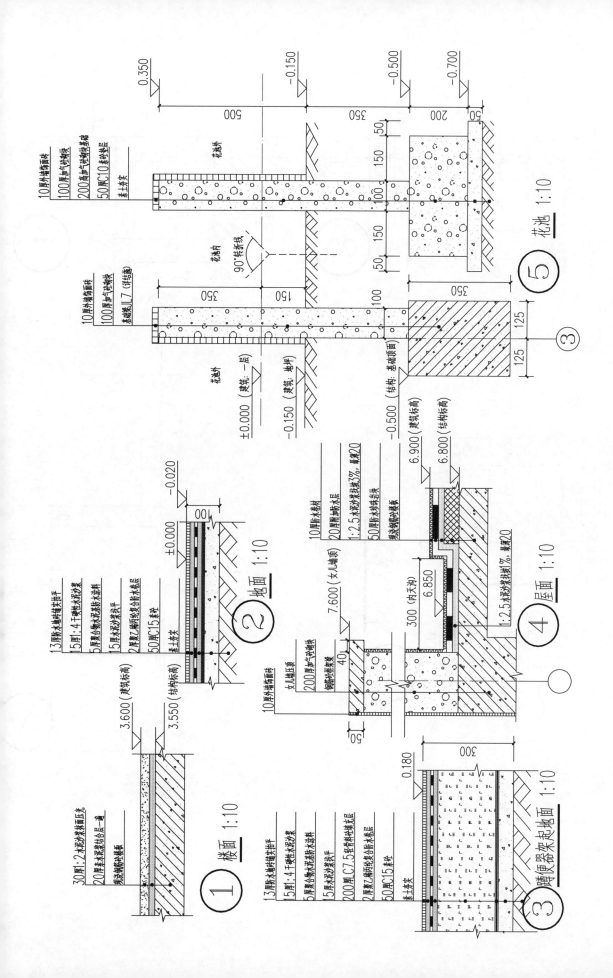

花池 1:10 ⑤

10厚外墙饰面砖
100厚加气砼砌块
200高加气砼砌块基础
50厚C10素垫层
素土夯实

花池外

花池内

90°转折线

0.350
-0.150
-0.500
-0.700
500
350
200
50
50
150
100
150
50
350

10厚外墙饰面砖
100厚加气砼砌块
基础类Ⅲ7 (详结施)

350
150
100
350

花池外

±0.000 (建筑一层)
-0.150 (建筑地坪)
-0.500 (结构:基础顶面)

建筑标高
结构标高

③

125
125

屋面 1:10 ④

10厚防水卷材
20厚细石砼找平
1:2.5水泥砂浆找坡3%，最薄20
50厚防水珍珠岩
现浇钢筋砼楼板

1:2.5水泥砂浆找坡1%，最薄20

女儿墙压顶
200厚加气砼砌块
钢筋砼框架梁

10厚外墙饰面砖

7.600 (女儿墙顶)
6.900
6.800
6.850
300 (内天沟)
40
50

地面 2:10

13厚防水地砖电磁支拌平
15厚1:4干硬水泥砂浆
5厚合物改性沥青涂料
15厚水泥砂浆找平
2厚聚乙烯烷复合防水卷层
50厚C15素补
素土夯实

-0.020
±0.000
100

楼面 ① 1:10

30厚1:2水泥砂浆面层木
20厚素水泥浆结合层一道
现浇钢筋砼楼板

3.600 (建筑标高)
3.550 (结构标高)

瓷砖踢脚架架地面 ③ 1:10

13厚防水地砖电磁支拌平
15厚1:4干硬水泥砂浆
5厚合物改性沥青涂料
15厚水泥砂浆找平
200厚C7.5轻骨料砼垫层
2厚聚乙烯烷复合防水卷层
50厚C15素补
素土夯实

0.180
300

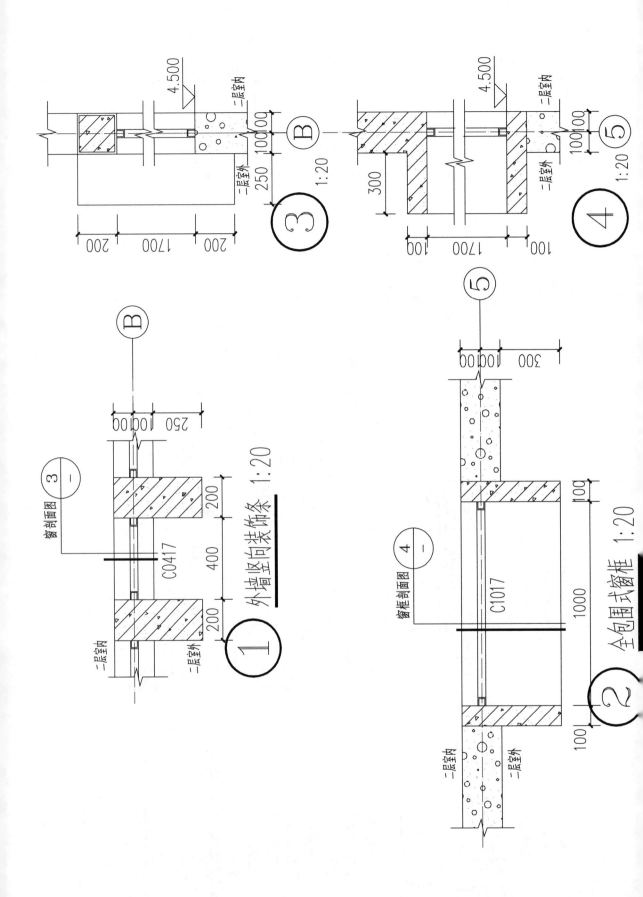

窗剖面图 $\left(\dfrac{3}{-}\right)$

C0417

① 外墙竖向装饰条 1:20

窗框剖面图 $\left(\dfrac{4}{-}\right)$

C1017

② 全包围式窗框 1:20

4.500

B

③ 1:20

4.500

④ 1:20

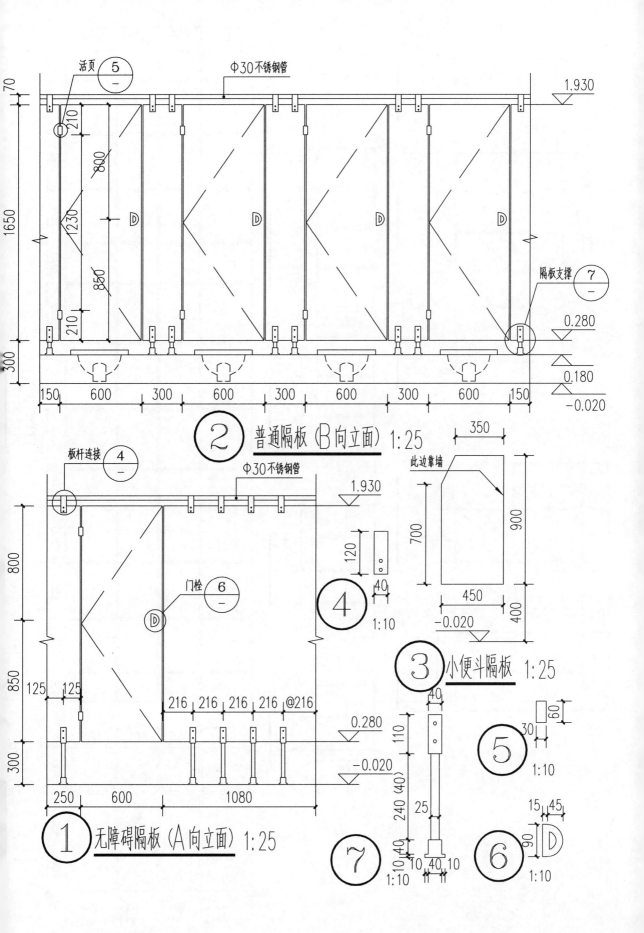

活页 ⑤/—

Φ30不锈钢管

1.930

210

800

1230

800

D

D

D

D

1650

850

210

隔板支撑 ⑦/—

0.280

300

0.180

−0.020

150 600 300 600 300 600 300 600 150

② 普通隔板（B向立面）1:25

板杆连接 ④/—

Φ30不锈钢管

1.930

800

门栓 ⑥/—

D

D

350

此边靠墙

120

④ 1:10

40

700

900

450

400

③ 小便斗隔板 1:25

850

125 125

216 216 216 216 @216

0.280

−0.020

60

110

30

⑤ 1:10

300

250 600 1080

−0.020

240（40）

25

15 45

① 无障碍隔板（A向立面）1:25

⑦ 1:10

10 40 10

90

D

⑥ 1:10

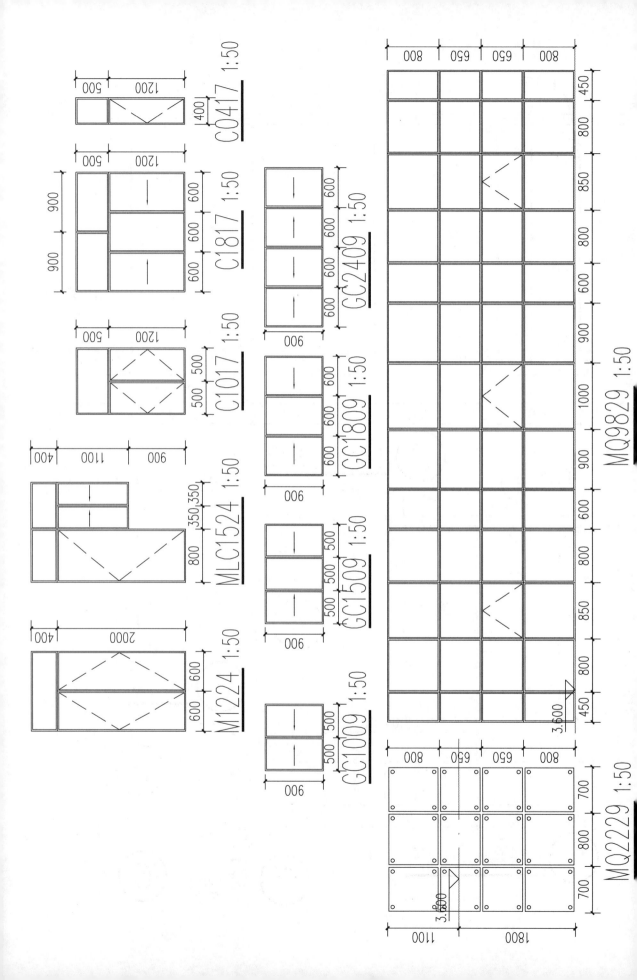

C0417 1:50

C1817 1:50

C1017 1:50

MLC1524 1:50

M1224 1:50

GC2409 1:50

GC1809 1:50

GC1509 1:50

GC1009 1:50

MQ9829 1:50

MQ2229 1:50

门窗表

类型	设计编号	洞口尺寸(mm)	数量	图集名称	页次	选用型号	备注
普通门	M0921	900X2100	3	中南标98ZJ681	16	GJM238	
	M0821	800X2100	1	中南标98ZJ681	26	GJM305	
门连窗	M1224	1200X2400	1	详见《门窗大样图》			
	MLC1524	1500X2400	1	详见《门窗大样图》			门宽800,窗宽700,窗台高900
子母门	ZM1121	1100X2100	2	中南标98ZJ681	28	GJM317	大门宽750,小门宽350
普通窗	C1017	1000X1700	2	详见《门窗大样图》			窗台高900mm,向外开启
	C1817	1800X1700	3	详见《门窗大样图》			窗台高900mm
	C0417	400X1700	4	详见《门窗大样图》			窗台高900mm,向外开启
高窗	GC2409	2400X900	1	详见《门窗大样图》			窗台高1800,外置百页板
	GC1009	1000X900	2	详见《门窗大样图》			窗台高1800mm
	GC1509	1500X900	2	详见《门窗大样图》			窗台高1800mm,外置百页板
	GC1809	1800X900	3	详见《门窗大样图》			窗台高1800mm,外置百页板
洞口	DK1826	1800X2600	1	—			
	DK2529	2500X2900	1	—			
幕墙	MQ2229	2200X2900	1	详见《门窗大样图》			无框玻璃幕墙
	MQ9829	9800X2900	1	详见《门窗大样图》			有框玻璃幕墙,可开启扇向外开启

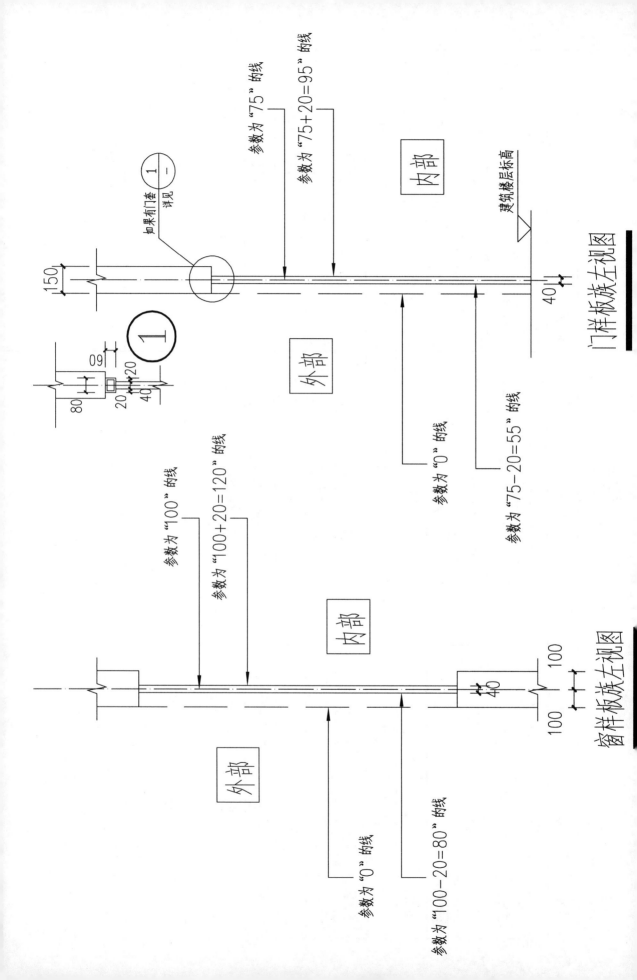

参数为"75"的线

参数为"75+20=95"的线

如果有门套 详见 ①／一

内部

建筑楼层标高

150

40

①

09 20 40 20 80

外部

参数为"0"的线

参数为"75-20=55"的线

门样板族左视图

参数为"100"的线

参数为"100+20=120"的线

内部

100 40 100

100

外部

参数为"0"的线

窗样板族左视图

参数为"100-20=80"的线

附录 C 结构设计图纸

结构设计图纸目录

图 纸 编 号	图 纸 名 称	图 纸 比 例	备　注
结施01	柱定位平面图	1:100	
结施02	基础及基础梁平面图	1:100	
结施03	二层梁平面图	1:100	
结施04	二层结构平面图	1:100	
结施05	屋顶梁平面图	1:100	
结施06	屋顶结构平面图	1:100	

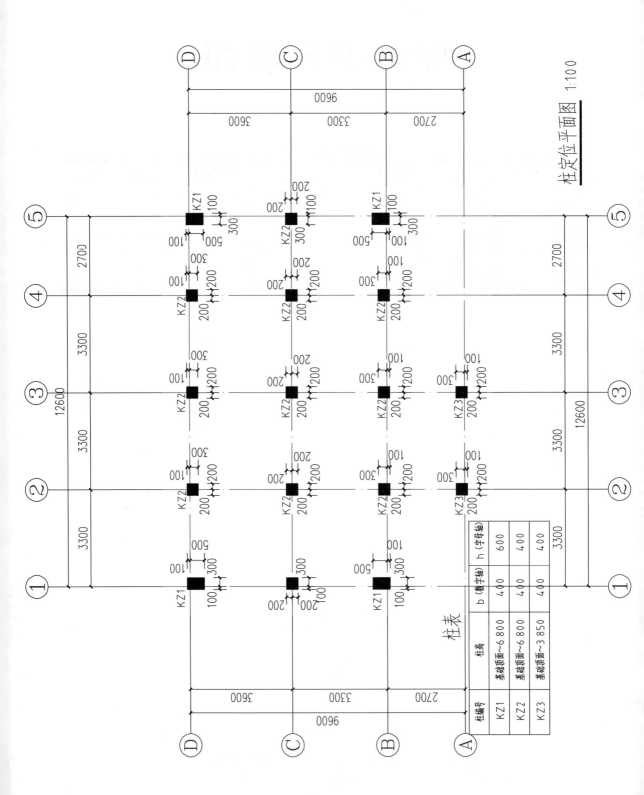

柱定位平面图 1:100

柱表

柱编号	柱高	b（数字轴）	h（字母轴）
KZ1	基础顶面~6.800	400	600
KZ2	基础顶面~6.800	400	400
KZ3	基础顶面~3.850	400	400

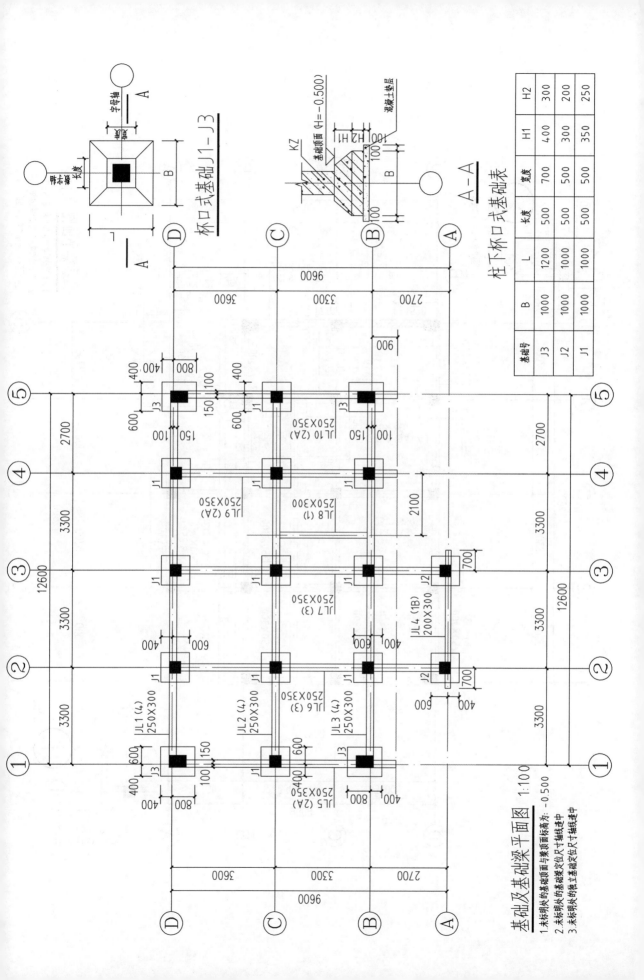

杯口式基础J1-J3

A-A

柱下杯口式基础表

基础号	B	L	长度	宽度	H1	H2
J3	1000	1200	500	700	400	300
J2	1000	1000	500	500	300	200
J1	1000	1000	500	500	350	250

基础及基础梁平面图 1:100

1. 未标明的基础顶面与梁顶面标高为-0.500。
2. 未标明的基础梁定位尺寸轴线居中。
3. 未标明的独立基础定位尺寸轴线居中。

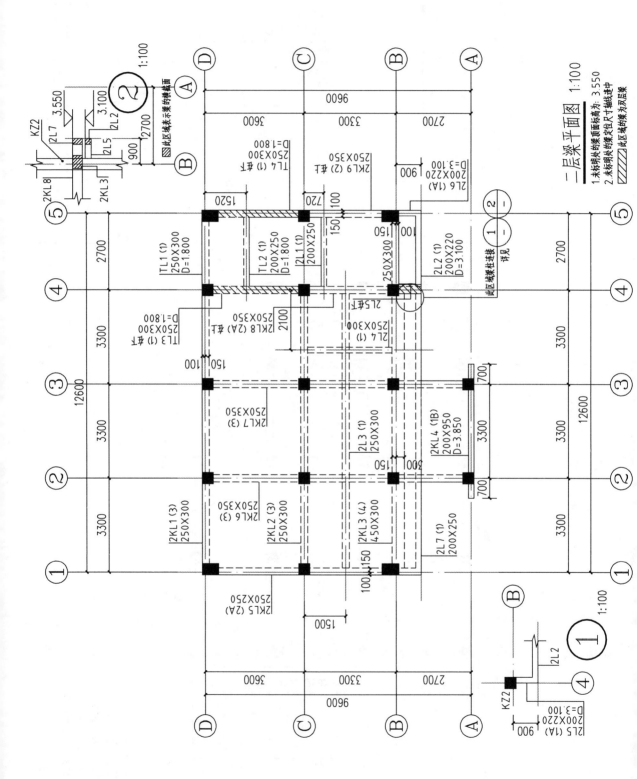

一层梁平面图 1:100

1.未标明的梁顶面标高为: 3.550
2.未标明的梁的支位定尺寸轴线连中
此区域的梁为双层梁

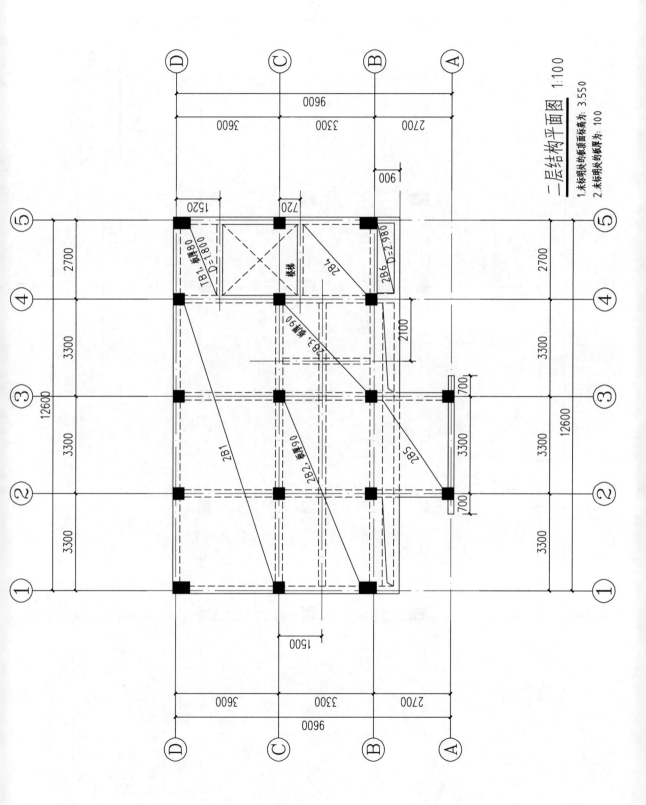

二层结构平面图 1:100

1.未标明块的板面标高为: 3.550
2.未标明块的板的厚为: 100

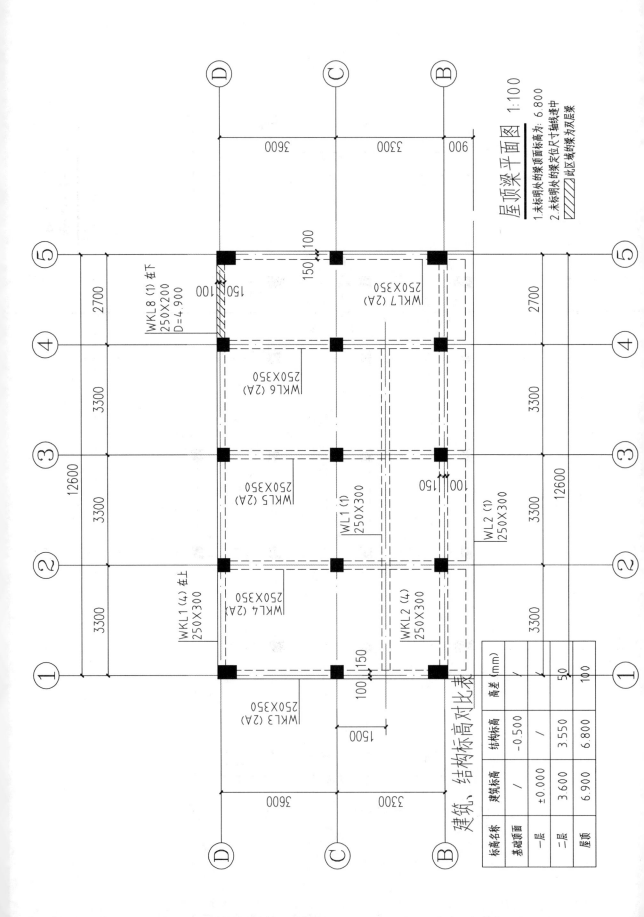

屋顶梁平面图 1:100

1. 未标明处的梁顶面标高为：6.800
2. 未标明处的梁定位尺寸按轴线居中
 ▨ 此区域的梁为双层梁

WKL8 (1) 在下
250×200
D=4.900

150 100

WKL7 (2A)
250×350

WKL6 (2A)
250×350

WKL5 (2A)
250×350

WL1 (1)
250×300

WL2 (1)
250×300

WKL1 (4) 在上
250×300

WKL4 (2A)
250×350

WKL2 (4)
250×300

WKL3 (2A)
250×350

建筑、结构标高对比表

标高名称	建筑标高	结构标高	高差（mm）
基础顶面	/	-0.500	/
一层	±0.000	/	/
二层	3.600	3.550	50
屋顶	6.900	6.800	100

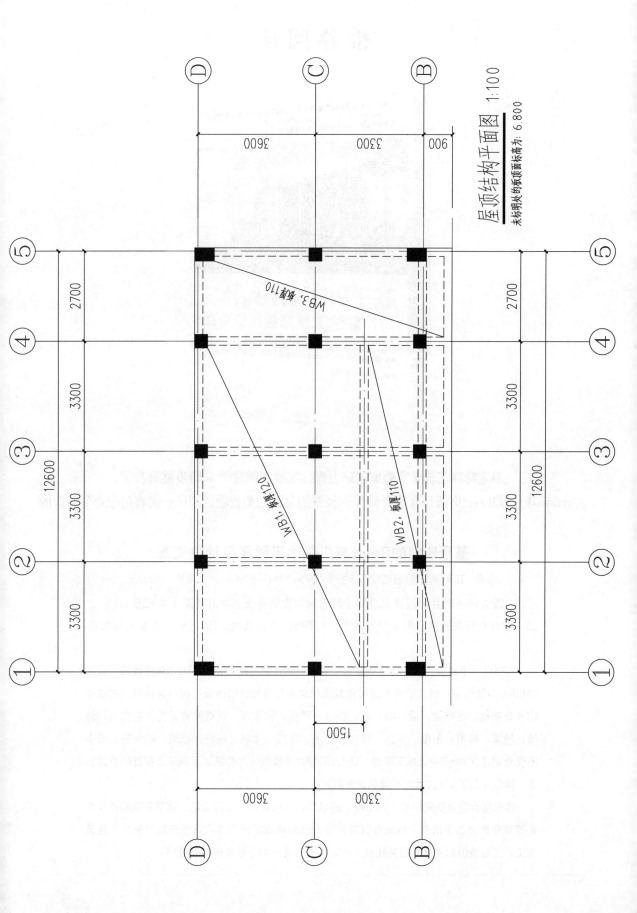

屋顶结构平面图 1:100

未标明块的板顶面标高为: 6.800

推荐阅读

卫老师环艺教学实验室重磅力作，实战案例教学 + 同步视频教学
Autodesk认证Revit讲师11年设计院工作经验的总结，免费赠送超值、大容量配套学习资源

基于BIM的Revit与广联达工程算量计价交互

作者：卫涛 刘依莲 高洁 等　书号：978-7-111-57907-6　定价：99.00元

赠送16小时共61段高品质同步配套教学视频等配套学习资源（共4GB）

85个操作技巧与绘图心得 + 15张建筑设计图纸 + 8张结构设计图纸 + QQ群答疑解惑

　　本书以一个真实的住宅楼项目案例贯穿全书，介绍了基于BIM的Revit软件建模，以及使用Revit软件与广联达软件对房屋建筑进行交互算量和计价的全过程。具体针对的结构构件有基础、基础梁、梁、板、柱、梯梁、梯板、梯柱等；针对的建筑构件有内墙、外墙、地面、楼面、屋面、风道、楼梯、散水、檐口、地漏、栏杆、坡道、门窗等。书中不仅介绍了在Revit中计算工程量，还介绍了Revit模型导入广联达后统计工程量的交互方法，体现了基于BIM技术的不同算量思路。

　　本书适合建筑类院校的土木工程、建筑学、工程管理、工程造价、建筑管理和建筑安装等专业作为教学用书，也适合相关自学人员和培训学员阅读。对于房地产开发、建筑施工、工程造价和监理等相关从业人员，本书也是一本不可多得的参考书。